高 等 院 校 信 息 技 术 规 划 教 材

数据结构（C语言版）
例题详解与课程设计指导

秦锋 袁志祥 主编

汤亚玲 王森玉 陈学进
郑 啸 储岳中 程泽凯　副主编

清华大学出版社
北京

内 容 简 介

本书力求对每题严格按照知识点全面分析并详细解答。本书由两部分组成:第1部分是典型例题详解和习题解答,基本上涵盖了数据结构的所有知识点;第2部分通过经典的课程设计案例详解给出课程设计的实践指导。

本书希望通过对基础理论和概念的归纳总结、典型例题的详细分析、课后习题的详尽解答、课程设计的实例分析,帮助读者深化对基本概念的理解,熟练掌握数据结构基本原理,进一步提高算法设计和分析能力。

本书语言流畅,内容通俗易懂,例题经典,解答详尽。本书是《数据结构(C语言版)》(秦锋主编,清华大学出版社出版,ISBN:978-7-302-64603-9)的配套教材,同时又自成体系。本书可作为高等学校计算机信息类专业的学习辅导书,也可作为研究生入学考试的复习参考书。

图书在版编目(CIP)数据

数据结构(C语言版)例题详解与课程设计指导/秦锋,袁志祥主编. 一北京:清华大学出版社,2011.3(2024.7重印)

(高等院校信息技术规划教材)

ISBN 978-7-302-24628-2

Ⅰ. ①数… Ⅱ. ①秦… ②袁… Ⅲ. ①数据结构-高等学校-教学参考资料 ②C语言-程序设计-高等学校-教学参考-资料 Ⅳ. ①TP311.12 ②TP312

中国版本图书馆 CIP 数据核字(2011)第 013509 号

责任编辑:袁勤勇 白立军
责任校对:李建庄
责任印制:刘 菲

出版发行:清华大学出版社
  网 址:https://www.tup.com.cn,https://www.wqxuetang.com
  地 址:北京清华大学学研大厦 A 座 邮 编:100084
  社 总 机:010-83470000 邮 购:010-62786544
  投稿与读者服务:010-62776969,c-service@tup.tsinghua.edu.cn
  质 量 反 馈:010-62772015,zhiliang@tup.tsinghua.edu.cn
印 装 者:北京嘉实印刷有限公司
经 销:全国新华书店
开 本:185mm×260mm 印 张:19.25 字 数:482千字
版 次:2011年3月第1版 印 次:2024年7月第18次印刷
定 价:58.00元

产品编号:038952-04

前言
foreword

　　数据结构是计算机专业最为重要的核心基础课程,学好数据结构既能提高程序设计能力,又能为后续课程(如操作系统、数据库技术、编译原理、算法设计与分析等)的学习打下良好的基础。由于数据结构课程的内容比较抽象,对于具有程序设计基础的学生来说,理解其中的概念和原理也许并不困难,但在真正做题时,尤其是做算法设计题时往往困难重重,有时甚至无从下手,这在作者多年的教学中感受颇深。这本参考教材是作者在长期的教学实践中收集并整理的,目的就是通过对基础理论和概念的归纳总结、典型例题的详细分析、课后习题的详尽解答和课程设计的实例分析,帮助读者深化对基本概念的理解,熟练掌握数据结构的基本原理,以提高算法设计和分析的能力。

　　本书力求对每道例题都严格按照知识点全面分析并详细解答。本书由两部分组成:第 1 部分是典型例题详解和配套教材的课后习题解答,全面涵盖了数据结构知识体系的各知识点;第 2 部分是课程设计的实践指导,列出了经典的课程设计的案例分析。全书共分10 章,第 1 章回顾了数据结构基本概念、评价算法优劣的主要指标及时间复杂度和空间复杂度;第 2 章介绍了线性表的逻辑特性,详细阐述了顺序表和链表的存储结构及基本操作算法;第 3 章~第 5章分别介绍了栈与队列、串、多维数组和广义表;第 6 章通过例题详解阐述了二叉树的存储结构和常见算法操作;第 7 章阐述了图的存储结构及相关理论的具体实现方法与过程;第 8 章和第 9 章介绍了广泛运用的两类算法——排序和查找;第 10 章是课程设计的实例详解,每个实例按照问题描述、设计思路、数据结构设计、功能函数设计、界面设计、编码实现、运行与测试进行说明,同时对学生提出明确的设计要求,并对设计过程给予指导。

　　本书既是《数据结构(C 语言版)》(秦锋主编,清华大学出版社出版,ISBN:978-7-302-64603-9)的配套教材(每章内容与之对应,且有习题解答),同时又自成体系。不但可作为高等学校计算机信息类专业的学习辅导书,也可作为研究生入学考试复习参考书。本书在编写过程中,收集整理并少量引用了其他参考书籍的例题,在此对原作者表示谢意!

本书由秦锋教授和袁志祥副教授担任主编,汤亚玲、王森玉、陈学进、郑啸、储岳中、程泽凯担任副主编。

因编者水平有限,书中难免有不足甚至错误之处,敬请广大读者批评指正!

作　者

2011 年 1 月

目录

contents

第 1 章

绪　　论

数据结构主要研究 4 个方面的问题：(1)数据的逻辑结构；(2)数据的物理结构；(3)基本操作与运算；(4)算法的分析。本章的主要内容是掌握数据结构概念和相关术语，掌握算法描述和分析的方法。

1.1　知识点串讲

1.1.1　相关术语

(1) 数据元素、数据对象、数据项。

(2) 数据结构、逻辑结构、存储结构。

(3) 线性结构、非线性结构。

(4) 集合、线性结构、树形结构、图状结构。

(5) 顺序存储、链式存储、索引存储、散列存储。

(6) 数据类型、抽象数据类型、原子类型、结构类型。

(7) 算法、时间复杂度、空间复杂度。

1.1.2　算法描述

算法(Algorithm)是对特定问题求解步骤的描述，是指令的有限序列，其中每条指令表示一个或多个操作。

一个算法必须具备下列五个特性。

(1) 有穷性：一个算法对于任何合法的输入必须在执行有穷步骤之后结束，且每步都可在有限时间内完成。

(2) 确定性：算法的每条指令必须有确切含义，不能有二义性。在任何条件下，算法只有唯一的一条执行路径，即对相同的输入只能得出相同的结果。

(3) 可行性：算法是可行的，即算法中描述的操作均可通过已经实现的基本运算的有限次执行来实现。

(4) 输入：一个算法有零个或多个输入，这些输入取自算法加工对象的集合。

(5) 输出：一个算法有一个或多个输出,这些输出应是算法对输入加工后符合逻辑的结果。

通常对算法的评价可按照下面四个指标来衡量：

(1) 正确性(Correctness)。

(2) 可读性(Readability)。

(3) 健壮性(Robustness)。

(4) 时空效率(Efficiency)。

1.1.3　算法分析

时间复杂度：算法中所有语句的频度之和。

空间复杂度：算法对输入数据进行运算所需的辅助工作单元和存储为实现计算所需信息的辅助空间。

重点掌握对一般算法的时间复杂度和空间复杂度的分析。

1.2　典型例题详解

一、选择题

1. _____不是算法的基本特征。

　　A. 可行性　　　　　　　　　　B. 长度有限

　　C. 在规定的时间内完成　　　　D. 确定性

分析：本题主要考查算法的五个特征。算法应满足有穷性、确定性、可行性、输入和输出五个基本特性。长度有限并不是算法的特性之一,因而答案为 B。

2. 下列关于算法的说法,正确的是_____。

　　A. 算法最终必须由计算机程序实现

　　B. 算法的可行性是指指令不能有二义性

　　C. 为解决某问题的算法与为该问题编写的程序含义是相同的

　　D. 程序一定是算法

分析：本题考查关于算法的概念,A 选项是错误的,算法不一定用计算机程序实现,它只是对特定问题求解步骤的一种描述;B 选项是错误的,算法的确定性是指指令不能有二义性;C 选项是正确的,其含义是用程序实现了相应的算法;D 选项显而易见是错误的,有死循环的程序不能满足有穷性。故本题的正确答案是 C。

3. 下面说法中错误的是_____。

　　A. 空间效率为 $O(1)$ 的算法不需要任何额外的辅助空间

　　B. 在相同的规模 n 下,时间复杂度为 $O(n)$ 的算法在时间上总是优于时间复杂度为 $O(2^n)$ 的算法

　　C. 所谓时间复杂度是指在最坏情况下,估算算法执行时间的一个上界

　　D. 同一个算法,实现语言的级别越高,执行的效率不一定越低

　　分析：选项 A 是错误的,空间效率为 $O(1)$ 的算法是指算法所需的辅助空间并不依赖于问题的规模,并不是不需要任何额外的辅助空间;B 选项是正确的,从时间复杂度角度上看,这句话是正确的;C 选项是正确的,这是时间复杂度的一般定义;D 选项是正确的,同一个算法,实现语言的级别与执行效率并没有严格的比例关系。故本题的正确答案是 A。

　　4. 以下关于数据的存储结构的叙述中,正确的有_____。

　　　　A. 顺序存储方式只能用于存储线性结构

　　　　B. 顺序存储方式的优点是存储密度大,且插入、删除运算效率高

　　　　C. 链表的每个结点中都恰好包含一个指针

　　　　D. 散列法存储的基本思想是由关键字的值决定数据的存储地址

　　　　E. 散列表的结点只包含数据元素自身的信息,不包含任何指针

　　分析：本题考查数据的存储结构概念,有一定的综合性。选项 A 是错误的,如二叉树可以采用顺序存储方式存储;选项 B 是错误的,顺序存储由于是一组连续的存储单元按顺序存储,插入和删除需大量移动记录,执行效率低;选项 C 是错误的,如双向链表有两个指针;选项 D 是正确的,散列法就是用散列函数作用于关键字值产生数据存储地址;选项 E 是错误的,散列表在处理"冲突"时,可用拉链法,这样需用一个指针。综上所述,故本题的答案是 D。

　　5. 某算法仅含程序段 1 和程序段 2,程序段 1 的执行次数 $3n^2$,程序段 2 的执行次数为 $0.01n^3$,则该算法的时间复杂度为_____。

　　　　A. $O(n)$　　　　　　B. $O(n^2)$　　　　　　C. $O(n^3)$　　　　　　D. $O(1)$

　　分析：算法的时间复杂度取指数项最大的算式,本题答案为 C。

　　6. 以下说法正确的是_____。

　　　　A. 数据结构的逻辑结构独立于其存储结构

　　　　B. 数据结构的存储结构独立于该数据结构的逻辑结构

　　　　C. 数据结构的逻辑结构唯一地决定了该数据结构的存储结构

　　　　D. 数据结构仅由其逻辑结构和存储结构决定

　　分析：数据的存储结构是指数据在计算机内的表示方法,是逻辑结构的具体实现。因此,存储结构应包含两个方面的内容,即数据元素本身的表示与数据元素间逻辑关系的表示。因此显然选项 B 和 C 的说法有问题,而选项 D 有错,因为数据结构是由其逻辑结构、存储结构以及附加在存储结构上的运算构成。故本题答案为 A。

　　7. 以下说法正确的是_____。

　　　　A. 数据元素是具有独立意义的最小标识单位

　　　　B. 原子类型的值不可再分解

　　　　C. 原子类型的值由若干个数据项值组成

　　　　D. 结构类型的值不可以再分解。

　　分析：数据项是具有独立含义的最小标识单位,故选项 A 是错误的,结构类型的值是可再分解的,故选项 D 是错误的,本题答案为 B。

　　8. 设有如下遗产继承规则:丈夫和妻子可以互相继承遗产,子女可以继承父亲和母

亲的遗产,子女间不能相互继承,则表示该遗产继承关系最合适的数据结构应该是_____。

    A. 树   B. 图   C. 线性表   D. 集合

分析:用排除法。由于元素间有次序关系,故排除选项 D,而元素可能存在多个前驱或后继结点,故排除选项 C。该数据结构虽是层次关系,但可能不存在树根,故选项 A 的树形结构不合要求,本题的答案是选项 B,图结构。

二、判断题

1. 数据元素是数据的最小单位。

答案:错误。

分析:数据项是具有独立含义的最小标识单位,而数据元素是数据的基本单位。一个数据元素可能由若干数据项组成。

2. 数据的逻辑结构是指各数据元素之间的逻辑关系,与物理结构无关。

答案:正确。

分析:由逻辑结构的定义不难判断。

3. 算法的时间效率和空间效率往往相互冲突,有时很难两全其美。

答案:正确。

分析:在算法设计中,常常会牺牲时间换取空间,有时也会牺牲空间换取时间。

4. 运算的定义依赖于逻辑结构,运算的实现也依赖于逻辑结构而与存储结构无关。

答案:错误。

分析:数据运算即对数据施加的操作。运算的定义直接依赖于逻辑结构,但运算的实现必依赖于存储结构,即只有在确定了存储结构之后,才能讨论运算是如何实现的。

5. 数据结构是指相互之间存在一种或多种关系的数据元素的全体。

答案:错误。

分析:数据结构是指数据的逻辑结构、物理结构,以及数据的运算操作。

6. 从逻辑关系上讲,数据结构主要分为两大类:线性结构和非线性结构。

答案:正确。

分析:对数据结构的逻辑结构而言,数据结构分为集合、线性结构、树形结构、图状结构四种。其中树形结构和图状结构属于非线性结构。

7. 算法和程序都应具有下面一些特征:有输入、有输出、确定性、有穷性、有效性。

答案:错误。

分析:程序不需要具有有穷性。

三、填空题

1. 数据的逻辑结构被分为_____、_____、_____和_____四种。

答案:集合、线性结构、树形结构、图状结构(次序可以调换)

分析:本题考查数据的逻辑结构的概念。

2. 在图状结构中,每个结点的前驱结点和后续结点数可以_____。

答案：任意多个

分析：本题考查图状结构的特点。

3. 时间和空间复杂度在最好和最坏情况下分别是 _____ 和 _____。

答案：$O(1)$、$O(2^n)$

分析：本题考查算法的时间和空间效率。最好情况是时空效率与问题的规模无关。最坏情况下时空效率是问题规模的指数关系。

4. 一种抽象数据类型包括 _____ 和 _____ 两部分。

答案：数据、操作

5. 当问题的规模 n 趋向无穷大时，算法执行时间 $T(n)$ 的数量级被称为算法的 _____。

答案：时间复杂度

四、应用题

1. 简述数据的逻辑结构和存储结构的区别与联系。它们是如何影响算法的设计与实现的?

分析与解答：若用结点表示某个数据元素，则结点与结点之间的逻辑关系就称为数据的逻辑结构。数据在计算机中的存储表示称为数据的存储结构。可见，数据的逻辑结构是反映数据之间的固有联系，而数据的存储结构是数据在计算机中的存储表示。尽管因采用的存储结构不同，逻辑上相邻的结点，其物理地址未必相邻，但可通过结点的内部信息，找到其相邻的结点，从而保留了逻辑结构的特点。采用的存储结构不同，对数据的操作在灵活性、算法复杂度等方面差别较大。

2. 考查下列两段描述。它们是否满足算法的特征，如不满足，说明违反了哪些特征。

(1)

```
void exam1()
{   n=2;
    while (n%2==0)
    n=n+2;
    printf("%d\n",n);
}
```

(2)

```
void exam2()
{   y=0;
    x=5/y;
    printf("%d,%d\n",x,y);
}
```

分析与解答：

(1) 不满足算法的特征，是一个死循环，违反了算法的有穷性特征。

(2) 不满足算法的特征，包含除零错误，违反了算法的可行性特征。

3. 指出下列各算法的功能并求出其时间复杂度。

```c
int Prime(int n)
{       int i=1;
        int x= (int)sqrt(n);
        while(++i<=x)
            if(n%i==0) break;
        if(i>x)
            return 1;
        else
            return 0;
}
```

分析与解答：该算法的功能是判断 n 是否是一个素数,若是则返回数值 1,否则返回 0。当 n 为素数时,令 $x=\sqrt{n}$,且 $n\%i!=0$,则循环语句 while 至少执行 x 次,因此该算法的时间复杂度为 $O(\sqrt{n})$。

4. 某数据结构的二元组表示为 set＝(K，R),其中：

K＝{01,02,03,04,05,06,07,08,09,10};R＝{}。

该结构为何种类型结构?

分析与解答：在数据结构 set 中,只存在有元素的集合,关系为空。这表明只考虑表中的每条记录,不考虑它们之间的任何关系。具有此种特点的数据结构称为集合结构。集合结构中的元素可以任意排列,无任何次序。

5. 某数据结构的二元组表示为 linearity＝(K,R),其中：

K＝{01,02,03,04,05,06,07,08,09,10}

R＝{〈05,01〉,〈01,03〉,〈03,08〉,〈08,02〉,〈02,07〉,〈07,04〉,〈04,06〉,〈06,09〉,
〈09,10〉}

该结构为何种类型结构?

分析与解答：本题所表示的图形如图 1.1 所示。

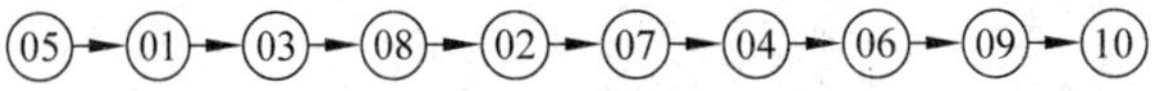

图 1.1 第 5 题的数据结构示意图

在数据结构 linearity 中,数据元素之间是有序的,每个数据元素有且仅有一个直接前驱元素(除结构中第一个元素 05 外),有且仅有一个直接后继元素(除结构中最后一个元素 10 外)。这种数据结构的特点是数据元素之间的 1 对 1 联系,即线性关系。具有这种特点的数据结构叫做线性结构。

6. 某数据结构的二元组表示为 tree＝(K,R),其中：

K＝{01,02,03,04,05,06,07,08,09,10}

R＝{〈01,02〉,〈01,03〉,〈01,04〉,〈02,05〉,〈02,06〉,〈03,07〉,〈03,08〉,〈03,09〉,
〈04,10〉}

该结构为何种类型结构?

分析与解答：本题所表示的图形如图 1.2 所示。

图 1.2 的形状像一棵倒置的树，最上面的一层没有前驱只有后继的结点叫做树根结点，最下面一层的只有前驱没有后继的结点叫做树叶结点，除此之外的结点叫做树枝结点。

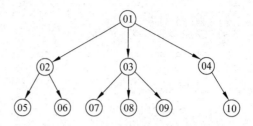

图 1.2　第 6 题的数据结构示意图

在一棵树中，每个结点有且只有一个前驱结点（除树根结点外），但可以有任意多个后继结点（树叶结点可看作为含 0 个后继结点）。这种数据结构的特点是数据元素之间的 1 对 N 联系（$N \geqslant 0$），即层次关系，把具有这种特点的数据结构叫做树结构，简称树。

7. 某数据结构的二元组表示为 graph＝(K,R)，其中：

K＝{01,02,03,04,05,06,07}

R＝{〈01,02〉,〈02,01〉,〈01,04〉,〈04,01〉,〈02,03〉,〈03,02〉,〈02,06〉,〈06,02〉,
　　〈02,07〉,〈07,02〉,〈03,07〉,〈07,03〉,〈04,06〉,〈06,04〉,〈05,07〉,〈07,05〉}

该结构为何种类型结构？

分析与解答：本题所表示的图形如图 1.3 所示。

从图 1.3 可以看出，R 是 K 上的对称关系。可以把〈x,y〉和〈y,x〉这两个对称序偶简化为无序对(x,y)或(y,x)；

在图 1.4 中，把 x 结点和 y 结点之间两条相反的有向边用一条无向边来代替。R 关系可改写为：R＝{(01,02),(01,04),(02,03),(02,06),(02,07),(03,07),(04,06),(05,07)}

所表示的图形如图 1.4 所示。

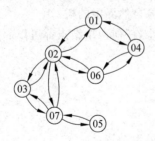

图 1.3　图的数据结构示意图

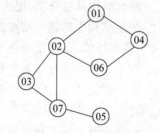

图 1.4　图 1.3 的等价表示

从图 1.3 或图 1.4 可以看出，结点之间的联系是 M 对 N 联系（$M \geqslant 0, N \geqslant 0$），即网状关系。也就是说，每个结点可以有任意多个前驱结点和任意多个后继结点。具有这种特点的数据结构叫做图状结构，简称图。

由上可知，树形结构是图状结构的特殊情况（即 $M＝1$ 的情况），线性结构是树形结构的特殊情况（即 $N＝1$ 的情况）。为了区别于线性结构，可将树形结构和图状结构统称为非线性结构。

8. 假设 n 为 2 的乘幂，并且 $n>2$，试求下列算法的时间复杂度及变量 count 的值（以

n 的函数形式表示)。

```
int Time(int n)
{   count=0; x=2;
    while (x<n/2)
    {
        x=x*2;
        count++;
    }
    return (count)
}
```

分析与解答：该算法的时间复杂度主要为循环语句 while 执行次数。假设乘法的执行次数为 i 时,则 $x=2^{i+1}$,当 $x \geqslant n$ 时则退出循环体,即 $2^{i+1} \geqslant n$。

对 $2^{i+1} \geqslant n$ 进行整理,获得 $i \geqslant \lceil \log_2 n \rceil - 1(n>4)$,该题算法的时间复杂度为 $O(\log_2 n)$ 所返回的 count 值就是 $\lceil \log_2 n \rceil - 1$。

对任意一个算法,只要得到与该算法对应问题规模的函数,便可求得该算法的时间复杂度,而算法对应问题规模的函数通常与循环次数有关。

1.3　课后习题解答

一、选择题

1. 根据数据元素之间关系的不同特性,以下解释错误的是_____。
   A. 集合中任何两个结点之间都有逻辑关系但组织形式松散
   B. 线性结构中结点形成 1 对 1 的关系
   C. 树形结构具有分支、层次特性,其形态有点像自然界中的树
   D. 图状结构中的各个结点按逻辑关系互相缠绕,任何两个结点都可以邻接

2. 关于逻辑结构,以下说法错误的是_____。
   A. 逻辑结构是独立于计算机的
   B. 运算的定义与逻辑结构无关
   C. 同一逻辑结构可以采用不同的存储结构
   D. 一些表面上很不相同的数据可以有相同的逻辑结构
   E. 逻辑结构是数据组织的某种"本质性"的东西

3. 下面关于算法的说法正确的是_____。
   A. 算法的时间效率取决于算法所花费的 CPU 时间
   B. 在算法设计中不能用牺牲空间代价来换取好的时间效率
   C. 算法必须具有有穷性、确定性等五个特性
   D. 通常用时空效率来衡量算法的优劣

4. 下面关于算法说法错误的是_____。
   A. 计算机程序一定是算法

B. 算法只能用计算机高级语言来描述

C. 算法的可行性是指指令不能有二义性

D. 以上几个都是错误的

5. 程序段

```
for(i=n-1;i>=0;i--)
  for(j=1;j<=n;j++)
    if A[j]>A[j+1]
      A[j]与A[j+1]对换;
```

其中 n 为正整数,则最后一行的语句频度在最坏情况下是_____。

A. $O(n)$ B. $O(n^2)$ C. $O(n^3)$ D. $O(n\log_2 n)$

6. 以下说法正确的是_____。

A. 数据元素是数据的最小单位   B. 数据项是数据的基本单位

C. 原子类型不可再分解   D. 数据项只能是原子类型

参考答案

1	2	3	4	5	6
A	B	C	D	B	C

二、填空题

1. 通常从_____、_____、_____、_____等几方面评价算法的(包括程序)的质量。

2. 对于给定的 n 个元素,可以构造出的逻辑结构有_____、_____、_____、_____四种。

3. 存储结构主要有_____、_____、_____、_____四种。

4. 抽象数据类型的定义仅取决于它的一组_____,而与_____无关,即不论其内部结构如何变化,只要它的_____不变,都不会影响其外部使用。

5. 一个算法具有五个特性:_____、_____、_____,有零个或多个输入、有一个或多个输出。

参考答案

1. 正确性、可读性、健壮性、时空效率

2. 集合、线性关系、树形关系、图状关系

3. 顺序存储、链式存储、索引存储、散列存储

4. 逻辑特性、存储结构、数学特性

5. 有穷性、确定性、可行性

三、判断题

1. 数据元素是数据的最小单位。

2. 数据的逻辑结构是指数据的各数据项之间的逻辑关系。

3. 算法的优劣与算法描述语言无关,但与所用计算机有关。

4. 程序一定是算法。

5. 数据的物理结构是指数据在计算机内的实际存储形式。

6. 数据结构的抽象操作的定义与具体实现有关。

7. 数据的逻辑结构表达了数据元素之间的关系,它依赖于计算机的存储结构。

参考答案

1	2	3	4	5	6	7
错误	错误	错误	错误	正确	错误	错误

四、应用题

1. 解释下列概念:数据、数据元素、数据类型、数据结构、逻辑结构、存储结构、线性结构、非线性结构、算法、算法的时间复杂度、算法的空间复杂度。

2. 数据的逻辑结构有哪几种? 常用的存储结构有哪几种?

3. 试举一个数据结构的例子,叙述其逻辑结构、存储结构和运算三方面的内容。

4. 什么叫算法? 它有哪些特性?

5. 设 n 为正整数,用大 O 记号,将下列程序段的执行时间表示为 n 的函数。

(1)

```
int sum1(int n)
    {   int i,p=1,s=0;
        for(i=1;i<=n;i++)
        {   p*=i;
            s+=p;
        }
        return s;
    }
```

(2)

```
int sum2(int n)
    {   int p,s=0;
        int i,j;
        for(i=1;i<=n;i++)
        {   p=1;
            for(j=1;j<=i;j++)
                p*=j;
            s+=p;
        }
        return s;
    }
```

（3）

```
int fun(int n)
    {    int i=1,s=1;
        while(s<n)
            s+=++i;
        return i;
    }
```

参考答案

1. 略。

2. 略。

3. 可以用日常生活中的一种物质水来说明数据结构的三个方面。

水是由许多水分子组成，一个水分子由氢和氧两种元素组成，这与外界的环境无关，相当于数据的逻辑结构。水在日常生活中有液态、气态、固态三种不同形态，相当于数据有三种存储结构。对水进行升温、降温等操作相当于对数据所施加的操作。

其他例子略。

4. 略。

5.（1）该算法的功能是计算 $\sum_{i=1}^{n} i!$ 的值。函数中 for 循环的次数是 n，时间复杂度为 $O(n)$。

（2）该算法的功能是计算 $\sum_{i=1}^{n} i!$ 的值。函数中有双重循环，外层循环的执行次数为 n 次，内层循环的执行次数为 i 次 $(i \leqslant n)$，总的循环次数为 $1+2+3+\cdots+n=n(n+1)/2$。因此时间复杂度为 $O(n^2)$。

（3）该算法的功能是求出满足不等式 $1+2+3+\cdots+\cdots, i \geqslant n$ 的最小 i 值。当循环体执行第 1 次时，i 为 1；当循环体执行第 2 次时，i 为 2；当循环体执行第 3 次时，i 为 3……不妨假设当循环体执行第 i 次时，退出循环体，则：

$$s = 1+2+3+\cdots+i = (i+1) \times i/2 \geqslant n \text{ 成立} \tag{1-1}$$

整理式（1-1），得 $i \geqslant \sqrt{n}$，因此本题的时间复杂度为 $O(\sqrt{n})$。

第2章

线 性 表

chapter 2

　　线性表是一种最常用的数据结构,其数据元素之间的关系表现为:除第一个元素无前驱元素,最后一个元素无后继元素外,其余元素均有且仅有一个前驱和一个后继元素。线性表的存储结构有两种实现方式:顺序存储和链式存储。本章要求读者掌握线性表两种不同的存储结构,以及插入、删除、检索等操作,能设计算法解决与线性表相关的各类应用问题。

2.1 知识点串讲

2.1.1 知识结构图

　　本章的主要知识点结构如图 2.1 所示。

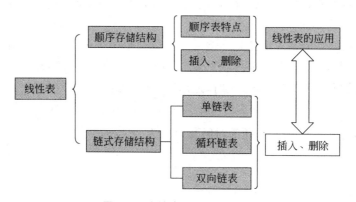

图 2.1　线性表的知识结构图

2.1.2 相关术语

　　(1) 顺序表、链表。
　　(2) 单链表、循环单链表、循环双向链表、静态链表。
　　(3) 结点、数据域、指针域。
　　(4) 头结点、首结点、头指针、指针变量。

（5）插入、删除。

（6）动态空间分配、静态空间分配。

2.1.3　线性表的顺序存储结构

线性表的顺序存储是计算机中最简单、最常用的一种存储方式，即用一组地址连续的存储单元依次存放线性表中的元素，该结构的特点是逻辑相邻的数据元素在物理上也相邻。用顺序存储方法存储的线性表简称为顺序表。

顺序表类型定义如下：

```
#define MAXSIZE 100
typedef struct node {
        DataType data[MAXSIZE];
        int length;
} SeqList, PSeqlist;
```

对上述定义顺序表类型 SeqList，要特别注意的是：

（1）数组的下标从 0 开始，而不是从 1 开始。

（2）线性表改变时，要及时修改其中 length 成员变量的值。

顺序表的基本操作主要有以下两个。

（1）插入操作运算

顺序表的插入运算，时间主要消耗在了数据的移动上，在第 i 个位置上插入 x，从 a_i 到 a_n 都要向后移动一个位置，共需要移动 $n-i+1$ 个元素。在等概率情况下，所以平均移动数据元素的次数为 $n/2$。

插入操作算法的时间复杂度均为 $O(n)$。

（2）删除操作运算

与插入运算相同，其时间主要消耗在了移动表中元素上，删除第 i 个元素时，其后面的元素 $a_{i+1} \sim a_n$ 都要向前移动一个位置，共移动了 $n-i$ 个元素。所以，在等概率情况下，平均移动数据元素的次数为 $(n-1)/2$。

删除操作算法的时间复杂度均为 $O(n)$。

2.1.4　线性表的链式存储结构

1. 链表的概念

链表就是把线性表中每个元素的值和该表中下一个元素的地址放在一起，这两部分信息组成一个结点，若干个这种结点就构成了线性链表。

2. 单链表

单链表中每个结点由数据域和指针域两部分组成。结点形式如下：

data	next

其中,data 部分称为数据域,用于存储线性表的一个数据元素(结点)。next 部分称为指针域或链域,用于存放一个指针,该指针指向本结点所含数据域元素的直接后继所在的结点。单链表的类型定义如下:

```
typedef struct node{
    DataType data;              /* 每个元素数据信息 */
    struct node * next;         /* 存放后继元素的地址 */
} LNode, * LinkList;
```

单链表分为带头结点(其 next 域指向第一个结点)和不带头结点两种类型,头结点的设置可简化运算的实现过程。

设置头结点的好处有以下两点。(1)便于处理首结点,使得在创建链表和删除结点时,可以将首结点与其他结点同等对待。对于不带头结点的链表,在插入和删除操作时,需要每次对首结点进行判断,这样十分烦琐。(2)利用头结点的数据域存储链表相关信息。如链表的长度。这样可以不需要通过遍历整个链表获得这些消息,提高算法的效率。

在单链表上实现线性表基本运算的函数如下所示。

(1) 初始化函数

设计思想:用于创建头结点,由指针 head 指向它,该结点的 next 域为空,data 域未设定任何值,其时间复杂度为 $O(1)$。

(2) 插入函数

设计思想:创建一个 data 域值为 x 的新结点 p,然后插入到 * head 所指向的单链表的第 i 个结点之前。为保证插入正确有效,必须查找到指向第 i 个结点的前一个结点的指针,主要的时间耗费在查找上,因而在长度为 n 的线性单链表上进行插入操作的时间复杂度为 $O(n)$。

(3) 删除函数

设计思想:线性链表中元素的删除要修改被删元素前驱的指针,回收被删元素所占的空间。主要的时间耗费在查找上,因而在长度为 n 的线性单链表上进行删除操作的时间复杂度为 $O(n)$。

(4) 查找函数

设计思想:线性链表中查找元素要找元素前驱的指针。在长度为 n 的线性单链表上进行删除操作的时间复杂度为 $O(n)$。

(5) 求单链表长度函数

设计思想:通过遍历的方法,从头数到尾,即可得到单链表长。

3. 双向链表

双向链表的结点中包含有两个指针域,一个是指向其前驱的 prior 指针域,另一个是指向其后继的 next 指针域。结点形式如下:

prior	data	next

双向链表的类型描述如下：

```
typedef struct node{
        DataType data;
        struct node * prior, * next;
}DNode, * DLinkList;
```

双向链表的优点：可以正反两个方向查找。当链表中一个链破坏时，可以用另一个链修复链表。

4. 循环链表

循环链表可分为循环单链表和循环双链表。循环单链表是将单链表最后一个结点的 next 域的指针改为指向它的头结点所得到的链表。循环双链表是将双向链表的头结点和尾结点链接起来所得到的链表。

特别需要注意的是：

(1) 循环链表中没有 NULL 指针。涉及遍历操作时，其终止条件就不再是像非循环链表那样判别 p 或 $p->$next 是否为空，而是判别它们是否等于某一指定指针，如头指针或尾指针等。

(2) 在单链表中，从一已知结点出发，只能访问到该结点及其后续结点，无法找到该结点之前的其他结点。而在单循环链表中，从任意一个结点出发都可访问到表中所有结点，这一优点使得某些运算在单循环链表上易于实现。例如，用带有指向尾结点指针的单循环链表来实现队列操作。

2.1.5 线性表的顺序存储结构和链式存储结构的比较

(1) 顺序表的存储空间是静态分配的，在程序执行之前必须明确规定它的存储规模，也就是说事先对 MAXSIZE 要有合适的设定，过大造成浪费，过小造成溢出。如果对线性表的长度或存储规模难以估计时，不宜采用顺序表；链表不用事先估计存储规模，但链表的存储密度较低(存储密度是指一个结点中数据元素所占的存储单元和整个结点所占的存储单元之比)。

(2) 在顺序表中按序号访问元素的时间性能为 $O(1)$，而链表中按序号访问的时间性能是 $O(n)$，所以如果经常做的运算是按序号访问数据元素，显然顺序表优于链表；而在顺序表中做插入、删除时需移动元素，当数据元素的信息量较多且表较长时，这一点是不应忽视的；在链表中作插入、删除，虽然也要找插入位置，但主要是比较操作，从这个角度考虑显然链表较优。

(3) 顺序表容易实现，任何高级语言中都有数组类型，链表的操作是基于指针的，有些语言不支持指针类型，并且相对指针来讲顺序表较简单。

总之，两种存储结构各有优劣，选择哪一种存储方式应由实际问题决定。通常"较稳定"的线性表选择顺序存储，而频繁做插入、删除的即动态性较强的线性表宜选择链式存储。

2.2 典型例题详解

一、选择题

1. 线性表中在链式存储中各结点之间的地址_____。
   A. 必须连续　　　　　　　　　B. 部分地址必须连续
   C. 不能连续　　　　　　　　　D. 连续与否无所谓

分析：本题主要考查链式存储结构的特点。线性链表的逻辑地址相邻，但其物理地址未必相邻，链表是靠指向后继指针来找其后继的。正确答案为 D。

2. 将两个各有 n 个元素的有序线性表归并成一个有序线性表，最少的比较次数是_____。
   A. n　　　　　B. $2n-1$　　　　　C. $2n$　　　　　D. $n-1$

分析：当一个表的最小元素大于另一个表的最大元素时，比较的次数最少，为表的长度 n，故本题答案是 A。

3. 线性表中正确的说法是_____。
   A. 每个元素都有一个直接前驱和一个直接后继
   B. 线性表至少要求一个元素
   C. 表中的元素必须按由小到大或由大到小排序
   D. 除了第一个和最后一个元素外，其余元素都有一个且仅有一个直接前驱和直接后继

分析：根据线性表的特点，线性表中第一个元素没有直接前驱，最后一个元素没有直接后继，故选项 A 是错误的；线性表允许为空表，故选项 B 是错误的；线性表中的元素是任意的，无大小排序之分，故选项 C 是错误的；正确答案为 D。

4. 以下说法错误的是_____。
   A. 求表长、定位这两种运算在采用顺序存储结构时，实现的效率不比采用链式存储结构时实现的效率低
   B. 顺序存储的线性表可以随机存取
   C. 由于顺序存储要求连续的存储区域，所以在存储管理上不够灵活
   D. 线性表的链接存储结构优于顺序存储结构

分析：本题考查线性表的存储结构的特点，线性表的顺序存储结构和链式存储结构各有优缺点，应根据实际情况选用，不能笼统说哪一个好。故本题答案是 D。

5. 在 n 个结点的有序单链表中插入一个新结点并使链表仍然有序的时间复杂度是_____。
   A. $O(1)$　　　　B. $O(n)$　　　　C. $O(n\log_2 n)$　　　　D. $O(n^2)$

分析：本题考查链表基本算法的时间复杂度，结合本题，算法的主要开销在于查找适合插入的位置，平均查找长度为 $n/2$，故选项 B 为正确答案。

6. _____是顺序存储结构的优点。

A. 存储密度大 　　　　　　　　B. 插入运算方便

C. 删除运算方便 　　　　　　　D. 可方便地用于各种逻辑结构的存储表示

分析：本题主要考查顺序存储结构的基本特点，B、C、D 均是链式存储结构的优点，只有 A 是顺序存储结构的优点，故本题答案 A。

7. 对单链表表示法，以下说法错误的是_____。

A. 数据域用于存储线性表的一个数据元素

B. 指针域用于存放一个指向本结点所包含数据元素的直接后继所在结点的指针

C. 所有数据通过指针的链接而组织成单链表

D. 单链表中各结点地址不可能连续

分析：本题考查单链表的基本概念，本题答案是 D。

8. 若某线性表最常用的操作是存取任一指定序号的元素和在最后进行插入和删除运算，则利用_____存储方式最节省时间。

A. 顺序表 　　　　　　　　　　B. 双链表

C. 带头结点的双循环链表 　　　D. 单循环链表

分析：本题考查线性表存储结构的选择，随机存储是顺序存储结构的优点，其缺点是插入删除操作需移动大量的元素，由题可知，要求在最后的元素插入和删除，故选用顺序存储结构比较好，本题答案 A。

9. 某线性表中最常用的操作是在最后一个元素之后插入一个元素和删除第一个元素，则采用_____存储方式最节省运算时间。

A. 单链表 　　　　　　　　　　B. 仅有头指针的单循环链表

C. 双链表 　　　　　　　　　　D. 仅有尾指针的单循环链表

分析：本题考查线性表存储结构的选择，题目要求对最后一个元素和第一个元素分别进行插入和删除操作，故选用循环链表结构比较好，选用尾指针可以快速找到最后一个元素，而头指针却不行，故本题答案 D。

10. 设一个链表最常用的操作是在末尾插入结点和删除尾结点，则选用_____最节省时间。

A. 单链表 　　　　　　　　　　B. 单循环链表

C. 带尾指针的单循环链表 　　　D. 带头结点的双循环链表

分析：本题考查线性表存储结构的选择，与上题不同之处在于，本题要求删除最后一个结点。这样要求找到倒数第二个结点，若选用带尾指针的单循环链表的话，需要遍历整个链表，时间效率比较低。在双循环链式结构可以快速找到倒数第二个结点，符合本题要求，故本题答案 D。

11. 静态链表中指针表示的是_____。

A. 内存地址 　　　　　　　　　B. 本元素的数组下标

C. 后继的数组下标 　　　　　　D. 左、右孩子地址

分析：本题考查静态链表的基本概念，不难得到本题答案为 C。

12. 下列说法错误的是_____。

A. 对循环链表来说，从表中任意一个结点出发都能通过前后移动操作扫描整

个循环链表

  B. 对单链表来说,只有从头结点开始才能扫描表中全部结点

  C. 双向链表的特点是查找结点的前驱和后继都很容易

  D. 对双向链表来说,结点的存储位置既存放在其前驱结点的后继指针域中,也存放在它的后继结点的前驱指针域中

  分析:本题考查循环链表的基本概念和原理。循环链表分单循环链表和双循环链表两种,双向循环链表有指向前驱结点和后继结点的两个指针域,以空间代价换取时间代价,而单循环链表只有指向后继的一个指针域,从任意一个结点访问整个线性表需要从表头开始,故本题答案是 A。

  13. 线性表 $(a_1, a_2, \cdots, a_n)$ 以链式方式存储时,访问第 i 个元素的时间复杂度为_____。

  A. $O(i)$ B. $O(1)$ C. $O(n)$ D. $O(i-1)$

  分析:本题考查线性表算法的时间复杂度,链式存储方式下,访问第 i 个元素须从第 1 个结点开始依次访问,时间复杂度是 $O(n)$,本题答案为 C。

  14. 非空的循环单链表 head 的尾结点 p 满足_____。

  A. p—>link==head   B. p—>link==NULL

  C. p==NULL   D. p==head

  分析:本题考查非空的循环单链表的特点,本题答案为 A。

  15. 对于顺序存储的线性表,结点的插入和删除操作的时间复杂度为_____。

  A. $O(n)$、$O(n)$ B. $O(n)$、$O(1)$

  C. $O(1)$、$O(n)$ D. $O(1)$、$O(1)$

  分析:本题考查线性表算法的时间复杂度,本题答案为 A。

二、判断题

  1. 顺序表可以用一维数组表示,因此顺序表与一维数组在结构上是一致的,可以通用。

  答案:错误。

  分析:顺序表和一维数组是两个不同的概念。

  2. 链接存储表示的存储空间一般在程序的运行过程中动态分配和释放,且只要存储器中还有空间,就不会产生存储溢出问题。

  答案:正确。

  分析:由链式存储的特点不难得到。

  3. 链式存储在插入和删除时需要保持数据元素原来的物理顺序,不需要保持原来的逻辑顺序。

  答案:错误。

  分析:链式存储结构是线性结构的一种,逻辑顺序是要保证的。

  4. 在链式存储表中存取表中的数据元素时,不一定要按顺序访问。

  答案:错误。

分析：链式存储结构下不能随机访问，只能从表头结点开始按顺序访问。

5. 在单链表表尾插入结点与在表中插入结点处理的方法不同。

答案：错误。

分析：在单链表表尾插入结点与在表中插入结点处理的方法是可以统一的。

6. 链表中的头结点仅起到标识作用。

答案：错误。

分析：头结点并不"仅起"标识作用，并且能使操作统一。另外，头结点数据域可记录链表长度，或作监视哨。

7. 顺序存储方式插入和删除时效率太低，因此它不如链式存储方式好。

答案：错误。

分析：线性表的两种存储结构各有优缺点，应根据实际情况选用，不能笼统地说哪一个好。

8. 取线性表的第 i 个元素的时间与 i 的大小有关。

答案：错误。

分析：在线性表的顺序存储结构中，取线性表的第 i 个元素的时间与 i 的大小无关。

9. 在不带头结点的单链表中，首结点的插入或删除与在其他位置的结点插入或删除操作过程是相同的。

答案：错误。

分析：在不带头结点的单链表中，当链表为空时，新插入的结点即为单链表的首结点，无需任何操作。而当在其他位置进行插入时，需要调整改变结点的指针域值。显然首结点的插入与其他位置的结点操作是不同的。类似情况，首结点的删除操作同样与其他位置的结点删除操作是不一样的。通常在单链表中设置头结点的目的是为了首结点与其他位置结点的插入和删除操作一致。

三、填空题

1. 顺序存储结构使线性表中逻辑上相邻的数据元素在物理上也相邻。因此，这种表便于_____访问，是一种_____。

答案：随机、随机存取

2. 在链表的结点中，数据元素所占的存储量和整个结点所占的存储量之比称为_____。

答案：存储密度

3. 已知 L 是无表头结点的单链表，且 P 结点既不是首结点，也不是尾结点，试添加合适的语句序列。

(1) P 结点后插入 S 结点的语句序列是_____。

(2) 在 P 结点前插入 S 结点的语句序列是_____。

(3) 在表首结点之前插入 S 结点的语句序列是_____。

(4) 在表尾结点之前插入 S 结点的语句序列是_____。

答案：(1) S—>next=P—>next；P—>next=S；

(2) pre＝L；while(pre－＞next!＝P) pre＝pre－＞next；

S－＞next＝pre－＞next；pre－＞next＝S；

(3) S－＞next＝L；L＝S；

(4) P＝L；while(p－＞next－＞next! ＝NULL) P＝P－＞next；

S－＞next＝P－＞next；P－＞next＝S；

分析：(1) 在 P 结点后插入 S 结点，其操作过程如图 2.2 所示。

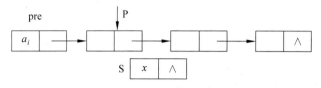

图 2.2　在 P 结点后插入 S 结点

(2) 在 P 结点前插入 S 结点，首先必须获得 P 结点的前驱结点 pre。然后在结点 pre 之后完成对 S 结点的插入操作。本小题的关键是找到 P 结点的前驱，pre＝L；while(pre－＞next!＝P) pre＝pre－＞next。

(3) 在表首结点之前插入 S 结点，首先完成 S－＞next＝L；其次是 L＝S。

(4) 在表尾结点之前插入 S 结点，首先要获得表尾结点之前结点的指针变量 p，然后再完成对 S 结点的插入操作即可。

4. 已知 P 结点是某双向链表的中间结点，试添加合适的语句序列。

(1) P 结点后插入 S 结点的语句序列是_____。

(2) 在 P 结点前插入 S 结点的语句序列是_____。

(3) 删除 P 结点的直接后继结点的语句序列是_____。

(4) 删除 P 结点的直接前驱结点的语句序列是_____。

(5) 删除 P 结点的语句序列是_____。

答案：(1) S－＞next＝P－＞next；S－＞prior＝P；

P－＞next－＞prior＝S；P－＞next＝S；

(2) S－＞next＝P；S－＞prior＝P－＞prior；

P－＞prior－＞next＝S；P－＞prior＝S；

(3) Q＝P－＞next；P－＞next＝Q－＞next；

Q－＞next－＞prior＝P；free(Q)；

(4) Q＝P－＞prior；P－＞prior＝Q－＞prior；

Q－＞prior－＞next＝P；free(Q)；

(5) Q＝P；P－＞prior－＞next＝P－＞next；

P－＞next－＞prior＝P－＞prior；free(Q)；

分析：根据图 2.3 所示的双向循环链表示意图，完成题目所要求的操作即可。需要注意的是：在链表中删除或者插入某个结点，必须获得该结点的指针变量或者其前驱结点的指针变量；因此在单链表中，获取某个结点的前驱结点，需要执行遍历单链表操作。在双向链表中，获取某个结点的前驱结点则不需要遍历单链表，因为双向链表中的结点存在指向其前驱或后继结点的指针域。

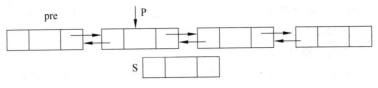

图 2.3 第 4 题的示意图

5. 对于双向链表,在两个结点之间插入一个新的结点时,需要修改的指针共有 _____个,单链表为_____个。

答案：四、两

分析：对于双向链表,在两个结点之间插入一个新结点时,需要修改前一结点的 next 域,后一个结点的 prior 域,插入结点的 next、prior 域。所以共修改四个指针。对于单链表,在两个结点之间插入一个新结点时,需要修改前一结点的 next 域,插入结点的 next 域。所以,共修改两个指针。

6. 在下面数组 **a** 中链接存储着一个线性表,如图 2.4 所示。其中表头指针为 a[0]. next,则该线性表的存储序列为_____。

a	0	1	2	3	4	5	6	7	8
data		60	56	42	38		74	25	
next	4	3	7	6	2		0	1	

图 2.4 线性表的存储结构图

答案：38,56,25,60,42,74

分析：本题考查静态链式存储结构的基本概念,与前面所讲的单链表中的指针不同的是,静态链表的指针是结点的相对地址(数组的下标)。

7. 在一个长度为 $n(n>1)$ 的单链表上,设有头尾两个指针,在以下操作：(1)删除单链表中的第一个元素；(2)删除单链表中最后一个元素；(3)在单链表第一个元素前插入一个新元素；(4)在单链表最后一个元素后插入一个新元素。执行_____操作与链表的长度无关。

答案：(1)、(3)、(4)

分析：设有头尾指针的单链表如图 2.5 所示。当删除单链表中的第一个元素,仅需要执行 Head=a_1—>next 操作；当删除单链表中最后一个元素后,需要知道 a_{n-1} 结点所在的位置,这样则要遍历整个单链表；当在单链表第一个元素前插入一个新元素(结点 s),执行 s—>next=Head,Head=s；在单链表最后一个元素后插入一个新元素(结点 s),仅执行 Tail—>next=s,Tail=s。从上面的分析可知,仅当删除单链表中的最后一个元素时,需要遍历单链表,操作(2)的时间复杂度为 $O(n)$,因此操作(2)执行时间与链表的长度相关。

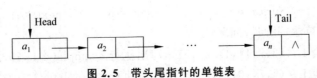

图 2.5 带头尾指针的单链表

8. 若某链表中最常用的操作是在最后结点之后插入结点和删除最后结点,则采用_____存储方式最节省运算时间。

答案:带头结点的循环双链表

分析:根据第 2.2 节第 4 题中的分析可知,双循环链表容易找到最后一个结点和其前驱结点,时间复杂度均为 $O(1)$,而单链表或循环单链表则要遍历整个链表,时间复杂度为 $O(n)$。

四、应用题

1. 指出带头结点的单链表和不带头结点的单链表的区别。

分析与解答:

带头结点的单链表和不带头结点的单链表的区别主要体现在其结构上和算法操作上。

在结构上,带头结点的单链表不管链表是否为空,均含有一个头结点;而不带头结点的单链表不含头结点。

在操作上,带头结点的单链表的初始化为申请一个头结点,且在任何结点位置进行的操作算法一致;而不带头结点的单链表让头指针为空,同时其他操作要特别注意空表和第一个结点的处理。

2. 与单链表相比,双向循环链表有哪些优点?

分析与解答:双向循环链表设置了指向前驱和后继的指针,所用的地址空间增加,以空间复杂度代价换取时间复杂度的提高。

(1) 双向循环链表可以从任一结点开始遍历整个链表。

(2) 在动态内存管理中,应用双向循环链表可以从上次查找过的结点开始继续查找可用结点,而单链表却每次都需要从表头开始查找。相比之下,双向循环链表的时间效率更高。

3. 写出如图 2.6 所示的双向链表中对换值为 23 和 15 的两个结点位置时修改指针的有关语句。

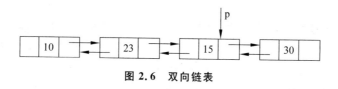

图 2.6　双向链表

结点结构为 (prior,data,next)。

分析与解答:设 $q = p \rightarrow prior$;则 $q \rightarrow next = p \rightarrow next$;$p \rightarrow next \rightarrow prior = q$;

$p \rightarrow prior = q \rightarrow prior$;$q \rightarrow prior \rightarrow next = p$;$p \rightarrow next = q$;$q \rightarrow prior = p$;

4. 阅读下列算法,并回答问题:

(1) 设顺序表 L=(3,7,11,14,20,51),写出执行 example(&L,15) 之后的 L。

(2) 设顺序表 L=(4,7,10,14,20,51),写出执行 example(&L,10) 之后的 L。

（3）简述算法的功能。

```
void example (SeqList * L, DataType x)
{    int i=0, j;
     while (i<L->length && x>L->data[i])
         i++;
     if(i<L->length && x==L->data[i])
     {    for(j=i+1;j<L->length;j++)
          L->data[j-1]=L->data[j];
          L->length--;
     }
     else
     {    for(j=L->length;j>i;j--)
          L->data[j]=L->data[j-1];
          L->data[i]=x;
          L->length++;
     }
}
```

分析与解答：解答这类问题的关键是仔细阅读程序，按照程序代码的执行过程记录并观察数据变化规律，以确定该程序代码实现的具体功能。

（1）L＝(3,7,11,14,15,20,51)

（2）L＝(4,7,14,20,51)

（3）在顺序表 L 中查找数 x，若找到，则删除 x；若没找到，则在适当的位置插入 x，插入后，L 依然有序。

5. 阅读下列算法，并回答问题。

```
LinkList mynote(LinkList L)          /* L 是不带头结点的单链表的头指针 */
{    if (L && L->next)
     {    q=L;
          L=L->next;
          p=L;
S1:       while(p->next)
              p=p->next;          /* end S1 */
S2:       p->next=q;
          q->next=NULL;           /* end S2 */
     }
     return L ;
}
```

请回答下列问题：

（1）说明语句 S1 的功能。

（2）说明语句组 S2 的功能。

（3）设链表表示的线性表为 $(a_1, a_2, \cdots, a_n)$，写出算法执行后的返回值所表示的线性表。

分析与解答：

（1）S1 语句组用来从当前结点开始遍历到链表的尾结点。

（2）S2 语句组将第一个结点链接到链表的尾部，作为新的尾结点。

（3）返回的线性表为$(a_2,a_3,\cdots,a_n,a_1)$。

6. 下列函数的功能是：对以带头结点的单链表作为存储结构的两个递增有序表（表中不存在值相同的数据元素）进行如下操作：将所有在 Lb 表中存在而 La 表中不存在的结点插入到 La 中，其中 La 和 Lb 分别为两个链表的头指针。请在空缺处填入合适内容，使其成为一个完整的算法。

```
void union(LinkList La, LinkList Lb)
{   /* 本算法的功能是将所有 Lb 表中存在而 La 表中不存在的结点插入到 La 表中 */
    LinkList pre=La, q;
    LinkList pa=La->next;
    LinkList pb=Lb->next;
    free(Lb);
    while (pa && pb)
    {   if (pa->data<pb->data)
        {   pre=pa;
            pa=pa->next;
        }
        else if (pa->data>pb->data)
          {
   (1)      ;
            pre=pb;
            pb=pb->next;
   (2)      ;
          }
        else
        {   q=pb;
            pb=pb->next;
            free(q);
        }
    }
    if (pb)    (3)    ;
}
```

分析与答案：

指针 pa 指向 La，指针 pb 指向 Lb，分别遍历 La 和 Lb，依次比较 pa 和 pb 所指结点。pre 指针始终在 pa 前面紧邻，若 pa－＞data 小于 pb－＞data，则用 pre 指向当前结点，继续遍历 La；若 pa－＞data 大于 pb－＞data，则要将 pb 所指的结点插入到 pa 结点前面具体的做法是：将指针 pre 的 next 域指向 pb，将指针 pre 指向 pb，遍历 pb，将 pre 指针的 next 域指向 pa，若 pa－＞data 等于 pb－＞data，则将 pb 指针删除（注：由题可知，该步是不会出现的,为了算法的健壮性,还是要写出来)。若 Lb 遍历完而 La 没有遍历完,则将 La 的剩余部分直接连到指针 pre 所指结点的后面,故执行的操作是 pre—>next ＝pa。

(1) pre—>next ＝ pb;

(2) pre—>next ＝ pa;

(3) pre—>next ＝ pa;

五、算法设计题

1. 判断链表 L 是否为递增的。

分析:要判断链表 L 从第二个元素开始的每个元素的值是否比其前驱的值大。若不成立,则整个链表不是按序递增的,否则是递增的。不妨设指针 p 指向 L 的一个结点,pre 指向 p 的前驱结点。

算法描述如下:

```
int IsIncrease(LinkList L)
{    LinkList pre;
     pre=L->next;              /* pre 指向第一个结点 */
     if ( pre!=NULL )
         while(pre->next)
         {    p=pre->next;     /* p 指向 pre 的后继 */
              if(p->data>=pre->data)
                  pre=p        /* 工作指针后移,继续进行 */
              else
                  return 0;    /* 一旦发现某个后继元素值小于其前驱元素值,非递增
                                  返回 */

         }
     return 1;                 /* 递增成立 */
}
```

2. 设有两个线性表 A 和 B 皆是单链表存储结构。同一表中的元素各不相同,且递增有序。写一算法,构造一个新的线性表 C,C 为 A 和 B 的交集,且 C 中元素也递增有序。

分析:两个线性表 A 和 B 皆是带头结点的单链表存储结构。设分别指向 A 和 B 的两个指针为 pa 和 pb,比较对应结点的数据,并分以下三种情况讨论:

(1) 若 pa—>data 等于 pb—>data,则生成新的结点 s,其值为 pa—>data,将 s 结点插入到 C 链表中:pa＝pa—>next;pb＝pb—>next。

(2) 若 pa—>data 小于 pb—>data,则不做任何操作,仅调整指针 pa＝pa—>next。

(3) 若 pa—>data 大于 pb—>data,则不做任何操作,仅调整指针 pb＝pb—>next。

算法描述如下:

```
LinkList intersect(LinkList A, LinkList B)   /* 单链表 A 和 B 的交集为带表头结点单链
                                                表 C */
```

```
{    LinkList pa, pb, pc,s;
     pa=A->next;
     pb=B->next;              /* pa 指向单链表 A 首结点, pa 指向单链表 B 首结点 */
     C=(LinkList)malloc(sizeof(LNode));    /* 创建单链表 C 的头结点 */
     pc=C;
     C->next=NULL;            /* 指针 C 指向单链表表头结点 */
     while(pa && pb)          /* 对单链表 A 和 B 进行遍历操作,直到单链表 A 或 B 为空 */
     {
         if(pa->data==pb->data)
         {   s=(LinkList)malloc(sizeof(LNode));    /* 申请 s 的结点空间 */
             s->data=pa->data;
             s->next=NULL;
             pc->next=s;
             pc=pc->next; /* 插入结点 s 到单链表 C 中 */
             pa=pa->next;
             pb=pb->next;
         }
         else /* 单链表 A 和 B 中的结点值不相等,则分别调整指针考查下一个结点 */
         {
             if(pa->data<pa->data) pa=pa->next;
             else    pb=pb->next;
         }
     }
     return C;
}
```

3. 如图 2.7 所示的循环链表的结构,写出下列两种情况的一个算法。

(1) 在表尾的最后元素后插入一个元素 x。

(2) 在表的第一个元素前插入元素 x。

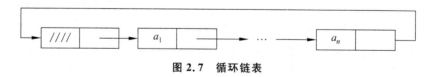

图 2.7　循环链表

分析：图 2.7 为带头结点的循环链表,仅有一个表头结点时为空,此时表头插入和表尾插入是一致的。为了方便结点的插入,设定一个指向表尾的指针。循环单链表数据结构同单链表数据结构。

算法描述如下：

```
void insert(LinkList * T,int x,int kind) /* kind=1:插在表头,kind=2:插在表尾, * T 为
表尾指针,由于尾指针有变化,必须通过 * T 将尾指针带出来 */
{    LinkList s,q;
     s=(LNode * )malloc(sizeof(LNode));              /* 为元素 x 申请结点空间 */
     s->data=x;
```

```
        if(* T== * T->next)                    /* 循环链表为空 */
        {    s->next= * T;
             * T->next=s;
             * T=s;
        }
        else                                   /* 循环链表不空 */
        {    if(kind==1)                        /* 在表头插入元素 x */
             {    q= * T->next;
                  s->next=q->next;
                  q->next=s;
             }
             else                              /* 在表尾插入元素 x */
             {    s->next= * T->next;
                  * T->next=s;
                  * T=s;
             }
        }
    }
```

4.设 L 为带头结点的单链表,按下面两种情况分别编写算法,删除表中值相同的多余元素。

(1) 单链表元素值递增有序。

(2) 单链表元素值无序。

分析:在递增有序的单链表中删除表中值相同的多余元素,如图 2.8(a)所示。单链表从头结点到某个结点 p 是无重复结点,则处理 p 的后继结点 q,当结点 q 的值等于结点 p 的值,删除结点 q,直到结点 q 的值不等于结点 p 的值为止;否则调整指针 p 和 q 的值,直到 p 的指针域为空为止。

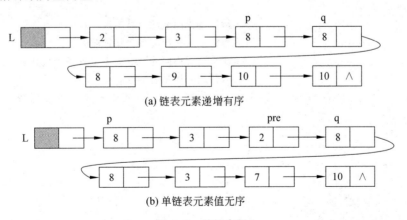

(a) 链表元素递增有序

(b) 单链表元素值无序

图 2.8 单链表图

在元素值无序的单链表中删除表中值相同的多余元素,如图 2.8(b)所示。单链表从头结点到某个结点 p 是无重复结点,不妨令 p 的后继结点为 q,则在结点 p 之后的单链中查找与结点 p 的值相等的结点 q,若找到结点 q 则删除该结点,直到结点 q 指针域为空为止;接着调整指针 p 的值,重复上述过程,直至 p 指针域为空为止。

算法描述如下:

```
void Delete_sort(LinkList L)    /*单链表元素递增有序时,删除表中值相同的多余元素*/
{   LinkList p, q, temp;
    p=L->next;
    if(p==NULL) return;          /*单链表为空则返回*/
    q=p->next;
    while(q)
        if(p->data==q->data)
        {   /*若结点元素值相同的个数大于1,则保留第一个结点值,将其余的值相同的结
               点删除*/
            temp=q;
            q=q->next;
            p->next=q;
            free(temp);
        }
        else        /*若结点元素值不相同,则调整结点指针比较下一个结点*/
        {   p=q;
            q=p->next;
        }
}
void Delete_unsort(LinkList L) /*单链表元素递增无序时,删除表中值相同的多余元素*/
{   LinkList p, q, temp;
    p=L->next;
    if(p==NULL) return;          /*单链表为空则返回*/
    while(p)
    {   q=p->next;               /*指针 q 指向 p 的后继结点*/
        pre=p;                   /*指针 pre 指向 q 的直接前驱*/
        while(q)                 /*在指针 p 指向的后继链表中查找是否存在与指针 p 所指
                                    向结点值相等的结点 q*/
            if(p->data==q->data) /*若 p->data 等于 q->data,则删除结点 q*/
            {   temp=q;
                q=q->next;
                pre->next=q;
                free(temp);
            }
            else
            {   pre=q;
                q=q->next;
            }
        p=p->next;               /*继续判断下一个结点*/
    } /*while*/
}
```

5. 设以带头结点的双向循环链表表示的线性表 $L=(a_1,a_2,\cdots,a_n)$，试写一时间复杂度为 $O(n)$ 的算法，将 L 改造为 $L=(a_1,a_3,\cdots,a_n,\cdots,a_4,a_2)$。要求尽量利用原链表的结点空间。

分析：设置计数器 count，遍历双向循环链表 L，每当访问链表 L 中的结点 p 时，计数器 count+1，当 count 为偶数时，将结点 p 移到线性表元素 a_n 之后；不断重复上述过程，直到访问到 a_n 为止。具体实现过程如图 2.9 所示。

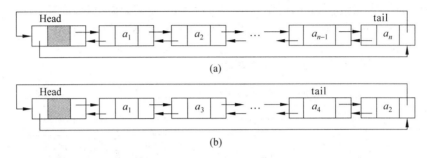

(a)

(b)

图 2.9　双向循环链表

算法描述如下：

```
void Exchange_DLinkList(DLinkList Head)      /* 完成双向循环链表中结点转换 */
{    DLinkList p,q,tail;
     int count=0;
     p=Head;
     tail=Head->prior;              /* 指针 tail 指向循环双向链表的表尾结点 aₙ */
     while(p!=tail)
     {    p=p->next;
          count++;
          if(count%2==0)
          {    q=p;                              /* 指针 q 指向结点 aᵢ */
               p->prior->next=p->next;  /* 完成对结点 aᵢ 的删除操作 */
               p->next->prior=p->prior;
               q->next=tail->next;        /* 将结点 aᵢ 插在指针 tail 所指向结点 aₙ 之
                                                        后 */
               q->prior=tail;
               tail->next->prior=q;
               tail->next=q;
          } /* end if */
     } /* end while */
}
```

6. 假设在算法描述语言中引入指针的二元运算"异或"(用"$\oplus$"表示)，若 a 和 b 为指针，则 $a \oplus b$ 的运算结果仍为原指针类型，且：

$$a \oplus (a \oplus b)=(a \oplus a) \oplus b=b \text{ 和 } a \oplus (b \oplus b)=(a \oplus b) \oplus b=a$$

则可利用一个指针域来实现双向链表 L。链表 L 中的每个结点只含两个域：data 域和

LRPtr 域,其中 LRPtr 域存放该结点的左邻居和右邻居结点指针(不存在时为 NULL)的异或。若设指针 L—>front 指向链表中的最左结点,L—>tail 指向链表中的最右结点,则可以实现从左向右或自右向左遍历此双向链表的操作,试写一算法按任一方向依次输出链表中各元素的值。

　　分析:根据题目要求可知,指针满足异或运算,有 left = right $\oplus$ (left $\oplus$ right) = right $\oplus$ LRPtr 和 right = left $\oplus$ (left $\oplus$ right) = left $\oplus$ LRPtr。由这个公式可知:如果指针 p 为当前结点,且已知 p 的前驱 left,则可以求出 p 的后继 right;同理,已知 p 的后继 right,则同样可求出其前驱结点 left。该双向链表的结构如图 2.10 所示。

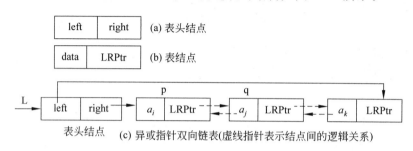

图 2.10　双向链表结构

　　若从左向右遍历双向链表时,则 p 的初值为链表的左端指针 L—>front;若从右向左遍历时,则 p 的初值为链的右端指针 L—>tail。在从左向右遍历双向链表过程中,设 p 为当前遍历到的结点,left 为 p 的前驱,显然 left 的初始值为 NULL,p 的后继应为 p—>LRPtr$\oplus$ left。

　　数据结构:

```
typedef struct node{
        DataType data;
        struct node * LRPtr;
}D_Node;
typedef struct LinkList{
    D_Node * front;
    D_Node * tail;
}DL_List;
D_Node * XorP(D_Node * p, D_Node * q);   /* 指针异或函数 XorP 返回指针 p 和 q 的异或
                                            (XOR)值 * /
```

　　算法描述如下:

```
void Tranverse(DL_List * L,int i)   /* 当 i=0 时,从左向右遍历;当 i=1 时,从右向左遍历 * /
{   D_Node * left,* right,* p,* q;
    if(i==0)                         /* 从左向右方向遍历 * /
    {
        p=L->front;     /* p 为当前访问的第 1 个结点 (从左边开始计数) * /
        left=NULL;      /* left 为当前 p 结点的前驱 * /
        while(p)
```

```
        {    visit(p);    /*依次访问结点 p*/
                          /*指针 q 指向 p 的右邻居结点,q=left ⊕(left⊕right)*/
             q=XorP(left,p->LRPtr);
             left=p;
             p=q;
        }
    }
    else                  /*从右向左方向遍历*/
    {
        p=L->right;       /* p 为当前访问的第 1 个结点(从右边开始计数)*/
        right=NULL;       /* right 为当前 p 结点的后继*/
        while(p)
        {    visit(p);    /*依次访问结点 p*/
                          /*指针 q 指向 p 的左邻居结点,q=right⊕(left⊕right)*/
             q=XorP(right,p->LRPtr);
             right=p;
             p=q;
        } /* end while*/
    } /* end if*/
}
```

7. 采用第 6 题所述的存储结构,写出在第 i 个结点之前插入一个结点的算法。

分析：本题与上题类似,是在深入理解"异或指针双向链表"的数据结构特点的基础上,对链表进行操作。逻辑结构见图 2.10。

算法描述如下：

```
int Insert_XorDL_List(DL_List * L, int x, int i)
{   /*在异或链表 L 的第 i 个元素前插入元素 x*/
    int j;
    D_Node * left,* right,* p,* q,* r,* left_pre;
    p=L->front;
    left=NULL;
    r=(D_Node * )malloc(sizeof(D_Node));    /*结点 r 为待插入结点*/
    r->data=x;
    if(i==1)                                /*插入点在最左边的情况*/
    {
        q=XorP(left,p->LRPtr);              /*求插入前 p 的后继*/
        p->LRPtr=XorP(r,q);                 /*修改插入后 p 的异或域*/
        r->LRPtr=XOR(left,p);               /*修改 r 的异或域*/
        L->front=r;
        return 1;
    }
    j=0;                                    /*插入点在中间的情况*/
    while(++j<i && p)                       /*在 p,q 两结点之间插入*/
```

```
    {
        q=XorP(p->LRPtr,left);
        left=p;
        p=q;
    }
    if (j>i||p==NULL)                          /* 非法参数 */
    {   printf("错误,返回");
        return 0;
    }
    right=XorP(left,p->LRPtr);                 /* 求插入前 p 的后继 right */
    left_pre=XorP(p,left->LRPtr);              /* 求插入前 left 的前驱 left_pre */
    p->LRPtr=XorP(r,right);                    /* 修改插入后 p 的异或域 */
    left->LRPtr=XorP(left_pre,r);              /* 修改插入后 left 的异或域 */
    r->LRPtr=XorP(left,p);                     /* 修改 r 的异或域 */
    return 1;
}
```

8. 试设计一个算法,改造一个带表头结点的双向循环链表,所有结点的原有次序保持在各个结点的 next 域中,并利用 prior 域把所有结点按照其值从小到大的顺序连接起来。

分析:本题用 next 链保持原有的结点间的次序,用 prior 链将原来的前驱关系改成大小关系的线索。

算法描述如下:

```
void Sort_DLinkList (DLinkList Head)    /* 完成双向循环链表中 prior 链转换 */
{   DLinkList s, p, pre;
    s=Head->next;                /* 指针 s 指向待插入结点,初始时指向第一个结点 */
    while ( s != Head )          /* 处理所有结点 */
    {   pre=Head;
        p=Head->prior;           /* 指针 p 指向待比较的结点,pre 是 p 的前驱指针 */
        while ( p!=Head && s->data>p->data )
                                 /* 循 prior 链寻找结点 *s 的插入位置 */
        {   pre=p;
            p=p->prior;
        }
        pre->prior=s;
        s->prior=p;              /* 结点 *s 在 prior 方向插入到 *pre 与 *p 之间 */
        s=s->next;
    }
}
```

9. 试以循环链表作为稀疏多项式的存储结构,编写求其导函数的算法,要求利用原多项式中的结点空间存放其导函数(多项式),同时释放所有无用(被删)结点。

分析:本题考查对线性表基本操作的组合,注意对于常数项求导时要删除结点。

稀疏多项式采用的循环链表存储结构 LinkedPoly 定义为:

```
typedef struct PolyNode{
    Polyterm data;
    struct PolyNode * next;
}PolyNode;
typedef struct PolyNode * LinkedPoly;
```

其中 PolyTerm 的结构定义为:

```
typedef struct{
    int coef;              / * 系数 * /
    int exp                / * 幂指数 * /
}PolyTerm;
```

算法描述如下:

```
void QiuDao_LinkedPoly(LinkedPoly L)       / * 对有头结点循环链表结构存储的稀疏多项式 L
                                              求导 * /
{    LinkedPoly p,pre;
     p=L->next; pre=L;
     while (p)                              / * 对每一项求导 * /
     {    if (p->data.exp==0)
          {  pre->next=p->next;free(p);
             p=pre->next;
          }
          else
          {    p->data.coef * =p->data.exp--;
               pre=p;
               p=p->next;
          }
     }
}
```

2.3 课后习题解答

一、选择题

1. 线性表是_____。
   A. 一个有限序列,可以为空   B. 一个有限序列,不能为空
   C. 一个无限序列,可以为空   D. 一个无序序列,不能为空

2. 从一个具有 n 个结点的单链表中查找值为 x 的结点,在查找成功情况下,需平均比较_____个结点。
   A. n B. $n/2$ C. $(n-1)/2$ D. $(n+1)/2$

3. 线性表采用链式存储时,其各元素存储地址_____。

　　A. 必须是连续的　　　　　　　　B. 部分地址必须是连续的

　　C. 一定是不连续的　　　　　　　D. 连续与否均可以

4. 用链表表示线性表的优点是_____。

　　A. 便于随机存取　　　　　　　　B. 花费的存储空间较顺序存储少

　　C. 便于插入和删除　　　　　　　D. 数据元素的物理顺序与逻辑顺序相同

5. _____的插入、删除速度快,但不能随机存取。

　　A. 链表　　　　　　　　　　　　B. 顺序表

　　C. 顺序有序表　　　　　　　　　D. 上述三项无法比较

6. 若希望从链表中快速确定一个结点的前驱,则链表最好采用_____方式。

　　A. 单链表　　　　B. 循环单链表　　　C. 双向链表　　　D. 任意

7. 下面关于线性表的叙述错误的是_____。

　　A. 线性表采用顺序存储,必须占用一片地址连续的单元

　　B. 线性表采用顺序存储,便于进行插入和删除操作

　　C. 线性表采用链式存储,不必占用一片地址连续的单元

　　D. 线性表采用链式存储,便于进行插入和删除操作

8. 带头结点的单链表 head 为空的判定条件是_____。

　　A. head==NULL　　　　　　　　B. head->next==NULL

　　C. head->next==head　　　　　　D. head!=NULL

9. 若某线性表中最常用的操作是在最后一个元素之后插入一个元素和删除第一个元素,则采用_____存储方式最节省运算时间。

　　A. 单链表　　　　　　　　　　　B. 仅有头指针的单循环链表

　　C. 双链表　　　　　　　　　　　D. 仅有尾指针的单循环链表

10. 在循环双链表的 p 所指结点之后插入 s 所指结点的操作是_____。

　　A. p->next=s; s->prior=p; p->next->prior=s; s->next=p->next;

　　B. p->next=s; p->next->prior=s; s->prior=p; s->next=p->next;

　　C. s->prior=p; s->next=p->next; p->next=s; p->next->prior=s;

　　D. s->prior=p; s->next=p->next; p->next->prior=s; p->next=s;

参考答案:

1	2	3	4	5	6	7	8	9	10
A	D	D	C	A	C	B	B	D	D

二、填空题

1. 对于采用顺序存储结构的线性表,当随机插入一个数据元素时,平均移动表中_____元素;删除一个数据元素时,平均移动表中_____元素。

2. 当对一个线性表经常进行的是插入和删除操作时,采用_____存储结构为宜。

3. 当对一个线性表经常进行存取操作,而很少进行插入和删除操作时,最好采用_____存储结构。

4. 在一个长度为 n 的顺序存储结构的线性表中,向第 i 个元素($1 \leqslant i \leqslant n+1$)之前插入一个新元素时,需向后移动_____个元素。

5. 从长度为 n 的采用顺序存储结构的线性表中删除第 i 个元素($1 \leqslant i \leqslant n$),需向前移动_____个元素。

6. 带头结点的单链表 L 中只有一个元素结点的条件是_____。

7. 在具有 n 个结点有序单链表中插入一个新结点并仍然有序的时间复杂度为_____。

8. 在双向链表结构中,若要求在 p 指针所指的结点之前插入指针为 s 所指的结点,则需执行下列语句:_____。

9. 在单链表中设置头结点的作用是:_____。

10. 对于一个具有 n 个结点的单链表,在已知的结点 $*$ p 后插入一个新结点的时间复杂度为_____,在给定值为 x 的结点后插入一个新结点的时间复杂度为_____。

参考答案:

1. $n/2$、$(n-1)/2$

2. 链式存储结构

3. 顺序

4. $n-i+1$

5. $n-i$

6. L—>next—>next==NULL

7. $O(n)$

8. s—>prior=p—>prior;s—>next=p;p—>prior—next=s;p—>prior=s

9. 不管单链表是否为空表,头结点的指针均不空,并使得对单链表的操作(如插入和删除)在各种情况下统一

10. $O(1)$、$O(n)$

三、判断题

1. 链表中的头结点仅起到标识作用。

2. 顺序存储的线性表可以按序号随机存取。

3. 线性表采用链表存储时,存储空间可以是不连续的。

4. 静态链表中地址相邻的元素具有前驱后继关系。

5. 对任何数据结构,链式存储结构一定优于顺序存储结构。

6. 在线性表的顺序存储结构中,逻辑上相邻的两个元素在物理位置上并不一定紧邻。

7. 循环链表可以在尾部设置头指针。

8. 为了方便插入和删除,可以使用双向链表存放数据。

9. 在单链表中,要取得某个元素,只要知道该元素的指针即可,因此,单链表是随机存取的存储结构。

10. 取顺序表的第 i 个元素的时间与 i 的大小有关。

参考答案:

1	2	3	4	5	6	7	8	9	10
错误	正确	正确	错误	错误	错误	正确	正确	错误	错误

四、应用题

1. 线性表有两种存储结构:一是顺序表,二是链表。试问:

(1) 如果有 n 个线性表同时并存,并且在处理过程中各表的长度会动态变化,线性表的总数也会自动地改变。在此情况下,应选用哪种存储结构? 为什么?

(2) 若线性表的总数基本稳定,且很少进行插入和删除操作,但要求以最快的速度存取线性表中的元素,那么应采用哪种存储结构? 为什么?

2. 线性表的顺序存储结构具有三个缺点:其一,在作插入或删除操作时,需移动大量元素;其二,由于难以估计,必须预先分配较大的空间,往往使存储空间不能得到充分利用;其三,表的容量难以扩充。线性表的链式存储结构是否一定都能够克服上述三个缺点,试进行讨论。

3. 线性表 $(a_1, a_2, \cdots, a_n)$ 用顺序存储表示时,a_i 和 a_{i+1} $(1 \leqslant i < n)$ 的物理位置相邻吗? 链接表示时呢?

4. 试述头结点、首元结点、头指针这三个概念的区别。

5. 在单链表、双向链表和单循环链表中,若仅知道指针 p 指向某结点,不知道头指针,能否将结点 *p 从相应的链表中删除? 若可以,其时间复杂度各为多少?

6. 如何通过改链的方法,把一个单向链表变成一个与原来链接方向相反的单向链表?

7. 在顺序表中插入和删除一个结点需平均移动多少个结点? 具体地移动次数取决于哪两个因素?

8. 在单链表和双向链表中,能否从当前结点出发访问到任意一个结点?

9. 请推导顺序存储结构下的插入和删除操作在等概率条件下的平均移动次数。

10. 分析说明静态链表的存储形式,并比较静态链表和动态链表的优缺点。

参考答案:

1. (1) 应选用链接存储表示。如果采用顺序存储表示,必须在一个连续的可用空间中为这 n 个表分配空间。初始时因不知道哪个表增长得快,必须平均分配空间。在程序运行过程中,有的表占用的空间增长得快,有的表占用空间增长得慢;有的表很快就用完了分配给它的空间,有的表才用了少量的空间,在进行元素的插入时就必须成片地移动其他的表的空间,以空出位置进行插入;在元素删除时,为填补空白,也可能移动许多元素。这个处理过程极其烦琐和低效。

如果采用链接存储表示,一个表的存储空间可以连续,也可以不连续。表的增长通过动态存储分配解决,只要存储器未满,就不会有表溢出的问题;表的收缩可以通过动态存储释放实现,释放的空间还可以在以后动态分配给其他的存储申请要求,非常灵活方便。对于 n 个表(包括表的总数可能变化)共存的情形,处理十分简便和快捷,插入、删除时间复杂度为 $O(1)$。所以选用链接存储表示较好。

(2) 应采用顺序存储表示。因为顺序存储表示的存取速度快,但修改效率低。若表的总数基本稳定,且很少进行插入和删除操作,但要求以最快的速度存取表中的元素,这时采用顺序存储表示较好,时间复杂度为 $O(1)$。

2. 一般来说,链式存储结构克服了顺序存储结构的三个缺点。首先,插入、删除操作不需要移动元素,只修改指针;其次,不需要预先分配空间,可根据需要动态申请空间;其三,表容量只受可用内存空间的限制。其缺点是因为指针增加了空间开销,当空间不允许时,就不能克服顺序存储的缺点。

3. 顺序结构时 a_i 与 a_{i+1} 的物理位置相邻,链表结构时 a_i 与 a_{i+1} 的物理位置不要求相邻。

4. 首元结点是指链表中的第一个结点,也就是没有直接前驱的那个结点。

链表的头指针是一指向链表开始结点的指针(没有头结点时),单链表由头指针唯一确定,因此单链表可以用头指针的名字来命名。

头结点是在链表的开始结点之前附加的一个结点。有了头结点之后,头指针指向头结点,不论链表否为空,头指针总是非空。而且头指针的设置使得对链表的第一个位置上的操作与在表其他位置上的操作一致(都是在某一结点之后)。

5. 本题分别讨论三种链表的情况。

(1) 单链表。若指针 p 指向某结点时,能够根据该指针找到其直接后继,能够顺后继指针链找到 ∗p 结点后的结点。但是由于不知道其头指针,所以无法访问到 p 指针指向的结点的直接前驱。因此无法删去该结点。

(2) 双向链表。由于这样的链表提供双向指针,根据 ∗p 结点的前驱指针和后继指针可以查找到其直接前驱和直接后继,从而可以删除该结点。其时间复杂度为 $O(1)$。

(3) 单循环链表。根据已知结点位置,可以直接得到其后相邻的结点位置(直接后继),又因为是循环链表,所以可以通过查找,得到 p 结点的直接前驱。因此可以删去 p 所指结点。其时间复杂度应为 $O(n)$。

6. 方法 1:由于链表操作一般都是按指针方向依次进行的,此处自然想到按这个次序对每个结点作指针前置操作。下面则是置逆每个结点指针的操作。

设当前要对 p 指针逆置(p 初值为 L,即指向 a_1 结点),为便于描述,此处不妨设 p 指针为 a_i 结点($i=1,\cdots,n$)。所谓逆置,即将 a_i 结点中的后继指针(指向 a_{i+1})改为指向 a_{i-1} 结点,因此要注意两个问题。

(1) 置逆后,原来指向 a_{i+1} 结点的指针被破坏,因此下一步不能找到 a_{i+1} 结点并继续置逆,为此要先保留其地址,不妨用指针 r 保存,因此要先执行 r＝p－＞next。

(2) 逆置,即将 a_{i-1} 结点的地址填入 p 的指针中,为此,事先要有 a_{i-1} 结点的地址(指针),不妨用 q 保存,显然其初置为 NULL(i 从 1 开始)。

对当前结点置逆后,a_{i+1} 结点的指针已保存在 r 中,因此可将指针 p 改为指向 a_{i+1} 结点,q 改为指向 a_i 结点,对各后继结点继续进行上述操作,直到 p 指针为空为止。

方法 2:在表头进行插入,将置逆过程分为遍历单链表和在表头进行插入操作。具体过程为:(1) 初始化 p＝L,L＝NULL。

(2) q＝p－＞next;将 p 指向的结点插入到 L 的头部,且 p＝q;直到 p 为空。

7. 在顺序表中插入和删除一个结点需平均移动全表一半的结点。具体的移动次数取决于所插入和删除的结点的位置 i 和全表的长度 n 这两个因素。

8. 在单链表中不能从当前结点(若当前结点不是第一结点)出发访问到任何一个结点,链表只能从头指针开始,访问到链表中每个结点。在双向链表中求前驱和后继都容易,从当前结点向前到第一结点,向后到最后结点,可以访问到任何一个结点。

9. 若设顺序表中已有 $n＝last+1$ 个元素,last 是顺序表的数据元素,表明最后表项的位置。又设插入或删除表中各个元素的概率相等,则在插入时因有 $n+1$ 个插入位置(可以在表中最后一个表项后面追加),每个元素位置插入的概率为 $1/(n+1)$,但在删除时只能在已有 n 个表项范围内删除,所以每个元素位置删除的概率为 $1/n$。

插入时平均移动次数 AMN(Average Moving Number)为:

$$\text{AMN}_{\text{insert}} = \frac{1}{n}\sum_{i=0}^{n-1}(n-i-1) = \frac{1}{n}((n-1)+(n-2)+\cdots+1+0) = \frac{n-1}{2}$$

删除时平均移动次数 AMN 为:

$$\text{AMN}_{\text{delete}} = \frac{1}{n+1}\sum_{i=0}^{n}(n-i) = \frac{1}{n}(n+(n-1)+\cdots+1+0) = \frac{n}{2}$$

10. 静态链表由一维数组构成,数组的每个分量包含两个域:数据域和指针域。数据域用于存储线性表上一个结点中的数据元素;指针域用于存放本结点的后继结点在数组中的序号(下标值)。

静态链表的优点:与动态链表在元素的插入、删除类似,不需做元素的移动,只要修改下标,从而保持了用指针实现线性表的优点。

静态链表缺点:静态链表中能容纳的元素个数的最大数在表定义时就确定了,以后不能增加。动态链表的优缺点略。

五、算法设计题

1. 编写一个函数,从一给定的顺序表 A 中删除值在 $x \sim y(x \leqslant y)$ 之间的所有元素,要求以较高的效率来实现。

2. 已知递增有序的两个单链表 A、B 分别存储了一个集合。设计算法实现求两个集合的交集的运算 $A = A \bigcap B$。

3. 设 L 为单链表的头结点指针,其数据结点的数据都是正整数且无相同的,试设计算法把该链表整理成数据递增的有序单链表。

4. 已知线性表$(a_1, a_2, a_3, \cdots, a_n)$按顺序存于内存,每个元素都是整数,试设计用最少时间把所有值为负数的元素移到全部非负数值元素前边的算法:例:$(x, -x, -x, x, x, -x, \cdots, x)$变为$(-x, -x, -x, \cdots, x, x, x)$。

5. 已知非空线性链表由 list 指出,链结点的结构为(data,next),请写一算法,将链表中数据域值最小的结点移到链表的最前面。要求:不得额外申请新的结点。

6. 线性表中有 n 个元素,每个元素是一个字符,现存于向量 $R[n]$ 中,试写一算法,使 R 中的字符按字母字符、数字字符和其他字符的顺序排列。要求利用原来的存储空间,元素移动次数最小。

7. 假设长度大于 1 的循环单链表中,既无头结点也无头指针,p 为指向该链表中某一结点的指针,编写一个函数删除该结点的前驱结点。

提示与解答:

1. **分析**:遍历整个顺序表,用 k 记录在 $x \sim y$ 之间的元素个数,k 的初始值为 0。对于当前遍历到的元素,若其值不在 $x \sim y$ 之间,则前移 k 个位置;否则,执行 $k++$。这样每个不在 $x \sim y$ 之间的元素仅仅移动一次,所以效率较高。

算法描述如下:

```
void Delete_xy(SeqList * A,int x,int y)        /* 删除值在 x~y 之间的所有元素 */
{    int k;
     k=0;
     for (i=0;i<A->length;i++)
         if (A->data[i]>x && A->data[i]<y)
            k++;
         else
            A->data[i-k]=A->data[i];           /* 当前元素前移 k 个位置 */
     A->length=A->length-k;                    /* 线性表长度减小 */
}
```

2. **分析**:本题和第 2.2 节中算法设计题中的第 2 题类似,但本题不要求另产生结点,只在 A 链表中修改产生。设集合 A 和 B 分别用两个递增有序的两个单链表表示,其中它们的头指针是 pa 和 pb。求 A∩B 的操作就是对 A 进行扫描,如果当前扫描到的元素在 B 中出现则保留,否则删除。

```
LinkList AbingB(LinkList A,LinkList B)
{    LinkList pa,pb,pre;
     pa=A->next;
     pb=B->next;
     pre=A;                                    /* pre 指向 pa 的前驱 */
     while (pa && pb)
     {
         if (pa->data<pb->data)                /* 若小于,删除 */
         {    q=pa;
```

```
                        pa=pa->next;
                        pre->next=pa;
                        free(q);
                    }
                else if (pa->data>pb->data)        /*若大于,则 pb 指针后移*/
                        pb=pb->next;
                    else                            /*相等,保留,pa、pb 指针后移*/
                    {
                        pre=pa;
                        pa=pa->next;
                        pb=pb->next;
                    }
            }
        while(pa)                    /*若单链表 A 没有遍历完,则将剩余的结点删除*/
        {   q=pa;
            pa=pa->next;
            free(q);
        }
        pre->next=NULL;
        return (A);
    }
```

本算法的时间开销主要是遍历,故时间复杂度是 $O(n)$。

3. **分析**：依次遍历访问单链表的结点,用冒泡排序的思想将该链表整理成有序。冒泡排序算法的基本思想比较简单：两两比较相邻元素,值域小的元素置前,直到不再发生交换为止。

```
LinkList Sort_LinkList(LinkList L)
{   int x,noswap;                        /*noswap 是交换标志*/
    LinkList pa,pb;
    pa=L->next;                          /*pa 指向第一个元素结点*/
    noswap=1;
    if (pa)
      while (noswap)                     /*在一趟排序中不发生任何交换时循环结束*/
      {
      noswap=0;                          /*置未交换标志*/
      pb=pa->next;
      while (pb&&(pb->next!=NULL))       /*从前向后扫描*/
      {
          if (pb->data<pb->next->data)   /*若前驱元素大则交换*/
          {
              x=pb->data;
              pb->data=pb->next->data;
              pb->next->data=x;
```

```
            noswap=1;                      /* 置交换标志 */
        }
        pb=pb->next;
    }
}
```

点评：本算法的时间效率是 $O(n^2)$，效率相对较低，本题其他高效求解算法可参见第 9 章中介绍的其他排序算法。另外本题中交换结点采用交换值域的方法，另一种解法是交换指针，这样做比较复杂，读者可以尝试编程解决。

4. 分析：设两个指示器 low 和 high 分别指向顺序表首尾，指示器 low 从前向后移动，直到遇到非负数，再从指示器 high 从后向前移动，直到遇到负数，然后将指示器 low 所指向的元素与指示器 high 所指向的元素交换，直到指示器 low 和 high 重合为止。本题算法的时间复杂度是 $O(n)$。存储结构利用顺序表实现。

算法描述如下：

```
void divide(SeqList L)
{
    low=0;                                /* 设置 low 为 0,high 为 n-1 */
    high=L->length-1;
    while (low<high)
    {
        /* 从后向前遍历,若元素为非负整数,继续扫描,直到遇到小于零的元素停止 */
        while (low<high && L->data[high]>=0) high--;
        /* 从前向后遍历,若元素为负整数,继续扫描,直到遇到大于或等于零的元素停止 */
        while (low<high && L->data[low]<0) low++;
        if (low<high)                     /* 交换元素 */
        {   tmp=L->data[low];
            L->data[low]=L->data[high];
            L->data[high]=tmp;
        }
    }
}
```

5. 分析：假设指针 min(指示 data 域最小的结点)先指向首结点，依次遍历链表 list，分别与各结点的 data 域比较，min 指针指向其中较小的结点。list 表遍历完毕后，将 min 指针所指结点的 data 域与首结点的 data 域交换即可。

```
void Find_Min(LinkList A)
{
    DataType x;                           /* 定义数据类型 */
    LinkList pa,first,min;
    first=A->next;                        /* first 首先指向第一个元素结点 */
    min=A->next;                          /* min 首先也指向一个元素结点 */
```

```
    pa=min->next;
    while (pa!=NULL)              /*遍历单链表 A,遍历结束,min 指向 data 域最小的结点*/
    {
        if (pa->data<min->data)
            min=pa;
        pa=pa->next;
    }
    first->data=x;               /*以下 3 条语句交换 first 与 min 所指数据域,而指针链不
                                    必交换*/
    first->data=min->data;
    min->data=x;
}
```

本题与第 2.3 节中算法设计题中的第 3 题类似,利用值域交换方法,若用链指针修改方法,如何实现本题,请读者思考。

6. **分析**：算法设计思路同第 2.3 节中算法设计题中的第 6 题的解题思路类似。设 low 和 high 两个指示器分别指向线性表的首尾,利用第 2.3 节中算法设计题中的第 6 题的解题思路先将字母字符数据与数字字符和其他字符区别开,然后再将数字字符与其他字符区别开。

算法描述如下：

```
int fch(char c)                  /*判断 c 是否为字母字符函数*/
{
    if (c>='a' && c<='z'||c>='A' && c<='Z')
        return 1;
    else
        return 0;
}
int fnum(char c)                 /*判断 c 是否为数字字符函数*/
{
    if (c>='0' && c<='9')
        return 1;
    else
        return 0;
}
void Sort_Num_Letter(PSeqList R)
{
    low=0;high=R->length-1;
    while (low<high)                 /* 将字母字符数据与数字字符和其他字符区别*/
    {
        while (low<high && fch(R->data[low]))   /*找到第 1 个非字母元素*/
            low++;
        while (low<high && !fch(R->data[high]))  /*从后向前遍历,找到第 1 个字母元
                                                    素*/
```

```
            high--;
        if (low<high)                    /* 交换 R[low]和 R[high] * /
        {
            k=R->data[low];
            R->data[low]=R->data[high];
            R->data[high]=k;
        }
    } /* end while (low<high) * /
    high=R->length-1;
    while (low<high)                     /* 将数字字符和其他字符区别 * /
    {
        while (low<high && fnum(R->data[low]))
            low++;
        while (low<high && !fnum(R->data[high]))
            high--;
        if (low<high)
        {
            k=R->data[low];              /* 交换 R[low]和 R[high] * /
            R->data[low]=R->data[high];
            R->data[high]=k;
        }
    } /* end while (low<high) * /
}
```

7. **分析**：要删除前驱结点，则要找到其前驱结点，从 p 指向的结点出发依次遍历后继结点，当 q→next→next＝＝p 时，删除 q 的后继结点即可。

算法描述如下：

```
LinkList Delete_prior(LinkList p)
{   LinkList q,r;
    q=p;
    while (q->next->next !=p)            /* 查找 p 结点的前驱结点 q * /
        q=q->next;
    r=q->next;                           /* 以下 3 条语句删除 p 的前驱结点 r * /
    q->next=p;
    free(r);
    return (p);
}
```

第3章

栈 和 队 列

栈和队列在程序设计中应用十分广泛。栈和队列的逻辑结构和线性表相同,但它们是一种特殊的线性表。其特殊性在于运算受到了限制,插入和删除仅在表的一端或两端进行。因此栈和队列又称为操作受限的线性表。栈按"后进先出"的规则进行操作,队按"先进先出"的规则进行操作。本章主要学习栈和队列的逻辑结构、存储结构及运算操作的实现,以及栈和队列在软件设计中的应用。

3.1 知识点串讲

3.1.1 知识结构图

本章主要知识点的关系结构如图 3.1 所示。

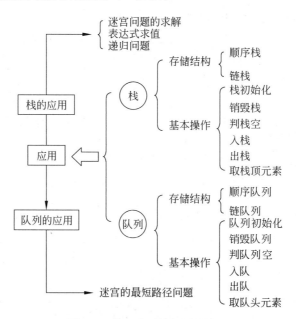

图 3.1　栈和队列的知识结构图

3.1.2　相关术语

（1）栈顶、栈底、队尾、队头。

（2）入栈、出栈。

（3）入队、出队。

（4）顺序栈、链栈。

（5）循环队列、链式队列。

3.1.3　栈和队列的存储结构

栈和队列的存储与一般的线性表的实现类似，也有两种存储方式：顺序存储和链式存储。

1. 栈的顺序存储——顺序栈

顺序栈类似于顺序表，要分配一块连续的存储空间存放栈中的元素。这样需要用一个足够长度的一维数组来实现。栈底位置可以固定设置在数组的任一端(一般在下标为0的一端)，而栈顶是随着插入和删除操作而变化，用一个 top 变量指明当前栈顶的位置。通常将 data 和 top 封装在一个结构体中，顺序栈的数据结构类型描述如下：

```
#define MAXSIZE 100                    /*栈的最大容量*/
typedef struct{
    DataType data[MAXSIZE];            /*栈的存储空间*/
    int top;
}SeqStack, * PSeqStack;
```

要点：

（1）静态分配存储空间。

（2）插入与删除操作仅在栈顶处执行。

（3）注意顺序栈的溢出现象。

（4）"后进先出"规则。

2. 栈的链式存储——链栈

链栈结点结构与单链表的结构相同，即结点结构为：

```
typedef struct node{
    DataType data;
    struct node * next;
}StackNode, * PStackNode;
```

因为栈的主要运算是在栈顶进行插入、删除操作，显然在链表的头部作为栈顶的处理最方便，而且没有必要同单链表那样为了运算方便附加一个头结点。为了方便操作和强调栈顶是栈的一个属性，链栈的数据结构描述如下：

```
typedef struct {
        PStackNode top;
    }LinkStack, * PLinkStack;
```

要点：

(1) 链栈动态分配存储空间，无栈满问题，空间可扩充。

(2) 插入与删除仅在栈顶处执行。

(3) 链栈的栈顶在链头。

(4) "后进先出"规则。

3. 队列的顺序存储——顺序队列

顺序队列和顺序栈一样，要分配一块连续的存储空间来存放队列里的元素。但由于队列的队头和队尾都是活动的，因此需要用两个变量指针来指示队头和队尾位置，这一点和顺序栈不同。这里约定队头指向实际队头元素所在的位置的前一位置，队尾指向实际队尾元素所在的位置。

顺序队的类型定义如下：

```
#define MAXSIZE 100                    /* 队列的最大容量 */
typedef struct{
    DataType data[MAXSIZE];            /* 队列的存储空间 */
    int front, rear;                   /* 队头、队尾指针 */
}SeqQueue, * PSeqQueue;
```

要点：

(1) 静态分配存储空间。

(2) 入队操作是在队尾进行，出队操作是在队头进行。

(3) 注意顺序栈的溢出和"假溢出"现象。可以用循环队列解决"假溢出"问题。

(4) 注意队列空和满的条件。

(5) "先进先出"规则。

4. 队列的链式存储——链队列

链队列就是用一个单链表来表示队列。为了操作上的方便，需要设置一个头指针和尾指针分别指向队头和队尾元素。

链队列的描述如下：

```
typedef struct node{
    DataType data;
    struct node * next;
} Qnode, * PQNode;               /* 链队列结点的类型 */
typedef struct {
    PQNnode front,rear;
}LinkQueue, * PLinkQueue;              /* 将头尾指针封装在一起的链队列 */
```

要点：

（1）动态分配存储空间。

（2）队头在链头，队尾在链尾。

（3）链队列在进队时无队列满问题，但有队列空问题。注意队列空的条件。

（4）"先进先出"规则。

3.2 典型例题详解

一、选择题

1. 栈与一般线性表的区别在于_____。

  A. 数据元素的类型不同   B. 运算是否受限制

  C. 数据元素的个数不同   D. 逻辑数据不同

  分析：该题目主要考查栈的定义。栈属于特殊的线性表，特殊性在于其删除和插入操作只能够在栈顶进行，是一种运算受到限制的线性表。答案为 B。

2. 一个顺序栈一旦被声明，其占用空间的大小_____。

  A. 已固定   B. 可以改变   C. 不能固定   D. 动态变化

  分析：该题目主要考查顺序栈存储结构的特点。顺序栈用数组实现，因此一旦顺序栈被声明，则其空间大小固定。答案应选择 A。

3. 设有一顺序栈 S，元素 s1、s2、s3、s4、s5、s6 依次进栈，如果 6 个元素出栈的顺序是 s2、s4、s3、s6、s5、s1，则栈的容量至少应该是_____。

  A. 3   B. 4   C. 5   D. 6

  分析：该题目主要考查顺序栈的存储空间定义。当 s2 出栈时，则栈的容量为 2（s1，s2 在栈中）；当 s4 出栈时，则栈的容量为 3（s1，s3，s4 在栈中）；当 s6 出栈时，则栈的容量为 3（s1，s5，s6 在栈中）；因此栈的最小容量应为 3。答案应选择 A。

4. 从一个栈顶指针为 top 的链栈中删除一个结点时，用 x 保存被删除的结点，执行_____。

  A. x＝top－>data；top＝top－>next；

  B. top＝top－>next；x＝top；

  C. x＝top－>data；

  D. x＝top；top＝top－>next；

  分析：该题目主要考查链栈的具体操作。首先将指针变量 x 保存被删除结点，然后调整栈顶指针（top＝top－>next）。选项 A 中，x＝top－>data 操作目的是将栈顶结点的元素值赋给 x，故无法满足题目要求。选项 B 中，首先进行栈顶指针 top 调整，则 x 保存的不是当前删除的结点，而是栈调整后的栈顶元素。因此答案应选择 D。

5. 在一个栈顶指针为 top 的链栈中，将一个 s 指针所指的结点入栈，执行_____。

  A. top－>next＝s；

  B. s－>next＝top－>next；top－>next＝s；

C. s—>next＝top；top＝s；

D. s—>next＝top；top＝top—>next；

分析：该题目主要考查链栈的具体操作。根据链栈入栈操作定义，即可得到答案。答案为 C。从选择题 4、5 可以看出，链栈的入栈和出栈操作实质上是对没有头结点的单链表进行插入与删除操作。

6. 链栈和顺序栈相比，有一个比较明显的优点，即_____。

　A. 插入操作更加方便　　　　　　B. 通常不会出现栈满的情况

　C. 不会出现栈空的情况　　　　　D. 删除操作更加方便

分析：该题目主要考查链栈和顺序栈的特点。栈的两种存储方式各有特点，即顺序栈所需存储空间较少，但栈的大小受数组的限制；链栈由于每个结点都包含数据域和指针域，则所需空间相对较大，但栈的大小不受限制(受内存容量的限制)。所以答案为 B。对顺序栈而言，其插入操作(入栈)不需要大量地移动元素，故插入操作(入栈)则不是链栈的优点，因此 A 选项的说法有问题。

7. 用单链表表示的链式队列的队头在链表的_____位置。

　A. 链头　　　　　B. 链尾　　　　　C. 链中　　　　　D. 任意位置

分析：该题目主要考查链式队列的存储结构，如图 3.2 所示。队列的队头是对队列元素进行删除的一端，链队列的队头在链表的链头位置(不考虑不包含数据元素的头结点)。答案为 A。

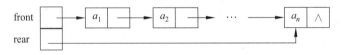

图 3.2　链式队列

8. 在解决计算机主机与打印机之间速度不匹配问题时，通常设置一个打印数据缓冲区，主机将要输出的数据依次写入该缓冲区，而打印机则从该缓冲区中取出数据打印。该缓冲区应该是一个_____结构。

　　　A. 堆栈　　　　　B. 队列　　　　　C. 数组　　　　　D. 线性表

分析：该题目主要考查队列的性质和应用。缓冲区中的数据应该是先到达的先打印，所以使用具有 FIFO 性质的队列来实现。答案为 B。

9. 做入栈运算时，应先判断栈是否为　(1)　，做出栈运算时，应先判断栈是否为_____(2)_____。当顺序栈中元素为 n 个，做入栈运算时发生上溢，则说明该栈的最大容量为_____(3)_____。为了增加内存空间的利用率和减少发生上溢的可能性，由两个顺序栈共享一片连续的内存空间时，应将两栈的　(4)　分别设在这片内存空间的两端，这样，只有当_____(5)_____时，才产生上溢。

(1)、(2)A. 空　B. 满　C. 上溢　D. 下溢

(3) A. $n-1$　B. n　C. $n+1$　D. $n/2$

(4) A. 长度　B. 深度　C. 栈顶　D. 栈底

(5) A. 两个栈的栈顶同时到达栈空间的中心点

B. 其中一个栈的栈顶到达栈空间的中心点

C. 两个栈的栈顶在栈空间的某一位置相遇

D. 两个栈均不为空,且一个栈的栈顶到达另一个栈的栈底

分析:该题目主要考查栈的性质、结构和操作。答案为:(1)B;(2)A;(3)B;(4)D;(5)C。

10. 若已知一个栈的入栈序列是 $1,2,3,\cdots,30$,其输出序列是 $p1,p2,p3,\cdots,pn$,若 $p1=30$,则 $p10$ 为_____。

　　A. 11　　　　　　B. 20　　　　　　C. 30　　　　　　D. 21

分析:该题目主要考查栈的性质、结构和操作。已知数据的入栈序列是 $1,2,3,\cdots,30$,出栈序列的第 1 个元素是 30。因此可以确定,所有元素是按入栈序列顺序全部入栈之后才开始出栈的。也就是说,出栈序列与入栈序列刚好相反,可求得出栈序列的第 10 个元素为 21,即 D 答案正确。

11. 循环队列 $A[m]$ 存放其元素,用 front 和 rear 分别表示队头及队尾,则循环队列满的条件是_____。

　　A. (Q->rear+1)%m==Q->front

　　B. Q->rear==Q->front+1

　　C. Q->rear+1==Q->front

　　D. Q->rear==Q->front

分析:该题目主要考查循环队列的存储结构以及队满的判断条件。循环队列的引入是为了解决队列存在的"假溢出"问题,但在循环队列中会出现队满和队空的判断条件相同而导致无法判断,通常采用少用一个元素空间的策略来解决该问题(其他策略请参考配套教材)。使队尾指针 Q->rear 无法赶上 Q->front,即队尾指针加 1 就会从后面赶上队头指针,这种情况下队满的条件是:(Q->rear+1)%m==Q->front。答案是 A。

12. 设数组 data[m] 作为循环队列 sq 的存储空间,front 为队头指针,rear 为队尾指针,则执行出队操作后其头指针 front 值为_____。

　　A. front=front+1　　　　　　　　B. front=(front+1)%(m-1)

　　C. front=(front-1)%m　　　　　　D. front=(front+1)%m

分析:该题目主要考查循环队列的存储结构和出队操作。队列的头指针指向队首元素的实际位置,因此出队操作后,头指针需向上移动一个元素的位置。根据第 11 题的解答可知,循环队列的容量为 m,所以头指针 front 加 1 以后,需对 m 取余,使之自动实现循环,即当 front 取到最大下标($m-1$ 处)以后,自动循环回来取 0 值。所以答案是 D。

13. 由两个栈共享一个向量空间的好处是_____。

　　A. 减少存取时间,降低下溢发生的几率

　　B. 节省存储空间,降低上溢发生的几率

　　C. 减少存取时间,降低上溢发生的几率

　　D. 节省存储空间,降低下溢发生的几率

分析:该题目主要考查对顺序栈存储结构的理解。两个栈无论是共享向量空间还是

单独分配空间,对它们的操作所需的时间没有影响。两个栈共享向量空间,主要是为了节省存储空间,降低上溢的发生几率,因为当一个栈中的元素较少时,另一个栈可用空间可以超过向量空间的一半。答案应选择 B。

14. 若用单链表来表示队列,则应该选用_____。

　　A. 带尾指针的非循环链表　　　　B. 带尾指针的循环链表
　　C. 带头指针的非循环链表　　　　D. 带头指针的循环链表

分析：本题主要考查读者对循环单链表存储结构和队列定义的理解。设尾指针为 rear,则通过 rear 可以访问队尾,通过 rear－>next 可以访问队头,因此带尾指针的循环链表较适合。答案应选择 B。

二、判断题

1. 消除递归不一定需要使用栈,此说法是否正确。

答案：正确。

分析：该题目主要考查栈在递归中的应用。对于尾递归可以将其转化成递推,不需要栈。所以这种说法是正确的。

尾递归是指一个递归函数的递归调用语句是递归函数的最后一句可执行语句。

例如,下面是一个输出数组元素的递归函数。

```
void RPrintArray(int list[],int n)
{
    if(n>=0)
    {
        printf("%d",list[n]);
        RPrintArray(list,--n);
    }
}
```

此程序是尾递归程序,消除尾递归很简单,只需首先计算新的 n 值,$n＝n－1$,然后程序转到函数的开始处执行就行了,可以使用 while 语句来实现。

相应非递归函数如下：

```
void PrintArray(int list[],int n)
{
 while (n>=0)
    {
        printf("%d",list[n]);
        --n;
    }
}
```

2. 栈和队列都是限制存取点的线性结构。

答案：正确。

分析：该题目主要考查栈和队列的定义。它们都只能在一端或两端存取数据的线性结构。见选择题第 1 题解答。

3. 入栈操作、出栈操作算法的时间复杂性均为 $O(n)$。

答案：错误。

分析：该题目主要考查栈的操作算法。入栈与出栈操作都在确定的栈顶位置进行，算法的时间复杂性均为 $O(1)$。所以这种说法是错误的。

4. 队列逻辑上是一个下端和上端既能增加又能减少的线性表。

答案：错误。

分析：该题目主要考查队列的逻辑结构和操作。队列是上端只能进行入队操作(即增加操作)，下端只能进行出队操作(即减少操作)。

5. 用 I 代表入栈操作,O 代表出栈操作,栈的初始状态和栈的最终状态都为空,则使用栈的入栈和出栈可能出现的操纵序列为 IOIOIOOI。

答案：错误。

分析：该题目主要考查栈的操作和"溢出"问题。在栈的操作中,保证出栈前提是栈中有元素,否则会造成栈的下溢,IOIOIOOI 会出现下溢。

6. 任何一个递归过程都可以转换为非递归过程。

答案：正确。

分析：该题目主要考查栈在递归过程非递归化中的应用。任何一个递归过程都可以按照一定的步骤机械地转换为非递归过程。由于栈的后进先出特性吻合递归算法的执行过程,因而可以用非递归算法替代递归算法。递归过程转换为非递归过程的实质就是将递归中隐含的栈机制转化为由用户直接控制的栈,利用堆栈保存参数。

三、填空题

1. 已知一个栈 s 的输入序列为 abcd,判断下面两个序列能否通过栈的 Push_Stack 和 Pop_Stack 操作输出：

(1) dbca　　　　　__(1)__

(2) cbda　　　　　__(2)__

答案：(1)不能;(2)能。

分析：该题目主要考查栈的操作。(1)不能。因为弹出 d 时,a、b、c 均已依次压入栈,下一个弹出的元素只能是 c 而不是 b。(2)能。Push_Stack (s,a),Push_Stack (s,b),Push_Stack (s,c),Pop_Stack (s),Pop_Stack (s),Push_Stack (s,d),Pop_Stack (s), Pop_Stack (s)。

2. 对循环队列 Q (设循环队列空间大小为 MAXSIZE),如何修改队头指针？__(1)__;如何修改队尾指针？__(2)__

答案：(1)front＝(front+1)％ MAXSIZE;(2)rear＝(rear+1)％ MAXSIZE。

分析：该题目主要考查循环队列的操作。具体解答请参见选择题第 11 和 12 题。

3. 设长度为 n 的链队列用单循环链表表示,若只设头指针,则入队列出队列操作的时间分别为 __(1)__ 和 __(2)__;若只设尾指针,则入队列出队列操作的时间分别为

_____(3)____和___(4)____。

答案：(1)$O(n)$；(2)$O(n)$；(3)$O(1)$；(4)$O(1)$。

分析：该题目主要考查链队列和单循环链表的综合知识。当只设头指针时(见图 3.3(a))，入队相当于在 a_n 结点之后执行结点插入操作。根据链表的插入操作特点可知，插入操作前必须知道结点 a_1 和 a_n 的地址，获取结点 a_n 的地址的时间复杂度为 $O(n)$；出队则相当于删除结点 a_1 的操作，因此必须获取结点 a_n 的地址，同样其时间复杂度为 $O(n)$。若设置尾指针(见图 3.3(b))，入队相当于在结点 a_1 之前和 a_n 之后执行结点插入操作，通过 rear 和 rear－>next 可以获得结点 a_n 和 a_1 的地址，则其时间复杂度为 $O(1)$；出队则相当于删除结点 a_1 的操作，同样其时间复杂度为 $O(1)$。

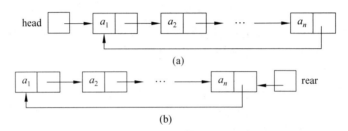

图 3.3　单循环链表表示的链队列示意图

4. 对于循环向量中的循环队列，写出求队列中元素个数的公式_____。

答案：$(rear－front＋MAXSIZE)\%MAXSIZE$，其中 MAXSIZE 表示队列的存储空间。

分析：该题目主要考查循环队列的存储结构特点。

5. 向顺序栈插入新元素分为三步：第一步，进行___(1)___判断，判断条件是___(2)___；第二步是修改___(3)___；第三步把新元素赋给___(4)___。同样从顺序堆栈删除元素分为三步；第一步，进行___(5)___判断，判断条件是___(6)___；第二步是把___(7)___值返回；第三步___(8)___。

答案：(1)栈是否满；(2)s－>top＝MAXSIZE－1；(3)栈顶指针(top＋＋)；(4)栈顶对应的数组元素；(5)栈是否空；(6)s－>top＝－1；(7)栈顶元素；(8)修改栈顶指针(top－－)。

分析：该题目是考虑栈的运算规则及其入、出栈的实现步骤。入栈时一般考虑判断栈满否，条件是是否超出最大空间。如果没有超出应该修改栈顶指针，然后将元素压入堆栈。出栈时，应首先考虑堆栈是否空。如果不空，先保留栈顶元素，然后修改栈顶指针。

6. 在将中缀表达式转换成后缀表达式和计算后缀表达式的算法中，都需要使用栈。对于前者，进入栈的元素为表达式中的___(1)___，而对于后者，进入栈的元素为___(2)___。中缀表达式$(a＋b)/c－(f－d/e)$所对应的后缀表达式是___(3)___。

答案：(1)运算符；(2)操作数；(3)$ab＋c/fde/－－$。

分析：该题目主要考查栈的应用。中缀表达式就是将运算符写于参与运算的操作数的中间，操作数依原序排列。后缀表达式就是将运算符列于参与运算的操作数之后，操作数的排列依原序。因此计算后缀表达式值的过程为：从左向右扫描后缀表达式，遇到操作数就进栈，遇到运算符就从栈中弹出两个操作数，执行该运算符所规定的运算，并将所得结果进栈。如此下去，直到表达式结束。所以对于计算后缀表达式，进栈的元素为操作数。

7. 假设以 S 和 X 分别表示入栈和出栈操作，则对输入序列 a、b、c、d、e 进行一系列栈操作 SSXSXSSXXX 之后，得到的输出序列为_____。

答案：bceda。

分析：该题目主要考查入栈和出栈操作。入栈和出栈操作只能在栈顶位置进行。根据操作序列，首先 a、b 进栈，然后 b 出栈；接着 c 进栈，c 出栈；d、e 相继进栈，栈顶元素为 e，最后 e、d、a 相继出栈。这样，得到出栈序列为 bceda。

四、应用题

1. 将整数 1、2、3、4 依次入栈或出栈，请回答下述问题：

(1) 当入、出栈次序为 Push_Stack(S,1)、Pop_Stack(S)、Push_Stack(S,2)、Push_Stack(S,x3)、Pop_Stack(S)、Push_Stack(S,4)、Pop_Stack(S)，出栈的数字序列是什么？

(2) 能否得到出栈序列 1423 和 1432？并说明为什么不能得到或者如何得到。

(3) 设有 n 个数据元素的序列顺序进栈，试给出可能输出序列的个数和不可能输出序列的个数。当 $n=4(1,2,3,4)$ 有 24 种排列，哪些序列是可以通过相应的入出栈操作得到的。

分析与解答：该题目主要考查栈的性质、结构和操作。

(1) 出栈序列为 1、3、4。

(2) 序列 1、4、2、3 不可能得到。因为 4 和 2 之间隔了 3，当 4 出栈后，栈顶元素是 3，而 2 在 3 的下面。序列 1、4、3、2 可以得到 Push_Stack(S,1)、Pop_Stack(S)、Push_Stack(S,2)、Push_Stack(S,3)、Push_Stack(S,4)、Pop_Stack(S)、Pop_Stack(S)、Pop_Stack(S)。

(3) 设有 n 个数据元素的序列(假设这个序列为 $1,2,3,4,5,\cdots,n$)顺序进栈，那么输出序列个数 $f(n)$ 可以递推求出：为讨论方便，设 $n=0,f(0)=1$，当：

$n=1$ 时，显然 $f(1)=1$。

$n=2$ 时，容易得知 $f(2)=2$。

$n=3$ 时，1 最后出栈的序列有 $f(2)$ 种，2 最后出栈的序列有 $f(1)\times f(1)$ 种，3 最后出栈的序列有 $f(2)$ 种，所以 $f(3)=2\times f(2)+f(1)\times f(1)=5$。

$n=4$ 时，1 最后出栈的序列有 $f(3)$ 种，2 最后出栈的序列有 $f(1)\times f(2)$ 种，3 最后出栈的序列有 $f(2)\times f(1)$ 种，4 最后出栈的序列有 $f(3)$ 种，所以 $f(4)=2\times f(3)+f(1)\times f(2)+f(2)\times f(1)=14$。

可以看出 $i(i=1,2,3,\cdots,n)$ 最后出栈的序列有 $f(i-1)\times f(n-i)$ 。

所以 $f(n)=f(0)\times f(n-1)+f(1)\times f(n-2)+f(2)\times f(n-3)+f(3)\times f(n-4)+\cdots+f(n-1)\times f(0)$，用数学方法可得到：

$$f(n) = C_n = \frac{1}{n+1} \times C_{2n}^n = \frac{1}{n+1} \times \frac{(2n)!}{n!(2n-n)!}$$

对有 n 个数据元素的序列,全部可能的排列个数为 $P_n = n!$。

所以,不可能输出序列的个数为 $P_n - C_n$。

因此 4 个元素的出栈序列数为:

$$C_4 = \frac{1}{4+1} \times \frac{8!}{4! \times 4!} = 14$$

这 14 种出栈序列如下:

1234 1243 1324 1342 1432

2134 2143 2314 2341 2431

3214 3241 3421 4321

$$C_n = \frac{1}{n+1} \times \frac{(2n)!}{(n!)^2}$$

2. 试说明下述运算的结果:

(1) Pop_Stack(Push_Stack(S,A))。

(2) Push_Stack(S,Pop_Stack(S))。

(3) Push_Stack(S,Pop_Stack(Push_Stack(S,B)))。

分析与解答:该题目主要考查栈的操作。

(1) 首先要实现运算 Push_Stack(S,A),其结果是将元素 A 压入栈 S 中。若栈 S 满,则出现上溢现象的处理;否则把元素 A 压入栈顶,且元素个数加 1。然后作 Pop_Stack(S)运算,将栈顶元素弹出,且元素个数减 1。

(2) 首先作 Pop_Stack(S)运算。若栈 A 为空,则进行下溢处理;否则弹出栈顶元素。然后再进行压入运算,将刚才弹出的元素压入栈 S 中。

(3) 这种复合运算复杂一些,在(1)、(2)的基础上可知,这种运算的结果使栈 S 增加了一个栈顶元素 B。

3. 什么是队列的上溢现象,一般有几种解决方法,请简述。

分析与解答:该题目主要考查队列的存储结构。

在队列的顺序存储结构中,设队列指针为 front,队尾指针为 rear,队列的容量(即存储的空间大小)为 MAXSIZE。当有元素要加入队列(即入队)时,若 rear==MAXSIZE -1,则队列已满,此时就不能将该元素加入队列。对于队列,还有一种"假溢出"现象,队列中尚余有足够的空间,但元素却不能入队,一般是由于队列的存储结构或操作方式的选择不当所致,可以用循环队列解决。

一般情况下,要解决队列的上溢现象可有以下几种方法:

(1) 可建立一个足够大的存储空间以避免溢出,但这样做往往会造成空间使用率低,浪费存储空间,一般不采用这种方法。

(2) 采用移动元素的方法,每当有一个新元素入队,就将队列中已有的元素向对头移动一个位置,假定空余空间足够。每当删去一个队头元素,则可依次移动队列中的元素总是使 front 指针指向队列中的第一个位置。

(3) 采用循环队列方式。将队头、队尾看作是一个首尾相接的循环队列,利用一维数组顺序存储并用取模运算实现。

4．设栈 S＝{1,2,3,4,5,6,7}，其中 7 为栈顶元素。请写出调用 algo(&S)后栈 S 的状态。

```
void algo(PseqStack S)
{       int x;
        PseqQueue Q; PseqStack T;
        Q=Init_SeqQueue(); T=Init_SeqStack();
        while(!Empty_SeqStack(S))
        {   Pop_ SeqStack(S,&x);
            if (x/2!=0) Push_SeqStack(T,x);
            else     En_SeqQueue(Q,x);
        }
        while(!Empty_SeqQueue(Q))
        {   Out_ SeqQueue(Q,&x);
            Push_SeqStack(S,x);
        }
        while(!Empty_SeqStack(T))
        {   Pop_ SeqStack(T,&x);
            Push_SeqStack(S,x);
        }
}
```

分析与解答：本函数的功能是将顺序栈 S 中递增有序的整数中的所有偶数调整到所有奇数之前，并且要求偶数按递减序排列，奇数按递增序排列。

算法首先设置并初始化中间栈 T 和中间队列 Q，然后将 S 栈中的整数出栈，若整数为奇数，入栈 T，若为偶数，入队列 Q。这样 S＝Φ，T＝{7,5,3,1}，其中 1 为栈顶元素，Q ＝{6,4,2}，其中 6 为队头元素。然后，将 Q 中整数出队列并入栈 S，这样 S＝{6,4,2}，其中 2 为栈顶元素，再将 T 中元素出栈，并入栈 S，这样 S＝{6,4,2,1,3,5,7}，其中 7 为栈顶元素。

最后 S 栈的状态如图 3.4 所示。

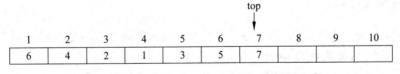

						top			
1	2	3	4	5	6	7	8	9	10
6	4	2	1	3	5	7			

图 3.4　调用 algo(&S)后栈 S 的状态

5．假设两个队列共享一个循环向量空间(见图 3.5)，其类型 Queue2 定义如下：

```
typedef struct{
    DateType data[MAXSIZE];
    int front[2],rear[2];
} Queue2;
```

对于 $i=0$ 或 1，$front[i]$ 和 $rear[i]$ 分别为第 i 个队列的头指针和尾指针。请对以下算法填空，实现第 i 个队列的入队操作。

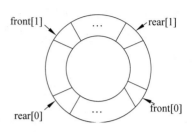

图 3.5 双循环队列示意图

```
int EnQueue(Queue2 * Q, int i, DateType x)
{ /* 若第 i 个队列不满,则元素 x 入队列,并返回 1;否则
返回 0 * /
    if(i<0||i>1) return 0;
    if(Q -> rear [i] = = Q -> front [___(1)___])
    return 0;
    Q->data[___(2)___]=x;
    Q->rear[i]=(___(3)___);
    return 1;
}
```

分析与解答：入队操作需先判队满。队列是否满，要看一个队列的队尾元素位置与另一个队列的队首元素位置之间是否还有空间。我们规定，队首指针总是指向队首元素的实际位置，队尾指针总是指向队尾元素的后一个位置。

因此，0 号队列队满的判断条件是 $rear[0]==front[1]$。同样，1 号队列队满的判断条件是 $rear[1]==front[0]$。

这样的话，就要判断传递进来的 i 是 0 还是 1。但程序中没有提供判断 i 的语句。因此可以将上述队满的判断条件统一成下列关系式：$rear[i]==front[(i+1)\%2]$。在上式中，当 $i=0$ 时，$(i+1)\%2$ 为 1；当 $i=1$ 时，$(i+1)\%2$ 为 0。

上述程序，第 1 个空是判列 i 是否满；第 2 个空是将 x 插入到队列 i 的当前队尾，即在 $rear[i]$ 的位置上插入；第 3 个空是修改队列 i 的尾指针，因为是循环队列，所以要对向量的容量 MAXSIZE 取模。

本题答案是：(1) $(i+1)\%2$ (或 $1-i$)。

(2) $Q->rear[i]$。

(3) $(Q->rear[i]+1)\%$ MAXSIZE。

五、算法设计题

1. 已知 Q 是一个非空队列，S 是一个空栈。仅用队列和栈的基本操作和少量工作变量，编写一个算法，将队列 Q 中的所有元素逆置。

分析：该题目主要考查队列和栈的应用。将队列逆置的步骤为：

(1) 顺序取出队列中的元素，将其入栈。

(2) 所有元素入栈后，再从栈中逐个取出，入队列。

算法描述如下：

```
Reverse_queue(PseqQueue q)
{   DataType x;
    PSeqStack S;
```

```
        S=Init_SeqStack();
        while(!Empty_SeqQueue(q))              /*若队列非空,则将队列中的元素入栈*/
        {    Out_SeqQueue(q,&x);
             Push_SeqStack(S, x);
        }
        while(!Empty_SeqStack(S))              /*若栈非空,则将栈中元素入队*/
        {    Pop_SeqStack(S,&x);
             In_SeqQueue(q,x);
        }
    }
```

2. 试写一个算法,识别依次读入的一个以"@"为结束符的字符序列是否为形如"序列 1&序列 2"模式的字符序列。其中序列 1 和序列 2 中都不含字符"&",且序列 2 是序列 1 的逆序列。例如,"a+b&b+a"是属该模式的字符序列,而"1+3&3−1"则不是。

分析: 本题主要利用栈的工作原理,对于给定的字符串在读到字符"&"前入栈,再逐个读"&"之后的字符并和栈顶字符比较,若相等,则出栈;否则序列 2 不是序列 1 的逆序列。

算法描述如下:

```
int IsReverse()    /*判断输入的字符串中"&"前和"&"后部分是否为逆串,是则返回 1,否则返
                     回 0*/
{    PSeqStack S;
     char e,ch;
     S=Init_SeqStack();
     while ((e=getchar())!='&')             /*将输入的字符串中"&"的前半部分入栈*/
         Push_SeqStack(S,e);
     while ((e=getchar())!='@ ')            /*遇到字符"@"循环结束,否则进行比较*/
     {
         if (Empty_SeqStack(S)) return 0;
         Pop_ SeqStack(S, &ch);
         if (e!=ch) return 0;
     }
     if (!Empty_SeqStack(S)) return 0;
     return 1;
}
```

3. 请利用两个栈 s1 和 s2 来模拟一个队列。用栈的运算来实现该队列的三个运算:inqueue——插入一个元素入队;outqueue——删除一个元素出队;queue_empty——判断队列为空。

分析: 由于队列是先进先出,而栈是后进先出;所以只有经过两栈,即在第一个栈里先进后出,再经过第二个栈后进先出来实现队列的先进先出。因此,用两个栈模拟一个队列运算就是用一个栈作为输入(输入栈),而另一个栈作为输出(输出栈)。当入队列时,总是将数据进入到输入栈中。在输出时,如果输出栈已空,则将输入栈的所有数据压

入输出栈中,然后由输出栈输出数据;如果输出栈不空,就从输出栈输出数据。显然,只有在输入、输出栈均空时队列才为空。

一个栈 s1 作为输入栈,用来插入数据,另一个栈 s2 作为输出栈,用来删除数据,删除数据时应将前一栈 s1 中的所有数据读出,然后进入到第二个栈 s2 中。s1 和 s2 大小相同。

算法描述如下:

```
void inqueue(SeqStack s1,int x)              /* 插入一个数据入队列 */
{
    if(s1->top==n)                           /* 输入栈 s1 已满 */
        if(Empty_SeqStack(s2))               /* 若输出栈 s2 为空,则将 s1 中的所有数据退
                                                栈后压入 s2 */
            while(!Empty_SeqStack(s2))
            {
                Pop_SeqStack(s1, &x);
                Push_SeqStack(s2, x);
            }
        else                                 /* 若输出栈 s2 不为空,不能利用这里面的空间
                                                存储数据,队列满 */
            printf("队列满");
    else                                     /* 输入栈 s1 不满,直接入栈 */
        Push_SeqStack(s1,x);
}
void outqueue(SeqStack s1,SeqStack s2,int x)    /* 删除一个数据出队列 */
{   if (Empty_SeqStack(s1) && Empty_SeqStack(s2))    /* 队列空 */
        printf("队列空");
    else
    {
        if (Empty_SeqStack(s2))              /* s2 空 */
            while(!Empty_SeqStack(s1))       /* 将 s1 的所有元素退栈后压入 s2 */
            {
                Pop_SeqStack(s1, &x);
                Push_SeqStack(s2,x);
            }
        Pop_SeqStack(s2,&x);          /* 弹出栈 s2 的栈顶元素 (队首元素)并赋给 x */
    }
}
int queue_empty(SeqStack s1, SeqStack s2)   /* 判断队列为空 */
{
    if (Empty_SeqStack(s1) && Empty_SeqStack(s2))
        return 1;                            /* 队列为空 */
    else
        return 0;                            /* 队列不为空 */
}
```

4. 用递归方法编程求 n 个元素的集合的幂集。n 为整数,集合包含的元素为不大于 n 的正整数。

分析：考查集合 $Sx(x=0,\cdots,n-1,n)$,和其幂集 $P(Sx)$,可以分析出它们之间的关系如下：

$S_0=\Phi,P(S_0)=\{\Phi\}$

$S_1=\{1\},P(S_1)=\{\Phi,\{1\}\}$

$S_2=\{1,2\},P(S_2)=\{\Phi,\{1\},\{2\},\{1,2\}\}$

$S_3=\{1,2,3\},P(S_3)=\{\Phi,\{1\},\{2\},\{3\},\{1,2\},\{2,3\},\{1,3\},\{1,2,3\}\}$

$\qquad\qquad\qquad=\{\Phi,\{1\},\{2\},\{1,2\},\{3\},\{1,3\},\{2,3\},\{1,2,3\}\}$

$\qquad\qquad\qquad=P(S_2)\bigcup\{x\,|\,x=\{3\}\bigcup y,y\in P(S_2)\};$

……

$S_n=\{1,2,3,\cdots,n-1,n\}$

$P(S_n)=P(S_{n-1})\bigcup\{x\,|\,x=\{n\}\bigcup y,y\in P(S_{n-1})\}$

用 n 代表 S_n,可以得到递归关系式。

$$\begin{cases}P(0)=\{\Phi\}\\P(n)=P(n-1)\bigcup\{x\,|\,x=\{n\}\bigcup y,y\in P(n-1)\}\end{cases}$$

可以用链表存储幂集,由于幂集的每个元素也是一个集合,所以幂集的元素也用链表存储,例如,$P(3)$ 可表示为如图 3.6 所示的链表 P。该链表有 8 个结点,保存幂集的 8 个元素,每个结点有两个指针域,SLink 和 next,其中 SLink 指向"元素值",SLink 为空指针时表示元素为空集 Φ。由于幂集的元素也是一个集合,也用链表表示,这个链表称为元素链表,该链表每个结点有两个域：data 和 next。

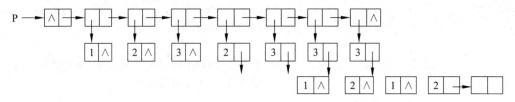

图 3.6　链表

元素链表的结点定义：

```
typedef struct node{
    int data;
    struct node * next;
}Snode;
```

幂集链表的结点定义：

```
typedef struct Pnode{
    Snode * SLink;        /*指向元素链表*/
    struct Pnode * Link;
}PNode;
```

算法如下：

```
PNode * Create_P(int n)
{
    PNode * T, * P, * Pre, * Thead;
    Snode * S;
    if(n==0)
    {    /* 此时幂集只有一个元素,即空集 Φ */
        T=(PNode * )malloc(sizeof(PNode));
        T->SLink=NULL;
        T->Link=NULL;
        return T;
    }
    else
    {
        T=Create_P(n-1);              /* 生成 P(n-1)幂集链表 */
        P=Copy(T);                    /* 该函数作用为复制 T,得到 T 的副本 P */
        Thead=T;
        while(T)                      /* 扫描 P(n-1)幂集链表 T,在每个元素中加入 n */
        {
            Shead=T->SLink;          /* 得到元素链表头部地址 */
                                      /* 生成新元素 n,并插入在元素链表的头部 */
            S=(Snode * )malloc(sizeof(Snode));
            S->data=n;
            S->next=Shead;
            T->SLink=S;
            Pre=T;                    /* Pre 为 T 的前驱 */
            T=T->Link;                /* 扫描到幂集的下一元素 */
        }
        Pre->Link=P;                  /* 将 P(n-1)幂集链表 P 和增加 n 元素的链表 T 进行
                                         链接,获得 P(n)幂集链表 */
        return (Thead);
    }
}
PNode * Copy(PNode * T)              /* 在内存中复制与 T 相同的链表 */
{   PNode * P, * Q1, * Q2;
    if (T==NULL)
        return NULL;
    Q1=Copy(T->Link);                /* 复制 T->Link */
    Q2=Copy(T->SLink);               /* 复制 T->SLink */
    P=(PNode * )malloc(sizeof(PNode));
    P->Link=Q1;
    P->Slink=Q2;
    return P;
}
```

3.3 课后习题解答

一、选择题

1. 栈和队列的共同点是_____。

    A. 都是先进先出   B. 都是先进后出

    C. 只允许在端点处插入和删除元素 D. 没有共同点

2. 若一个栈的输入序列为 $1,2,3,\cdots,n$,输出序列的第一个元素是 n,则第 i 个输出元素是_____。

    A. $n-i-1$ B. $n-i$ C. $n-i+1$ D. 不确定

3. 设 abcdef 以所给的次序进栈,若在进栈操作时,允许出栈操作,则下面得不到的序列为_____。

    A. fedcba   B. bcafed   C. dcefba   D. cabdef

4. 递归过程或函数调用时,处理参数及返回地址,要用一种被称为_____的数据结构。

    A. 队列   B. 多维数组   C. 栈   D. 线性表

5. 若一个栈以向量 $V[1..n]$ 存储,初始栈顶指针 top 为 $n+1$,则下面 x 入栈的正确操作是_____。

    A. top=top+1; V[top]=x   B. V[top]=x; top=top+1

    C. top=top−1; V[top]=x   D. V[top]=x; top=top−1

6. 用链式存储的队列,在进行删除运算时_____。

    A. 仅修改头指针   B. 仅修改尾指针

    C. 头、尾指针都要修改   D. 头、尾指针可能都要修改

7. 栈应用在_____。

    A. 递归调用   B. 子程序调用

    C. 表达式求值   D. 以上均正确

8. 中缀表达式 A−(B+C/D)∗E 的后缀形式是_____。

    A. AB−C+D/E∗   B. ABC+D/E∗

    C. ABCD/E∗+−   D. ABCD/+E∗−

9. 假设以数组 $A[m]$ 存放循环队列的元素,其头尾指针分别为 front 和 rear,则当前队列中的元素个数为_____。

    A. $(\text{rear}-\text{front}+m)\%m$ B. $\text{rear}-\text{front}+1$

    C. $(\text{front}-\text{rear}+m)\%m$ D. $(\text{rear}-\text{front})\%m$

10. 循环队列存储在数组 $A[0..m]$ 中,则入队时队尾的操作为_____。

    A. rear=rear+1   B. rear=(rear+1)%(m−1)

    C. rear=(rear+1)%m   D. rear=(rear+1)%(m+1)

11. 若元素 a、b、c、d、e、f 依次进栈,允许进栈、退栈操作交替进行,但不允许连续三

次进行进退栈工作,则不可能得到的出栈序列是_____。

  A. dcebfa   B. cbdaef   C. dbcaef   D. afedcb

12. 某队列允许在其两端进行入队操作,但仅允许在一端进行出队操作,则不可能得到的顺序是_____。

  A. bacde   B. dbace   C. dbcae   D. ecbad

13. 如果栈 S 和队列 Q 的初始状态均为空,元素 abcdefg 依次进入栈 S,如果每个元素出栈立即进入队列 Q,且 7 个元素出队的顺序是 bdcfeag,则栈 S 的容量至少是_____。

  A. 1   B. 2   C. 3   D. 4

参考答案:

1	2	3	4	5	6	7	8	9	10	11	12	13
C	C	D	C	C	D	D	D	A	D	D	C	C

二、填空题

1. 队列是_____的线性表,其运算遵循_____原则。

2. _____是限定仅在表尾进行插入或删除操作的线性表。

3. 用 S 表示入栈操作,X 表示出栈操作,若元素入栈的顺序为 1234,为了得到 1342 出栈顺序,相应的 S 和 X 的操作串为_____。

4. 当两个栈共享一存储区时,存储区用一维数组 stack(1,n)表示,两栈顶指针为 top[1]与 top[2],则当栈 1 空时,top[1]为_____,栈 2 空时,top[2]为_____,栈满的条件是_____。

5. 在链式队列中,判定只有一个结点的条件是_____。

6. 循环队列的引入,目的是为了克服_____。

7. 已知链队列的头尾指针分别是 f 和 r,则将值 x 入队的操作序列是_____。

8. 循环队列满与空的条件是_____和_____。

9. 一个栈的输入序列是 12345,则不同的输出序列有_____种。

10. 表达式 23+((12×3-2)/4+34×5/7)+108/9 的后缀表达式是_____。

参考答案:

1. 限制在表的一端进行插入和在另一端进行删除、先进先出

2. 栈

3. SXSSXSXX

4. 0、$n+1$、top[1]+1==top[2]

5. (Q—>rear==Q—>front) && (Q—>rear!=NULL)

6. 假溢出

7. node * p=(node *)malloc(node);

p—>data=x; p—>next=NULL;

if(r) { r—>next=p; r=p; }

else r=f=p;

8.（rear+1）% MAXSIZE==front、rear==front

9. 42

10. <u>23</u> <u>12</u> 3×2−4/<u>34</u> 5×7/++<u>108</u> 9/+

三、判断题

1. 消除递归一定需要使用栈。

2. 栈是实现过程和函数调用所必需的结构。

3. 两个栈共享一片连续内存空间时，为提高内存利用率、减少溢出机会，应把两个栈的栈底分别设在这片内存空间的两端。

4. 用递归方法设计的算法效率高。

5. 栈与队列是一种特殊的线性表。

6. 队列逻辑上是一端既能增加又能减少的线性表。

7. 循环队列通常浪费一个存储空间。

8. 循环队列也存在空间溢出问题。

9. 栈和队列的存储方式，既可以是顺序方式，又可以是链式方式。

10. 任何一个递归过程都可以转换成非递归过程。

参考答案：

1	2	3	4	5	6	7	8	9	10
错误	正确	正确	错误	正确	错误	正确	正确	正确	正确

四、应用题

1. 什么是栈、队列？栈和队列数据结构的特点是什么？什么情况下用到栈？什么情况下用到队列？

2. 什么是递归程序，递归程序的优、缺点是什么，递归程序在执行时，应借助于什么来完成？

3. 在什么情况下可以利用递归来解决问题，在写递归程序时应注意什么？

4. 试证明：若借助栈由输入序列 $1,2,\cdots,n$ 得到输出序列为 $p_1 p_2 \cdots p_n$（它是输入序列的一个排列），则在输出序列中不可能出现这样的情形：存在着 $i<j<k$，使得 $p_j<p_k<p_i$。

5. 举例说明顺序队列的"假溢出"现象，并给出解决方案。

6. 简要叙述循环队列的数据结构，并写出其初始状态、队列空、队列满的队条件。

7. 利用两个栈 s1 和 s2 模拟一个队列时，如何用栈的运算实现队列的插入、删除以及判队空运算。请简述这些运算的算法思想。

8. 当过程 P 递归调用自身时，过程 P 内部定义的局部变量在 P 的两次调用期间是否占用同一数据区? 为什么?

9. 链队列队头和队尾分别是单链表的哪一端? 能不能反过来表示? 为什么?

10. 有如下递归函数:

```
int dunno(int m)
{
    int value;
    if (m==0) value=3;
    else value=dunno(m-1)+5;
    return (value);
}
```

试给出 dunno(3)的结果。

参考答案:

1. 略。

2. 略。

3. 该问题必须可以被分解为和该问题具有相同逻辑结构的子问题,即具有递归性质。书写递归程序的要点如下:

(1) 问题与自身的子问题具有类同的性质,被定义项在定义中的应用具有更小的尺度。

(2) 被定义项在最小尺度上有直接解。

递归算法设计的原则是用自身的简单情况来定义自身,一步比一步更简单,确定递归的控制条件非常重要。设计递归算法的方法如下:

(1) 寻找方法,将问题化为原问题的子问题求解(例如 $n! = n*(n-1)!$)。

(2) 设计递归出口,确定递归终止条件(例如求解 $n!$ 时,当 $n=1$ 时,$n!=1$)。

4. 证明:根据题意,因为 $i<j<k$,所以输出的次序为 p_i、p_j、p_k。

因为输入序列的值是由小到大递增的,又因为 $p_j<p_k<p_i$,所以这三个数的输入序列为 p_j、p_k、p_i。因此要证输入序列为 p_j、p_k、p_i 时,不可能得到输出序列 p_i、p_j、p_k。

若要求 p_i 最后输入,最先输出,则先输入的 p_j、p_k 必存在栈中,等 p_i 入栈并立即出栈后再输出。对于 p_j、p_k,因已存入栈中,出栈序列不可能是 p_j、p_k,否则不符合栈"后进先出"的要求。所以不可能得到输出序列 p_i、p_j、p_k。

5. 略。

6. 将队列的数据区 data[0..MAXSIZE-1]看成头尾相接的循环结构,头尾指针的关系不变,将其称为"循环队列"。具体结构参见第 3.1 节中对循环队列的数据结构定义。

初始状态时 front==0; rear==0; 队空时 front == rear; 队满时(rear+1) % MAXSIZE==front。

7. 第 3.2 节中的算法设计题中的第 3 题。

8. 过程 P 内部定义的局部变量在 P 的两次调用期间不占用同一数据区。当递归函数调用时,应按照"后调用的先返回"的原则处理调用过程,因此递归函数之间的信息传递和控制转移必须通过栈来实现。系统将整个程序运行时所需的数据空间安排在一个栈中,每当调用一个函数时,就为它在栈顶分配一个存储区,而每当从一个函数退出时,就释放它的存储区。因此过程 P 内部定义和 P 的第 2 次调用时不在一个存储区域。

9. 链队列队头指向单链表的首结点,而队尾则是指向单链表的最后一个结点。不能够反过来,因为在队尾进行删除操作时,需要遍历单链表找到队尾所指向结点的前一个结点,这样处理其时间效率将受到影响。

10. dunno(3)＝dunno(2)＋5;

dunno(2)＝dunno(1)＋5;

dunno(1)＝dunno(0)＋5;

dunno(0)＝3;

因此,dunno(3)＝18。

五、算法设计题

1. 假设称正读和反读都相同的字符序列为"回文",例如,"abcddcba"、"qwerewq"是回文,"ashgash"不是回文。是写一个算法判断读入的一个以"@"为结束符的字符序列是否为回文。

2. 设以数组 se[m] 存放循环队列的元素,同时设变量 rear 和 front 分别作为队头、队尾指针,且队头指针指向队头前一个位置,写出这样设计的循环队列入队、出队的算法。

3. 从键盘上输入一个逆波兰表达式,写出其求值程序。规定:逆波兰表达式的长度不超过一行,以"＄"符作为输入结束,操作数之间用空格分隔,操作符只可能有＋、－、×、/四种运算。例如:234 34＋2×＄。

4. 假设以带头结点的循环链表表示一个队列,并且只设一个队尾指针指向尾元素结点(注意不设头指针),试写出相应的置空队、入队、出队的算法。

5. 设计一个算法判别一个算术表达式的圆括号是否正确配对。

6. 两个栈共享向量空间 $v[m]$,它们的栈底分别设在向量的两端,每个元素占一个分量,试写出两个栈公用的栈操作算法:push(i,x) 和 pop(i),i＝0 和 1 用以指示栈号。

7. 线性表中元素存放在向量 **A**[n] 中,元素是整型数。试写出递归算法求出 **A** 中的最大和最小元素。

8. 已知求两个正整数 m 与 n 的最大公因子的过程用自然语言可以表述为反复执行如下动作。第一步:若 n 等于零,则返回 m;第二步:若 m 小于 n,则 m 与 n 相互交换;否则,保存 m,然后将 n 送 m,将保存的 m 除以 n 的余数送 n。

(1) 将上述过程用递归函数表达出来(设求 x 除以 y 的余数可以用 $x\%y$ 形式表示)。

(2) 写出求解该递归函数的非递归算法。

提示与解答

1. **提示**:将字符序列分别输入一个栈和一个队列,然后分别执行出栈和出队操作,并比较输出的字符,如果直到栈空并且队空时,输出的字符都相同,则是回文,否则不是。

可以参考第 3.2 节中算法设计题中的第 2 题。

2. **提示**：在入队时首先要判断队是否满，在出队时首先要判断队是否为空。所以要正确写出循环队列的队满和队空的条件。在对队首指针加 1 和队尾指针加 1 时，要做模 MAXSIZE 运算。

3. **分析**：下面是逆波兰表达式求值的算法，在下面的算法中假设，每个表达式是合乎语法的，并且假设逆波兰表达式已被存入一个足够大的字符数组 A 中，且以"＄"为结束字符。算法描述如下：

```
typedef double DataType;
int IsNum(char c)                  /*判断字符是否位操作数。若是返回1,否则返回0*/
{   if(c>='0' && c<='9') return (1);
    else return (0);
}
double postfix_exp(char * A)  /*本函数返回由逆波兰表达式 A 表示的表达式运算结果*/
{   Pseq_Stack S;
    double result,a,b,c, operand=0;
    ch= * A++;
    S=Init_SeqStack();        /*初始化栈*/
    while ( ch !='$' )
    {   if(IsNum(ch))          /*当前字符是数字字符,计算出操作数*/
             operand=operand * 10+ ( ch-'0');
        else
        {   Push_SeqStack(S,operand);
                              /*当前字符不是数字字符,表示操作数结束,要入栈*/
            operand=0;
            if (ch!='')        /*当前字符还不是空格字符,则是运算符,要运算*/
            {   Pop_SeqStack(S,&b);
                Pop_SeqStack(S,&a);      /*取出两个操作数*/
                switch(ch)
                {
                    case '+': c=a+b; break;
                    case '-': c=a-b; break;
                    case '*': c=a * b; break;
                    case '/': c=a/b;
                }
                Push_SeqStack(S, c) ;      /*运算结果入栈*/
            }
        }
        ch= * A++;
    }
    GetTop_SeqStack(S, &result);
    Destroy_SeqStack(&S);
    return result;
}
```

4. **分析**：由于不设置头指针，所以要设法确定队头的位置。如图 3.7 所示，由于有队尾指针 rear，所以根据循环链表的结构，队头指针 front＝rear－＞next－＞next。队空时，rear＝＝rear－＞next。

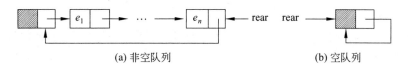

(a) 非空队列   (b) 空队列

图 3.7 带队尾指针的循环链表表示的队列

算法描述如下：

```
typedef struct node{
    DataType data;                  /*每个元素数据信息*/
    struct node * next;             /*存放后继元素的地址*/
} LNode, * Quenue;
void SetEmpty(Quenue * rear)        /*置队列为空,队列的尾指针发生变化,要用指针的指
                                      针;注意,rear前有星号*/
{
    LNode * h, * front;
    h=(* rear)->next;              /*循环链表头结点为队列尾指针后一个结点*/
    while (h!= * rear)             /*当前队列不空*/
    {
        front=h->next;            /*队列头结点为循环链表头结点后一个结点*/
        h->next=front->next;
          /*队列中只有一个结点,则释放后,队列将为空,所以让队尾指针指向头结点*/
        if (front== * rear)
         * rear=h;
        free(front);              /*释放队列头结点*/
    }
}
void InQuenue(Quenue * rear ,DataType x)
                                /*数据 data 入队列,队列的尾指针发生变化,要用指针
                                  的指针;注意,rear前有星号*/
{
    LNode * p;
    p=( LNode * )malloc(sizeof(LNode));
    p->data=x;
    p->next=(* rear)->next;       /*在 rear 后插入新的结点*/
    (* rear)->next=p;
    (* rear)=p;
}
int OutQuenue(Quenue * rear,DataType * x)  /*队列的尾指针可能发生变化,要用指针的指
                                             针;注意,rear前有星号*/
```

```
{
    LNode * head, * front;
    head= * rear->next;
    if (head== * rear)                    / * 队列为空,出队列操作失败 * /
        return 0;
    front=head->next;                     / * 队列头结点为循环链表头结点后一个结点 * /
    * x=front->data;
    head->next=front->next;
    if (front== * rear)                   / * 队列中只有一个结点,则释放后,将为空,所以让队尾
                                              指针指向头结点 * /
        * rear=head;
    free(front);                          / * 释放队列头结点 * /
    return 1;
}
```

5. **分析**:该题目主要考查栈的应用。假定表达式存放在字符串数组 str 中,对表达式字符进行扫描,遇到左括号则进栈,遇到右括号则判栈是否空;若为空,说明圆括号不配对;若不空则出栈,最后,若栈空,说明圆括号配对,否则不配对。

算法描述如下:

```
void pair(char str[])
{   PSeqStack S;
    char ch,ch1;
    int k=0;
    S=Init_SeqStack();
    while( ( ch=str[k])!='\0 ')                    / * 扫描表达式,直到'\0'结束 * /
    {   if (ch=='(') Push_SeqStack(S,ch);
        else if(ch==')')
            {   if (Empty_SeqStack(S))
                {   printf("圆括号不配对");
                    return;
                }
                else Pop_SeqStack(S,&ch1);         / * 栈顶的左括号出栈 * /
            }
        k++;
    }
    if (Empty_SeqStack(S)) printf("圆括号配对");
    else printf("圆括号不配对");
}
```

6. **分析**:设置两个指针分别指向两个栈顶。push(i,x),i 等于 0 时,指针要加 1;而 i 等于 1 时,指针要减 1。pop(i),i 等于 0 时,指针要减 1;而 i 等于 1 时,指针要加 1。另外,要注意判空和判满。

算法描述如下:

```
# define m 100
typedef struct {
    int v[m];                          /* 两个栈共用的连续存储区域 */
    int top0, top1;                    /* 分别为两个栈的栈顶位置 */
}BSeqStack, * PBSeqStack;
BSeqStack S;
int push(int i, int x)
{   if (S.top0+1==S.top1)              /* 栈满不能入栈 */
        return 0;                      /* 入栈失败 */
    else
    {   if (i==0)                      /* 0 号栈入栈 */
        {   S.top0++;                  /* 0 号栈顶位置加 1 */
            S.v[S.top0]=x;
            return 1;                  /* 入栈成功 */
        }
        else                          /* 1 号栈入栈 */
        {   S.top1--;                  /* 1 号栈顶位置减 1 */
            S.v[S.top1]=x;
            return 1;                  /* 入栈成功 */
        }
    }
}
int pop(int i)
{   if (i==0)                          /* 0 号栈出栈 */
    {   if (S.top0==-1)                /* 栈空不能出栈 */
        {   printf("栈空不能出栈");
                return 0;
        }
        else
            return S.v[S.top0--];      /* 返回栈顶元素,栈顶位置减 1 */
    }
    else                              /* 1 号栈出栈 */
    {   if (S.top1==m)                 /* 栈空不能出栈 */
        {   printf("栈空不能出栈");
            return 0;
        }
        else
            return S.v[S.top1++];      /* 返回栈顶元素,栈顶位置加 1 */
    }
}
```

7. **分析**：递归终止条件为只有一个元素时,最大和最小元素就为该元素;或没有元素时,没有最大和最小元素。递归式为 $GetMaxMin(A(0,\cdots,n)) = max/min$ $(GetMaxMin(A(n)), GetMaxMin(A(0,\cdots,n-1)))$。

算法描述如下:

```
void GetMaxMin(int A[], int n, int * max, int * min)
                    /* 对数组中 n 个元素求最大和最小数 */
    {
```

```
if (n==1)
{    /*只有一个元素时,最大和最小元素就为这个元素 */
     * max=A[0];
     * min=A[0];
}
else
{    /*有 n 个元素时,先获得前 n-1 个数中的最大元素 max 和最小元素 min*/
     GetMaxMin(A, n-1, max, min);
     /*如果第 n 个元素大于 max,则这 n 个元素中的最大元素为 max*/
     if (A[n-1]> * max) * max=A[n-1];
     /*如果第 n 个元素小于 min,则这 n 个元素中的最小元素为 min*/
     if (A[n-1]< * min) * min=A[n-1];
}
}
```

8. **分析**：(1) 这是求最大公因子的辗转相除法。

算法描述如下：

```
int gcd(int m, int n)              /*求两个正整数的最大公因子的递归函数*/
{    int temp;
     if (n==0) return m;
     if (m<n) { temp=m; m=n; n=temp; }
     temp=m; m=n; n=temp%n;
     return gcd(m,n);
}
```

(2) 根据第 3.2 节中判断题的第 1 题,这是一个尾递归函数,消除递归可以不用栈,求解该递归函数 gcd(int m,int n)的非递归算法描述如下：

```
int gcd1(int m, int n)             /*求两个正整数的最大公因子的非递归函数*/
{    int temp;
     if (m<n)                      /*交换,使被除数 m 大于除数 n*/
     {   temp=m;
         m=n;
         n=temp;
     }
     while (n!=0)
     {
         temp=m;
         m=n;                      /*除数作为下次运算的被除数*/
         n=temp%n;                 /*余数作为下次运算的除数*/
     }
     return m;
}
```

第4章

串

串(即字符串)是一种特殊的线性表,它的数据元素仅由一个字符组成。串在许多非数值计算领域得到广泛的应用。本章学习的主要内容是掌握串基本概念及其基本运算,重点掌握串的两种存储表示以及串的模式匹配算法,并学会应用 C 语言提供的串操作函数和相关算法解决简单的应用问题。

4.1 知识点串讲

4.1.1 知识结构图

本章的知识点结构如图 4.1 所示。

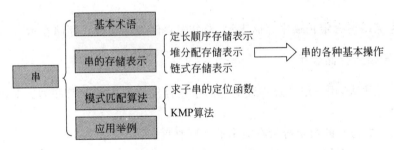

图 4.1 串的知识结构图

4.1.2 相关术语

(1) 串、串的元素、串的长度。

(2) 子串、主串、子串的位置、空格串。

(3) 串的模式匹配算法、BF 模式匹配算法、KMP 模式匹配算法。

(4) 串的定长顺序存储、串的堆存储结构、串的链式存储结构。

4.1.3　串的基本运算

（1）求串长 StrLength(s)。

（2）串赋值 StrAssign(s1,s2)。

（3）串连接 StrConcat(s1,s2,s)或 StrConcat(s1,s2)。

（4）求子串 SubStr(t,s,i,len)。

（5）串比较 StrCmp(s1,s2)。

（6）子串定位 StrIndex(s,t)。

（7）串插入 StrInsert(s,i,t)。

（8）串删除 StrDelete(s,i,len)。

（9）串替换 StrRep(s,t,r)。

其中前五个操作是最为基本的,它们不能用其他的操作来合成,因此通常将这五个基本操作称为最小操作集。

4.1.4　串的模式匹配算法

串的模式匹配是串的各种操作中最重要的一种。KMP 算法是一种比较高效的模式匹配算法,尤其当模式与主串之间存在许多"部分匹配"时,KMP 算法比一般的匹配算法快得多,而且在该算法中指示主串的指针不需要回溯。

4.1.5　串的存储结构

串的存储结构有定长顺序存储表示、堆分配存储表示和链式存储表示。

1. 定长顺序存储表示

类似于顺序表,用一组地址连续的存储单元存储串值中的字符序列。对串长的表示方法有三种:

（1）以下标为 0 的数组分量存放串的实际长度。

（2）在串值后面加一个不计入串长的结束标记字符。

（3）类似线性表的顺序存储,定义一个长度变量,指示字符串的长度。在定长的顺序存储中如果每个单元只存一个字符,称为非紧缩格式;如果每个单元存放多个字符,称为紧缩格式。

定长顺序存储表示法在实现中如果出现串值序列的长度超过上界时需用结尾法处理,为克服这个弊端只有采用动态分配串值的存储空间。

2. 堆分配存储表示

堆存储结构的基本思想是:在内存中开辟足够大的地址连续的空间作为应用程序中所有串的可利用存储空间,这个空间称为堆空间,如设 store[SMAX+1];根据每个串的长度,动态地为每个串在堆空间里申请相应大小的存储区域,这个串顺序存储在所申请的存储区域中,当操作过程中若原空间不够了,可以根据串的实际长度重新申请,复制原串值后再释放原空间。

图 4.2 是一个堆结构示意图。阴影部分是为存在的串分配过的空间,free 为未分配部分的起始地址,每当向 store 中存放一个串时,要填上该串的索引项。

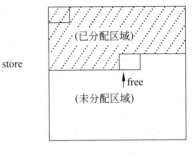

图 4.2 堆结构示意图

堆结构上的串运算仍然基于字符序列的复制进行,基本思想是:当需要产生一个新串时,要判断堆空间中是否还有存储空间,若有,则从 free 指针开始划出相应大小的区域为该串的存储区,然后根据运算求出串值,最后建立该串存储映象索引信息,并修改 free 指针。

设堆空间为:char store[SMAX+1];

自由区指针:int free;

串的存储映像类型如下:

```
typedef struct{
    int length;              /*串长*/
    int stradr;              /*起始地址*/
} Hstring;
```

3. 链式存储表示

与线性表的链式存储结构类似,采用链表方式存储串值,每个结点可以存放一个字符也可以存放多个字符,用 C 语言表示串的链式存储结构描述如下:

```
#define Nodechar_Size 10
typedef struct chuan{
    char data[Nodechar_Size];            /* 用字符数组存储字符串中字符 */
    struct chuan * next;
}LinkString;
typedef struct{
    LinkString * head, * tail;           /* 串的头和尾指针 */
    int curlen;                          /* 串的当前长度 */
}LString;
```

链串结点大小的选择与顺序串的格式选择类似。结点大小为 1 时存储密度低但操作方便,而结点大小大于 1 时存储密度高但操作不方便。

4.2 典型例题详解

一、选择题

1. 下面关于串的叙述中,_____是不正确的。

A. 串是字符的有限序列

B. 空串是由空格构成的串

C. 模式匹配是串的一种重要运算

D. 串既可以采用顺序存储,也可以采用链式存储

分析：本题考察串的概念,空串与空格串是两个不同的概念,B 选项中将其混为一谈,是错误的,其他选项均正确,故本题答案是 B。

2. 已知串 S＝"aaab",其 next 数组值为_____。

A. 0,1,2,3　　　　　　　　　　B. 1,1,2,3

C. 1,2,3,1　　　　　　　　　　D. 1,2,1,1

分析：本题考察串的模式匹配算法中 next 函数的计算,故本题答案是 A。

模式串	a	a	a	b
next[j]	0	1	2	3

$i=1\rightarrow next[1]=0$

$i=2,j=1,k=next[j]=0\rightarrow next[i]=k+1=1$

$i=3,j=2,k=next[j]=1,t[k]=t[j]\rightarrow next[i]=k+1=2$

$i=4,j=3,k=next[j]=2,t[k]=t[j]\rightarrow next[i]=k+1=3$

3. 串"ababaabab"的 next 数组值为_____。

A. 0,1,2,3,4,5,6,7,8　　　　　B. 0,1,2,1,2,1,1,1,2

C. 0,1,1,2,3,4,2,3,4　　　　　D. 0,1,2,3,0,1,2,2,2

分析：本题考察串的模式匹配算法中 next 函数的计算,具体解题过程见上题分析过程,故本题答案是 C。

4. 若串 S＝"software",其子串的数目是_____。

A. 8　　　　B. 37　　　　C. 36　　　　D. 9

分析：本题考察子串的概念,串"software"长度为8,且其字符均不相同,则其子串个数为 $1+2+3+\cdots+8=36$,故本题答案是 C。

5. 设 S 为一个长度为 n 的字符串,其中的字符各不相同,则 S 中互异的非平凡子串(非空且不同于 S 本身)的个数为_____。

A. 2^{n-1}　　　　　　　　　　B. n^2

C. $\frac{n^2}{2}+\frac{n}{2}$　　　　　　　　D. $\frac{n^2}{2}+\frac{n}{2}-1$

E. $\frac{n^2}{2}-\frac{n}{2}-1$

分析：本题考察子串的概念,除了长度为 n 的字符串外,长度为 $n-1$ 的不同子串个数为2,长度为 $n-2$ 的不同于子串个数为3……长度为1的不同子串个数为 n,则 S 的非平凡子串个数为：$2+3+4+\cdots+n=\frac{n\times(n+1)}{2}-1$,因此答案为 D。

6. 在简单模式匹配中,当模式串位 j 与主串位 i 的比较时,新一趟匹配开始,主串的

位移公式是 _____ 。

    A. $i=i+1$ B. $i=j+1$ C. $i=i-j+1$ D. $i=i-j+2$

分析：本题考察串的模式匹配算法。假设主串为 $s_1s_2\cdots s_n$，模式串为 $t_1t_2\cdots t_m$。当 $s_i\neq t_j$ 时，有 $s_{i-1}=t_{j-1}$、$s_{i-2}=t_{j-2}$、$\cdots$、$s_{i-j+1}=t_1$，则新一轮匹配时，t_1 应与 s_{i-j+2} 比较，故答案选择 D。

7. 在执行简单的串匹配算法时，最坏的情况为每次匹配比较不等的字符出现的位置均为 _____ 。

    A. 模式串的最末字符   B. 主串的第一个字符

    C. 模式串的第一个字符   D. 主串的最末字符

分析：在执行简单的串模式匹配算法时，通常最坏情况发生在主串和模式串分别是"$a^{n-1}b$"和"$a^{m-1}b$"的形式下，这里"a^xb"中的 a^x 表示由 x 个 a 组成的串（$0\leqslant x$）。当模式串中的最末字符与主串不匹配时，就意味着以前的匹配操作无效，每次就需要重新进行匹配。因此当每次匹配比较的字符出现的位置均为模式串的最末字符，则处于最坏情况。因此正确答案为 A。

8. 已知在如下定义的链串结点中，每个字符占 1 个字节，指针占 4 个字节，则该链串的存储密度为 _____ 。

```
typedef struct node {
    char data[8];
    struct node * next;
} LinkStrNode;
```

    A. 1/4   B. 1/2   C. 2/3   D. 3/4

分析：本题考查存储密度的定义。串值的存储密度＝串值所占的存储位/实际分配的存储位，本小题的存储密度为 $8/(8+4)=2/3$。

二、判断题

1. 串是一种数据对象和操作都特殊的线性表。

答案：正确。

分析：串（即字符串）是一种特殊的线性表，它的数据元素仅由一个字符组成。

2. 空串与空格串是相同的。

答案：错误。

分析：空串是长度为零的字符串，而空格串是指组成字符串的元素均为空格字符。

3. 设串 S 的长度为 n，则 S 的子串个数为 $\frac{n(n+1)}{2}$。

答案：正确。

分析：根据第 4.2 节选择题第 5 题分析可知，当串 S 中的字符均不相同时，其子串的个数为 $\frac{n(n+1)}{2}$。

4. KMP 算法的特点是在模式匹配时指示主串的指针不会变小。

答案：正确。

分析：KMP算法最大特点就是指示主串的指针不需要回溯,因此指针不可能变小。

5. 设模式串的长度为 m,目标串的长度为 n,当 $n \approx m$ 且处理只匹配一次的模式时,朴素的匹配(即子串定位函数)算法所花的时间代价可能会更少。

答案：正确。

分析：KMP算法虽然比子串定位函数的效率要高,但须事先计算 next,在题目所给的条件下,只要很少次数的匹配,故用子串定位函数的方法会更好些。

三、填空题

1. 串是一种特殊的线性表,其特殊性表现在_____。

答案：组成串的数据元素都是字符

2. 串的两种最基本的存储方式是_____和_____。

答案：顺序存储方式、链式存储方式

3. 两个串相等的充分必要条件是_____。

答案：串的长度相等且两串中对应位置的字符也相等

4. 模式串 P="abaabcac"的 next 函数值序列为_____。

答案：0,1,1,2,2,3,1,2

分析：参考第4.2节中的应用题中的第2题的解答过程。

5. 设串 S="abcd",它的所有子串有_____个,它们分别是_____。

答案：10 个、"a"、"b"、"c"、"d"、"ab"、"bc"、"cd"、"abc"、"bcd"、"abcd"

6. 空串的长度是_____;空格串的长度是_____。

答案：0、空格字符的个数

7. 在文本编辑程序中查找某一特定单词在文本中出现的位置,可以利用串的_____运算。

答案：模式匹配

四、应用题

1. 已知：$s="(xyz)+*"$,$t="(x+z)*y"$。试利用联结、求子串和置换等基本运算,将 s 转化为 t。

分析与解答：本题考察串的基本运算,题中所给操作的含义如下所示。

StrConcat(s1,s2)：连接函数,将两个串连接成一个串。

substr(s,i,j)：取子串函数,从串 s 的第 i 个字符开始,取连续 j 个字符形成子串。

StrRep(s1,i,j)：置换函数,用 s2 串替换 s1 串中从第 i 个字符开始的连续 j 个字符。

本题有多种解法,下面是其中的一种：

第 1 步 s1＝substr(s,3,1) 取出字符：'y'

第 2 步 s2＝substr(s,6,1) 取出字符：'+'

第 3 步 s3＝substr(s,1,5) 取出子串："(xyz)"

第 4 步 s4＝substr(s,7,1) 取出字符：'*'

第 5 步 s5＝replace(s3,s1,s2) 形成部分串："(x+z)"

第 6 步 s＝StrConcat(s5，StrConcat(s4,s1)) 形成串 t 即"(x＋z) * y"

2. 求下列字符串的 next 函数值。

(1) a b r a c a d a b r a。

(2) a s s t a c a s t r a。

分析与解答:

(1) a b r a c a d a b r a。

模式串	a	b	r	a	c	a	d	a	b	r	a
next[j]	0	1	1	1	2	1	2	1	2	3	4

$i＝1,j＝0$, $next[1]＝0$→$next[2]＝j＋1＝1$

$i＝2,j＝1,t[i]!＝t[j],j$ 回溯，$j＝next[j]＝0$→$next[3]＝j＋1＝1$

$i＝3,j＝1,t[i]!＝t[j],j$ 回溯，$j＝next[j]＝0$→$next[4]＝j＋1＝1$

$i＝4,j＝1,t[i]＝＝t[j]$→$next[5]＝j＋1＝2$

$i＝5,j＝2,t[i]!＝t[j]$，j 回溯两次，$j＝next[next[j]]＝0$→$next[6]＝j＋1＝1$

$i＝6,j＝1,t[i]＝＝t[j]$→$next[7]＝j＋1＝2$

$i＝7,j＝2,t[i]!＝t[j]$，j 回溯两次，$j＝next[next[j]]＝0$→$next[8]＝j＋1＝1$

$i＝8,j＝1\ t[i]＝＝t[j]$→$next[9]＝j＋1＝2$

$i＝9,j＝2,t[i]＝＝t[j]$→$next[10]＝j＋1＝3$

$i＝10,j＝3,t[i]＝＝t[j]$→$next[11]＝j＋1＝4$

$i＝11$ stop

(2) a s s t a c a s t r a。

模式串	a	s	s	t	a	c	a	s	t	r	a
next[j]	0	1	1	1	1	2	1	2	3	1	1

$i＝1,next[1]＝0$→$next[2]＝j＋1＝1$

$i＝2,j＝1,t[i]!＝t[j],j$ 回溯，$j＝next[j]＝0$→$next[3]＝j＋1＝1$

$i＝3,j＝1,t[i]!＝t[j],j$ 回溯，$j＝next[j]＝0$→$next[4]＝j＋1＝1$

$i＝4,j＝1,t[i]!＝t[j]$ 回溯，$j＝next[j]＝0$→$next[5]＝j＋1＝1$

$i＝5,j＝1,t[i]＝＝t[j]$→$next[6]＝j＋1＝2$

$i＝6,j＝2,t[i]!＝t[j]$，j 回溯两次，$j＝next[next[j]]＝0$→$next[7]＝j＋1＝1$

$i＝7,j＝1,t[i]＝＝t[j]$→$next[8]＝j＋1＝2$

$i＝8,j＝2,t[i]＝＝t[j]$→$next[9]＝j＋1＝3$

$i＝9,j＝3,t[i]!＝t[j]$，j 回溯两次，$j＝next[next[j]]＝0$→$next[10]＝j＋1＝1$

$i＝10,j＝1,t[i]!＝t[j],j$ 回溯，$j＝next[j]＝0$→$next[11]＝j＋1＝1$

$i＝11$,stop

3. 什么叫做串的模式匹配？什么是匹配成功？什么是匹配不成功？

分析与解答: 串的模式匹配通常称为子串的定位操作。

如果定位过程中,主串存在从某个位置开始的子串和模式串相等称为匹配成功,否则称为匹配不成功。

4. 假设有如下的串说明:

char s1[30]="Stocktom,CA", s2[30]="March 5,1999", s3[30], * p;

(1) 在执行如下的每个语句后 p 的值是什么?

p=strchr(s1,'t'); p=strchr(s2,'9'); p=strchr(s2,'6');

(2) 在执行下列语句后,s3 的值是什么?

strcpy(s3,s1); strcat(s3,","); strcat(s3,s2);

(3) 调用函数 strcmp(s1,s2)的返回值是什么?

(4) 调用函数 strcmp(&s1[5],"ton")的返回值是什么?

(5) 调用函数 stlen(strcat(s1,s2))的返回值是什么?

分析与解答:

(1) strchr(* s,c)函数的功能是查找字符 c 在串 s 中的位置,若找到,则返回该位置,否则返回 NULL。

因此,执行 p=strchr(s1,'t')后,p 的值是指向字符 t 的位置,也就是 p==&s1[1]。

执行 p=strchr(s2,'9')后,p 的值是指向 s2 串中第一个 9 所在的位置,也就是 p==&s2[9]。

执行 p=strchr(s2,'6')之后,p 的返回值是 NULL。

(2) strcpy 函数功能是串复制,strcat 函数的功能是串连接。

因此,在执行 strcpy(s3,s1)后,s3 的值是"Stocktom,CA"。

在执行 strcat(s3,",")后,s3 的值变成"Stocktom,CA,"。

在执行完 strcat(s3,s2)后,s3 的值就成了"Stocktom,CA,March 5,1999"。

(3) 函数 strcmp(串1,串2)的功能是串比较,按串的大小进行比较,返回大于 0,等于 0 或小于 0 的值以表示串 1 比串 2 大,串 1 等于串 2,串 1 小于串 2。因此在调用函数 strcmp(s1,s2)后,返回值是大于 0 的数(字符比较是以 ASCII 码值相比的)。

(4) 首先,要知道 &s1[5]是一个地址,当放在函数 strcmp 中时,它就表示指向以它为首地址的一个字符串,所以在 strcmp(&s1[5],"ton")中,前一个字符串值是"tom,CA",用它和"ton"比较,应该是后者更大,所以返回值是小于 0 的数。

(5) strlen 是求串长的函数,先将 s1 和 s2 连接起来,值是"Stocktom,CAMarch 5,1999",所以返回值是 23。

5. 在以链表存储串值时,存储密度是结点大小和串长的函数。假设每个字符占一个字节,每个指针占 4 个字节,每个结点的大小为 4 的整数倍。求结点大小为 $4k$(不含结点内指针所占空间),串长为 l 时的存储密度 $d(4k,l)$(用公式表示)。

分析与解答:本题考察串的链式存储结构特点及存储密度定义,链式存储字符串的每个结点的存储结构如图 4.3 所示。

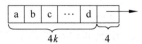

图 4.3   字符串链式存储示意图

存储密度＝串值所占的存储空间/实际分配的存储空间

$$d(4k,l) = \frac{l}{4(k+1)\left\lceil \dfrac{l+1}{4k} \right\rceil}$$

说明：l 代表字符串存储的字符个数，$l+1$ 是包括字符串结束符"\0"的串长度，$((l+1)/4k)$ 向上取整表示链式存储字符串的结点个数，$4(k+1)$ 表示每个链结点所占存储空间大小。

五、算法设计题

1. 采用顺序结构存储串，编写一个函数，求串 s 和串 t 的一个最长的公共子串。
分析：采用顺序结构存储串，用类似于串匹配算法的思想。
算法描述如下：

```
void maxsubstr(char * s,char * t,char * r)        /* 求 s 和 t 的最长公共子串 */
{    int i, j, k, num, maxnum=0, index=0;
     i=0;
     while (i<strlen(s))
     {    j=0;
          while(j<strlen(t))
          {    if (s[i]==t[j])                      /* 比较串 s 与串 t 的当前字符 */
               {    num=1;
                    for (k=1; s[i+k]==t[j+k]; k++)     /* 发现并记录子串长度 */
                    num=num+1;
                    if (num>maxnum)                  /* 若子串长度大于最大值,则记录 */
                    {    index=i;
                         maxnum=num;
                    }
                    j=j+num;
                    i=0;
               }
               else j++;
          } /* end while (j<strlen(t)) */
          i++;
     } /* end while(i<strlen(s)) */
     for (i=index,j=0;i<index+maxnum;i++,j++)    /* 输出最大子串 */
          r[j]=s[i];
     r[j]='\0';
}
```

设串 s 的长度为 m，而串 t 的长度为 n，本题算法的时间效率是 $O(m \times n)$。

2. 利用串的基本操作以及栈的基本操作，编写"由一个算术表达式的后缀式求前缀式"的递推算法(假定后缀式不含语法错误)。
分析：将后缀式中各个字符入栈，再利用栈的先进后出特性得到前缀。

```
void HouZhui_to_QianZhui(char * str,char * new)
/* 把后缀表达式 str 转换为前缀表达式 new,表达式用字符串表示 */
{    char r[2],a,b,ch;int i;
     len=strlen(str);
     char * t=(char *)malloc(len+1);    /* len+1 为了保存字符串结束符"\0" */
     PSeqStack s;                       /* 栈中元素类型为字符 */
     s=Init_SeqStack();
     for(i=1;i<=Strlen(str);i++)
     {    r=SubStr(r,str,i,1);           /* 参考教材第 4.2.2 节中对 StrSub 的定义 */
          if(is_opr_num(* r))           /* 如果 r 是操作数,此函数省略 */
                 Push_SeqStack(s,* r);
          else
          {
                 Pop_SeqStack(s,&a);
                 Pop_SeqStack(s,&b);
                 /* 把操作符 r,子后缀表达式 a 和 b 连接为新子前缀表达式 new */
                 StrAssign(t,Concat(r,b));
                 StrAssign(new,Concat(t,a));
                 i=0;
                 while(* (new+i)!='\0'){Push_SeqStack(s,* (new+i));
                                        ++i;}
          }
     }
     i=0;
     while(!Empty_SeqStack(s)){ Pop_SeqStack(s,&ch);
                                /* 从字符栈出栈,拼接成前缀表达式 */
                                new[len-i-1]=ch;   /* 倒着存入 new 字符串中 */
                                i++;
                               }
     new[len]='\0';
     Destory_SeqStack(&s);
}
```

3. 对于定长顺序存储表示,编写一个函数计算一个子串在一个字符串中出现的次数,若不出现该子串则为 0。

分析：设字符串定长顺序存储表示为：

```
typedef struct {
       int length;               /* 串长 */
       char * ch;                /* 起始地址 */
} Hstring;
    int str_count(Hstring S, Hstring T)
    /* 返回串 T 在主串 S 中出现的次数,不出现为 0 */
{    int i=0,j,count=0;
     while(i<=S.length-T.length)    /* 注意此处不是 S.length-T.length+1,下标从 0
```

开始 * /
```
{ j=0;
  while(i<=S. length-T.length+1&&j<T.length)     /* 从当前位置往后匹配 T * /
  if (S.ch[i]==T.ch[j])              /* 继续比较后继字符 * /
    { i++;j++;}
  else
    {i=i-j+1;j=0;}                 /* j 回到起点,i 回到下一个位置 * /
  if(j==T.length)                  /* 匹配成功 * /
    count++;
    i=i-j+2;                      /* 匹配成功,同样需要回溯,否则可能漏解 * /
  }
  return count;
}
```

4. S="S₁S₂…Sₙ"是一个长为 n 的字符串,存放在一个数组中,编程序将 S 改造之后输出:

(1) 将 S 的所有第偶数个字符按照其原来的下标从大到小的次序放在 S 的后半部分。

(2) 将 S 的所有第奇数个字符按照其原来的下标从小到大的次序放在 S 的前半部分。

例如:S="ABCDEFGHIJKL"则改造后的 S 为"ACEGIKLJHFDB"。

分析:对字符串的第奇数个字符,直接放在数组前面,对第偶数个字符,放在数组后面。

```
char * RearrangeString(char * s)
/* 对字符串改造,将第偶数个字符放在串的后半部分,第奇数个字符前半部分 * /
{ char * stk;
  stk= (char * )malloc(strlen(s)+1);
  int i=0,n;
  n=strlen(s);                    /* 求字符串的长度 * /
  while(s[i])                     /* 改造字符串 * /
  {    if(i%2==0)                 /* 下标是偶数,送入前半段 * /
       stk[i/2]=s[i];
     else                         /* 下标是奇数,送入后半段 * /
       stk[n-i/2-1]=s[i];        /* 下标从 0 开始 * /
     i++;
  }
  stk[i]='\0';
  return stk;
}
```

5. 一个文本串可用事先给定的字母映射表进行加密。例如,字母映射表为:

a	b	c	d	e	f	g	h	i	j	k	l	m	n	o	p	q	r	s	t	u	v	w	x	y	z
n	g	z	q	t	c	o	b	m	u	h	e	l	k	p	d	a	w	x	f	y	i	v	r	s	j

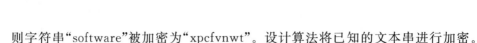
则字符串"software"被加密为"xpcfvnwt"。设计算法将已知的文本串进行加密。

分析：为方便讨论，假定原文全是由 26 个小写字母组成。加密算法可以利用两个串中的字符的一一对应关系来实现。当输入一个字符时，在原始字符串中查找其位置，然后取密码串中相应位置的字符就可以。

算法描述如下：

```
char * Encrypt(char * str,char * codetable)
        /* 对字符串 str 进行加密处理, codetable 是密钥,加密后密文由函数名返回 */
{    int j,i=0;
    char * tmp=(char *)malloc(strlen(str)+1);
    while(str[i]!='\0')      /* 取字符串 str 中的字符 */
    {    j=str[i]-97;        /* 原文字符对应在 26 个字母中的位置,a 为 0,以此类推 */
        tmp[i]=codetable[j];
        i++;
    }
    tmp[i]='\0';
    return tmp;
}
```

4.3　课后习题解答

一、选择题

1. 如下陈述中正确的是_____。
   A. 串是一种特殊的线性表　　　　　B. 串的长度必须大于零
   C. 串中元素只能是字母　　　　　　D. 空串就是空白串

2. 设有两个串 p 和 q，其中 q 是 p 的子串，求 q 在 p 中首次出现的位置的算法称为_____。
   A. 求子串　　　　B. 连接　　　　C. 匹配　　　　D. 求串长

3. 串"ababaaababaa"的 next 数组为_____。
   A. 012345678999　　　　　　　　B. 012121111212
   C. 011234223456　　　　　　　　D. 012301232234

4. 串是_____。
   A. 不少于一个字母的序列　　　　　B. 任意个字母的序列
   C. 不少于一个字符的序列　　　　　D. 有限个字符的序列

5. 串的长度是指_____。
   A. 串中所含不同字母的个数　　　　B. 串中所含字符的个数
   C. 串中所含不同字符的个数　　　　D. 串中所含非空格字符的个数

6. 若 s="1234ab567abcdab0"，t="ab"，r=""(空串)，串替换 StrRep(s,t,r)的结果是_____。

   A. "1234ab567abcdab0"　　　　　　B. "1234ab567abcd"

   C. "1234567cd0"　　　　　　　　　D. "1234 567 cd 0"

7. 设 S 为一个长度为 n 的字符串,其中的字符各不相同,则 S 中的互异的非平凡子串(非空且不同于 S 本身)的个数为_____。

   A. $2n-1$　　　　　　　　　　　B. n^2

   C. $(n^2/2)+(n/2)$　　　　　　　D. $(n^2/2)+(n/2)-1$

8. 若串 S＝"English",其子串的个数是_____。

   A. 9　　　　　　B. 16　　　　　　C. 36　　　　　　D. 28

参考答案:

1	2	3	4	5	6	7	8
A	C	C	D	B	C	D	D

二、填空题

1. 设正文串长度为 n,模式串长度为 m,则简单模式匹配算法的时间复杂度为_____。

2. 长度为 0 的字符串称为_____。

3. 串是一种特殊的线性表,其特殊性表现在_____。

4. StrIndex("MY STUDENT","STU")＝_____。

5. 组成串的数据元素只能是_____。

6. 设串 S 的长度为 4,则 S 的子串个数最多为_____。

7. 字符串存储密度是_____。

8. 设 T 和 P 是两个给定的串,在 T 中寻找等于 P 的子串的过程称为_____,又称 P 为_____。

9. 下列程序判断字符串 s 是否对称,对称则返回 1,否则返回 0;如 f("abba")返回 1,f("abab")返回 0。

```
int f(char * s)
{
    int i=0,j=0;
    while(s[j])_____;          /* 求串长 */
    for(j--; i<j && s[i]==s[j]; i++,j--);
    return(_____);
}
```

10. 串名的存储映射主要有_____、_____、_____。

参考答案:

1. $O(n\times m)$

2. 空串

3. 数据元素仅由一个字符组成

4. 4

5. 字符

6. 10

7. 串值所占的存储位与实际分配的存储位的比值

8. 模式匹配、模式

9. j++、i>=j

10. 带串长度的索引表、末尾指针的索引表、带特征位的索引表

三、判断题

1. KMP算法的特点是在模式匹配时指示主串的指针不会变小。

2. 只要串采用定长顺序存储,串的长度就可立即获得,不需要用函数求。

3. next函数值序列的产生仅与模式串有关。

4. 空格串就是由零个字符组成的字符序列。

5. 从串中取若干个字符组成的字符序列称为串的子串。

6. 串名的存储映像就是按串名访问串值的一种方法。

7. 两个串含有相等的字符,它们一定相等。

8. 在插入和删除操作中,链式串一定比顺序串方便。

9. 串的存储密度与结点大小无关。

10. 在串的顺序存储中,通常将"\0"作为串的结束标记。

参考答案:

1	2	3	4	5	6	7	8	9	10
正确	错误	正确	错误	错误	正确	错误	正确	错误	正确

四、应用题

1. 空串与空格串有何区别? 字符串中的空格符有何意义?

2. 串的存储结构有几种? 各有何特点?

3. 设主串 S="xyxxyyx",模式串 T="xyy"。请问:用简单的模式匹配算法需要多少比较次数能找到 T 在 S 中出现的位置?

4. 在上题中如果用 KMP 算法需要多少比较次数能找到 T 在 S 中出现的位置?

参考答案:

1. 空串是指不包含任何字符的串,它的长度为零;空白串是指包含一个或多个空格的串,空格也是字符。字符串中的空格可以将各个单词分割。

2. 串的存储结构有两种,顺序存储结构和链式存储结构。

3. 要比较 30 次。

4. 要比较 19 次。

五、算法设计题

1. 利用 C 的库函数 strlen 和 strcpy 写一算法 void StrDelete(char ＊ S,int i,int m) 删除串 S 中从位置 i 开始的连续 m 个字符。若 $i \geqslant$ strlen(S),则没有字符被删除;若 $i+m \geqslant$ strlen(S),则将 S 中位置 i 开始直至末尾的字符都删去。

2. 设 s、t 为两个字符串,试写算法判断 t 是否为 s 的子串。

3. 输入一个字符串,内有数字和非数字字符,如:ak123x456 17960?302gef4563,将其中连续的数字作为一个整体,依次存放到一数组 a 中,例如 123 放入 a[0],456 放入 a[1],……编程统计其共有多少个整数,并输出这些数。

4. 已知串 a 和 b,试以下两种方式编写算法,求得所有包含在 a 中而不在 b 中的字符构成的新串 r。

(1) 利用串的基本操作来实现。

(2) 以串的顺序存储结构来实现。

5. 设字符串是由 26 个英文字母构成,试编写一个算法 frequency,统计每个字母出现的频度。

6. 设 x 和 y 是表示成单链表的两个字符串,试写一个算法,找出 x 中第一个不在 y 中出现的字符(假定每个结点只存放一个字符)。

提示与解答:

1. **分析**:本题考查读者对串的基本操作的理解和应用。

```
void StrDelete(char * s, int i ,int m)
{ /＊串删除＊/
  int len=strlen(s);
  if(i>=len||m==0||i<=0)return;
  if(i+m-1>len)s[i-1]='\0';      /＊直接赋值串结束符号即可＊/
    else
      { char * temp=(char * )malloc(len-m+1);
        s[i-1]='\0';
        strcpy(temp,s);
        strcpy(temp+i-1,s+i-1+m);
        strcpy(s,temp);
        free(temp);
      }
}
```

2. **分析**:运用模式匹配算法是解决本题的关键所在。字符串 s 和 t 用一维数组存储,判断字符串 t 是否是字符串 s 的子串,称为串的模式匹配。其基本思想是从 s_0 和 t_0 开始,若 $s_0=t_0$,则 i 和 j 指针增加 1,若在某个位置 $s_i \neq t_j$,则主串指针 i 回溯到 $i=i-j+1$,j 仍从 0 开始,进行下一轮的比较,直到匹配成功($t[j]==$'\0'),返回子串在主串的位置($i-j$)。否则,设 m、n 分别为字符串 s、t 的长度,当 $i>m-n$ 则为匹配失败。

```
int index(char s[],char t[])          /＊求字符串 t 在字符串 s 中的第一次出现的位置,否
```

                                        则输出 0 * /
```
{    int i=0,j=0;
 while (s[i]!='\0'&&t[j]!='\0')
 {  if (s[i]==t[j])
    {  i++;                          /* 对应字符相等,指针后移 * /
       j++;
    }
    else
    { i=i-j+1;                       /* 对应字符不相等,i回溯,j仍为 0 * /
      j=0;
    }
 }
 if (t[j]=='\0')
   return (i-strlen(t)+1);          /* 匹配成功,返回位置 * /
 else
   return (0);                      /* 匹配失败返回 0 * /
}
```

3. **分析**：在一个字符串内,统计含多少整数的问题,核心是如何将数从字符串中分离出来。从左到右扫描字符串,初次碰到数字字符时,作为一个整数的开始。然后进行拼数,即将连续出现的数字字符拼成一个整数,直到碰到非数字字符为止,一个整数拼完,存入数组,再准备下一整数,如此下去,直至整个字符串扫描到结束。

```
int CountInt(char * str,int a[])      /* 将一个字符串中连续的数字字符算作为一个整数
                                         存储在数组 a[]中,并将整数的个数返回 * /
{  int i=0,j=0;                       /* i记录整数个数 * /
   while(str[j]!='\0')                /* '0'是字符串结束标记 * /
   {    if(isdigit(str[j]))           /* 若字符 ch 是数字字符 * /
        {    num=0;     /* 将输入的数字拼成一个整数,直到遇到非数字字符为止 * /
             while(isdigit(str[j]))
             {    num=num * 10+str[j]-'0';
                  j++;
             }
             a[i]=num;
             i++;
        } /* end if * /
        else
             j++;
   } /* while 结束 * /
   return i;
} /* 结束 * /
```

4. **分析**：本题考察串的归并操作,基本设计思想：依次取出串 a 中的各个元素,分别与串 b 中的元素比较,如果不在串 b 中,则将该元素放到串 r 中。本题类似与线性表的归并操作。

（1）利用串的基本操作来实现：

```
void Str_subtract(char * Sa,char * Sb,char * Sr)
{int pos=1,i,j;                          /* pos 记录插入字符位置 */
for (i=1;i<=strlen(Sa);i++)
{    m=SubStr(Sa,i,1);
     j=Strindex(Sb,m);
     if (j==-1)                          /* if(j==-1),表示没有找到 */
     {    StrInsert(Sr,pos,m);
          ++pos;
     }
}
}
```

（2）以串的顺序存储结构来实现,略。

5. **分析**：定义一个字母频度表 freq[26]，本算法不区分大小写。从左到右扫描字符串，将取出字符 ch，并判断其为大写字母还是小写字母。若为大写字母则将 $i=ch-65$；若为小写字母则将 $i=ch-97$，则执行 num[i]++；若字符 ch 为其他字符则不处理，如此下去，直到整个字符串扫描结束为止。

```
void Count()                              /* 统计输入字符串中数字字符和字母字符的个数 */
{    int i, num[26];
     char ch;
     for(i=0;i<26;i++)                    /* 初始化 */
         num[i]=0;
     while ((ch=getchar()) !='#')         /* '#'表示输入字符串结束 */
         { if((ch>='A'&& ch <='Z')|| ( ch>='a'&& ch <='z'))
             { if(ch>='A'&& ch <='Z') /* 大写字母字符 */
                 i=ch-65;
               else                        /* 小写字母字符 */
                 i=ch-97;
               num[i]++;}
         }
     for(i=0;i<26;i++)                     /* 求出字母字符的个数 */
         printf("字母字符%c的个数=%d\n",i+65,num[i]);
}
```

6. **分析**：查找过程是这样的，取 X 中的一个字符(结点)，然后和 Y 中所有的字符一一比较，直到比完仍没有相同的字符时，查找过程结束，否则再取 X 中下一个字符，重新进行上述过程。

链串的数据结构：

```
typedef struct node{                      /* 结点类型 */
    char data;
    struct node * next;
```

```
}LinkStrNode;
typedef LinkStrNode * LinkString;    /* LinkString 为链串类型 */
```

算法描述如下：

```
LinkString SearchNoin(LinkString X, LinkString Y)    /* 查找不在 Y 中出现的字符 */
{    LinkStrNode * p, * q;
     p=X;
     while (p)                        /* 取 X 中结点字符 */
     {    q=Y;
          while(q && p->data!=q->data)   /* 进行字符比较 */
              q=q->next;
          if(!q)                      /* X 中第一个不在 Y 出现的字符找到,返回字符值 */
            return p;
          else
          p=p->next;                  /* 再从 Y 的第一个字符开始比较 */
     }
     return NULL;                     /* X 中字符在 Y 中均存在 */


}
```

第5章

数组和广义表

数组和广义表都是线性表结构的推广,在软件设计中得到广泛应用。本章主要学习数组的逻辑结构、存储结构以及矩阵的压缩存储等,还要学习广义表的逻辑结构、存储结构以及广义表基本操作算法。

5.1 知识点串讲

5.1.1 知识结构图

本章重要的知识点结构如图 5.1 所示。

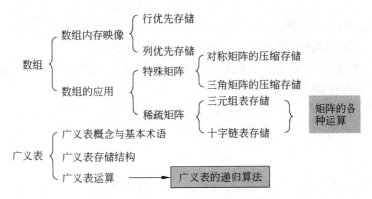

图 5.1 数组和广义表的知识结构图

5.1.2 相关术语

(1) 数组、二维数组、多维数组。

(2) 特殊矩阵、稀疏矩阵。

(3) 对称矩阵、三角矩阵、上三角矩阵、下三角矩阵。

(4) 三元组表、十字链表。

(5) 广义表、表头、表尾。

(6) 递归表、广义表长度、广义表深度。

5.1.3　数组的存储结构

数组在内存被映像为向量,即用向量作为数组的一种存储结构。这是因为内存的地址空间是一维的,数组的行列固定后,通过一个映像函数,则可根据数组元素的下标得到它的存储地址。

1. 以行为主序的顺序存储

以行为主序(或先行后列)的顺序存放,如 BASIC、PASCAL、COBOL、C 等程序设计语言中用的是以行为主的顺序分配,即一行分配完了接着分配下一行。

2. 以列为主序的顺序存储

以列为主序(先列后行)的顺序存放,如 FORTRAN 语言中,用的是以列为主序的分配顺序,即一列一列地分配。

5.1.4　特殊矩阵

对三角矩阵、对称矩阵来说,可以用一维数组表示它们的压缩存储,以达到节省存储空间的目的。因此,实现特殊矩阵压缩存储的关键是找出它们之间的变换对应关系。

1. 对称矩阵

对称矩阵的特点是:在一个 n 阶方阵中,有 $a_{ij}=a_{ji}$,其中 $0 \leqslant i$,$j \leqslant n-1$。对称矩阵关于主对角线对称,因此只需存储上三角或下三角部分即可。

假设以一维数组 $sa[n(n+1)/2]$ 作为 n 阶对称矩阵 A 的存储结构,则 A 中任一元素 a_{ij} 和 $sa[k]$ 之间存在如下对应关系:

$$k = \begin{cases} \dfrac{i(i+1)}{2}+j & \text{当 } i \geqslant j \text{ 时} \\ \dfrac{j(j+1)}{2}+i & \text{当 } i < j \text{ 时} \end{cases}$$

a_{00} 存储在 $sa[0]$,a_{10} 存储在 $sa[1]$,$\cdots a_{(n-1)(n-1)}$ 存储在 $sa[n(n+1)/2-1]$。

2. 三角矩阵

三角矩阵中重复元素 c 可共享一个存储空间,其余的元素正好有 $n(n+1)/2$ 个,可用一维数组 $sa[n(n+1)/2+1]$ 作为 n 阶下(上)三角矩阵 A 的存储结构。

其中常量 c 存放在数组的最后一个单元中,则当 A 为下三角矩阵时,任一元素 a_{ij} 和 $sa[k]$ 之间存在如下对应关系为:

$$k = \begin{cases} \dfrac{i(i+1)}{2}+j & \text{当 } i \geqslant j \text{ 时} \\ \dfrac{n(n+1)}{2} & \text{当 } i < j \text{ 时} \end{cases}$$

5.1.5 稀疏矩阵

稀疏矩阵是零元素很多并且分布没有规律的矩阵,其压缩存储可采用三元组或者基于链式存储结构的十字链表方式。

1. 三元组

将三元组按行优先的顺序,同一行中列号从小到大的规律排列成一个线性表,称为三元组表。一般采用顺序存储方法存储该表用来表示一个稀疏矩阵,存储三元组表的同时存储该矩阵的行、列,以及矩阵的非零元素的个数。

```
#define MAXSIZE 1000
typedef struct {
    int i,j;                    /* 非零元素的行、列号 */
     DataType v;                /* 非零元素的值 */
}triple;                        /*三元组类型*/
typedef struct {
    triple data[MAXSIZE];       /* 非零元素的三元组表 */
    int m,n,t;                  /* 稀疏矩阵的行数、列数和非零元素的个数 */
}tripletable;                   /*三元组表的存储类型*/
```

重点内容:稀疏矩阵在压缩存储方式下的转置和相加等操作实现的算法。

2. 十字链表

十字链表表示稀疏矩阵的方法是:每个非零元素存储表示为一个结点,结点由 5 个域组成,其结构如图 5.2(a)所示。其中:row 域存储非零元素的行号,col 域存储非零元素的列号,value 域存储本元素的值,指向本行中下一个非零元素行指针域 right 和指向本列下一个非零元素列指针域 down。同一行的非零元素通过 right 域链接成一个线性链表,同一列的非零元素通过 down 域链接成一个线性链表,每个非零元素既是某个行链表中的一个结点,又是某个列链表中的一个结点,整个矩阵构成了一个十字交叉的链表,故称这样的链表为十字链表。

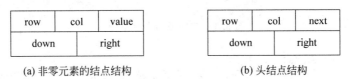

(a) 非零元素的结点结构　　　　　　　　　(b) 头结点结构

图 5.2　十字链表的结点结构

为便于操作,在十字链表的行链表和列链表上设置行头结点、列头结点和十字链表头结点。它们采用和非零元素结点类似的结点结构,具体如图 5.2(b)所示。其中行头结点和列头结点的 row 和 col 域值均为零;行头结点的 right 指针指向该行链表的第一个结点,它的 down 指针为空;列头结点的 down 指针指向该列链表的第一个结点,它的 right

指针为空。

结点的存储结构定义如下：

```
typedef struct node {
        int row, col;                    /* 非零元素的行号和列号 */
        struct node * down, * right;
        union {
                DataType value;          /* 非零元素的值 */
                struct node * next;
        }
}crosslist;
```

5.1.6 广义表

1. 广义表的基本概念

广义表是 $n \geqslant 0$ 个元素 $a_1, a_2, \cdots, a_n$ 的有限序列，即：

$$LS = (a_1, a_2, \cdots, a_n)$$

其中：LS 是广义表的名称，n 是它的长度。a_i 可以是单个元素，也可以是广义表。若 a_i 是单个元素，则称它是广义表 LS 的原子；若 a_i 是广义表，则称它为 LS 的子表。当 LS 非空时，称第一个元素 a_1 为 LS 的表头（Head），其余元素组成的表$(a_2, a_3, \cdots, a_n)$为表尾（Tail）。

广义表的深度是指广义表中所含括号的重数。

2. 广义表的表示

由于广义表中的数据元素既可能是列表也可能是单元素，相应的结点结构形式有两种：一种是表结点，用以表示列表；另一种是原子结点，用以表示单个原子。结点形式如图 5.3 所示。其数据结构定义如下：

(a) 表结点   (b) 元素结点

图 5.3 广义表结点示意图

```
typedef struct GenealNode {
        int tag;                         /* 取值 0 或 1,标志域,用于区分原子结点和表结点 */
        union {                          /* 原子结点和表结点的联合部分 */
                DataType data;           /* 原子结点的值域 */
                struct {
                        struct GenealNode * hp;
                        struct GenealNode * tp;
                }ptr;
        };      /* ptr 是表结点的指针域,ptr.hp 和 ptr.tp 分别指向表头和表尾 */
} * GList;                               /* 广义表类型 */
```

3. 广义表的操作

广义表上的操作除了拥有查找、取元素、插入和删除等基本操作外,还有几个特殊的基本操作:取表头、取表尾、求广义表的深度等。

5.2 典型例题详解

一、选择题

1. 下面的说法不正确的是_____。
   A. 数组是一种线性结构
   B. 数组是一种定长的线性表结构
   C. 除了插入与删除操作外,数组的基本操作还有存取、修改、检索、排序等
   D. 数组的基本操作有存取、修改、检索和排序等,没有插入和删除操作

分析:数组的主要操作是存取、修改、检索和排序。数组没有插入和修改错误。答案应选择 C。

2. 一维数组 A 采用顺序存储结构,每个元素占用 6 个字节,第 6 个元素的起始地址为 100,则该数组的首地址是_____。
   A. 64   B. 28   C. 70   D. 90

分析:设数组元素的首地址为 x,则存在关系 $x+(6-1)\times 6=100$,因此 x 为 70,答案应选择 C。

3. 稀疏矩阵采用压缩存储的目的主要是_____。
   A. 表达变得简单   B. 对矩阵元素的存取变得简单
   C. 去掉矩阵中的多余元素   D. 减少不必要的存储空间的开销

分析:答案应选择 D。

4. 若对 n 阶对称矩阵 A 以行序为主序方式将其下三角形的元素(包括主对角线上所有元素)依次存放于一维数组 $B[1..(n(n+1))/2]$ 中,则在 B 中确定 $a_{ij}(i<j)$ 的位置 k 的关系为_____。
   A. $i\times(i+1)/2+j$ B. $j\times(j+1)/2+i$
   C. $i\times(i+1)/2+j+1$ D. $j\times(j+1)/2+i+1$

分析:设以行为主序放对称矩阵的下三角元素,其存储结构如图 5.4 所示,a_{00} 存储在 $B[1]$,a_{10} 存储在 $B[2]$,$\cdots a_{(n-1)(n-1)}$ 存储在 $B[n(n+1)/2]$,则对称矩阵 k 与 (i,j) 的对应关系为:$k=\begin{cases} i(i+1)/2+j+1 & i\leqslant j \\ j(j+1)/2+i+1 & i>j \end{cases}$,故答案应选择 D。

B[]	1	2	3	4	5	6	⋯	k	⋯	(n(n+1))/2-1	(n(n+1))/2
A	a_{00}	a_{10}	a_{11}	a_{20}	a_{21}	a_{22}	⋯	a_{ij}	⋯	$a_{(n-1)(n-2)}$	$a_{(n-1)(n-1)}$

图 5.4 对称矩阵的存储示意图

5. 已知广义表 LS＝((a,b,c),(d,e,f)),运用 GetHead 和 GetTail 运算取出 LS 中的元素 e 的运算是_____。

    A. GetHead(GetTail(LS))

    B. GetHead(GetTail(GetTail (GetHead (LS))))

    C. GetTail (GetHead (LS))

    D. GetHead(GetTail(GetHead(GetTail(LS))))

分析：本题的解答过程要应用排除法,分别对 A、B、C、D 选项进行计算并判断。根据选项 D 可知：GetHead(GetTail(GetHead(GetTail(LS)))) ＝ GetHead(GetTail (GetHead((d,e,f)))) ＝ GetHead(GetTail(d,e,f)) ＝ GetHead((e,f))＝e。答案应选择 D。

6. 设广义表 L＝((a,b,c)),则 L 的长度和深度分别为_____。

    A. 1 和 1   B. 1 和 3   C. 1 和 2   D. 2 和 3

分析：该题目主要考查广义表的长度和深度的基本概念,广义表的长度是广义表中层次为 1 的元素个数,而广义表的深度是指广义表展开后所含括号的层数。因此本题中的 L 的长度为 1,L 的深度为 2。答案应选择 C。

7. 一个 100×90 的稀疏矩阵,非 0 元素有 10 个整型数,设每个整型数占两字节,则用三元组表示该矩阵时,所需的字节数是_____。

    A. 60   B. 66   C. 18 000   D. 33

分析：三元组表结构为(行、列、元素值),用三元组表表示稀疏矩阵时,还需记录稀疏矩阵的行数、列数以及非零元素个数,本题中所需的字节数应为 $10×(1+1+1)×2+3×2＝66$。答案应选择 B。

二、判断题

1. 稀疏矩阵压缩后,必会失去随机存取功能。

答案：正确。

分析：具有存取任一个元素的时间相等这一特点的存储结构称为随机存取结构。对稀疏矩阵压缩存储所用的存储结构是三元组表或十字链表。十字链表因其链表结构而不能随机存取；而使用三元组表存储矩阵时,若要访问元素 a_{ij},则必须扫描三元组表,显然查找三元组表中前后元素所消耗的时间不同。

2. 线性表可以看成是广义表的特例,如果广义表中的每个元素都是原子,则广义表便成为线性表。

答案：正确。

3. 广义表中的元素可以是一个不可分割的原子,或者是一个非空的广义表。

答案：错误。

分析：该题目主要考查广义表的定义,广义表中元素可以是原子,也可以是表(包括空表和非空表)。

4. 广义表中原子个数即为广义表的长度。

答案：错误。

分析：该题目主要考查广义表长度的定义，广义表的长度是广义表中层次为 1 的元素个数。因此本题说法是片面的。

5. 数组可看成线性结构的一种推广，因此与线性表一样，可以对它进行插入、删除等操作。

答案：错误。

分析：数组可以看成一种特殊的线性表，数组在维数和上下界确定后，其元素个数已经确定，不能进行插入和删除运算。但线性表可以插入、删除。

三、填空题

1. 需要压缩存储的矩阵可分为_____矩阵和_____矩阵两种。

答案：特殊矩阵、稀疏矩阵

分析：关于矩阵的压缩存储方法，根据矩阵的特点分为特殊矩阵和稀疏矩阵。特殊矩阵要求进行压缩存储时保持其随机存取特性不变，而稀疏矩阵则会失去随机存取功能。

2. 设数组 A[0..8,1..10]，数组中任一元素 A[i][j] 均占内存 48 个 bit，从首地址 2000 开始连续存放在主内存里，主内存字长为 16bit，那么：

(1) 存放该数组至少需要的单元数是 ___(1)___。

(2) 存放数组的第 8 列的所有元素至少需要的单元数是 ___(2)___。

(3) 数组按列优先存储时，元素 A[5][8] 的起始地址是 ___(3)___。

答案：(1)270，(2)27，(3)2204

分析：(1)数组 A[0..8,1..10] 的数组元素个数为 $9 \times 10 = 90$，因此存放该数组的单元个数为 $90 \times 48/16 = 270$，其中每个单元占据 $48/16 = 3$ 个字长。(2)存放数组的第 8 列的所有元素应为 $9 \times 48/16 = 27$。(3)若数组按列优先存储，元素 A[5][8] 的起始地址为 $2000 + (7 \times 9 + 5) \times 3 = 2204$。

3. 设数组 A[1..50,1..80] 的基地址为 2000，每个元素占两个存储单元，若以行序为主序顺序存储，则元素 A[45,68] 的存储地址为 ___(1)___；若以列序为主序顺序存储，则元素 A[45][68] 的存储地址为 ___(2)___。

答案：(1)9174、(2)8878

分析：本题主要考查计算某元素的存储地址，注意区分按行为主序和以列为主序的存储方式。

(1) A[45][68] 的存储地址 $= 2000 + ((45-1) \times 80 + 67) \times 2 = 9174$

(2) A[45][68] 的存储地址 $= 2000 + ((68-1) \times 50 + 44) \times 2 = 8788$

4. 设广义表 L=((),())，则 GetHead(L) 是_____；GetTail(L) 是_____；L 的长度是_____；L 的深度是_____。

答案：()、(())、2、2

分析：对于广义表 $LS = (a_1, a_2, a_3, \cdots, a_n)$，各个运算如下：

表头：$GetHead(LS) = a_1$

表尾：$GetTail(LS) = (a_2, a_3, \cdots, a_n)$

长度：$\text{Length}(\text{LS}) = n$

深度：$\text{Depth}(\text{LS}) = \begin{cases} 1 & \text{当 LS 为空表} \\ 0 & \text{当 LS 为原子} \\ 1 + \text{MAX}\{\text{Depth}(a_i) i = 1, 2, \cdots, n\} & \text{当 LS 为子表} \end{cases}$

故答案为：$\text{GetHead}(L) = ()$；$\text{GetTail}(L) = (())$；L 的长度为 2；L 的深度为 2。

5. 广义表中的元素，可以是　__(1)__　，所以其描述宜采用程序设计语言的　__(2)__　来表示。

答案：(1)原子元素或广义表、(2)联合或共同体

分析：根据广义表定义，广义表中的元素，既可以是原子元素，也可以是广义表。因此其描述应采用程序设计语言的联合或共同体来表示。

6. 设某广义表 $H = (A, (a, b, c))$，运用 GetHead 函数和 GetTail 函数求出广义表 H 中某元素 b 的运算式_____。

答案：$\text{GetHead}(\text{GetTail}(\text{GetHead}(\text{GetTail}(H))))$

分析：获得元素 b 操作的运算式为

$\text{GetHead}(\text{GetTail}(\text{GetHead}(\text{GetTail}(H))))$。具体过程如下：

(1) $\text{GetTail}(H) = ((a, b, c))$

(2) $\text{GetHead}(((a, b, c))) = (a, b, c)$

(3) $\text{GetTail}((a, b, c)) = (b, c)$

(4) $\text{GetHead}((b, c)) = b$

(5) $b = \text{GetHead}(\text{GetTail}(\text{GetHead}(\text{GetTail}(H))))$

四、应用题

1. 设有三对角矩阵 $A_{n \times n}$，将其三条对角线上的元素按行优先顺序存储到向量 $B[0..3n-3]$ 中，使得 $B[k] = a_{ij}$，求：

(1) 用 i 和 j 表示 k 的下标变换公式。

(2) 用 k 表示 i 和 j 的下标变换公式。

分析与解答：三对角矩阵 A 为

$$\begin{bmatrix} a_{00} & a_{01} & & & & \\ a_{10} & a_{11} & a_{12} & & & \\ \vdots & & \ddots & \ddots & \ddots & & \vdots \\ \vdots & & & \ddots & \ddots & \ddots & \vdots \\ & & & a_{n-2,n-3} & a_{n-2,n-2} & a_{n-2,n-1} \\ & & & & a_{n-1,n-2} & a_{n-1,n-1} \end{bmatrix}$$

将其按行存储到向量 B 中，得到的存储形式如下：

LOC($B[0]$)		$\cdots$		LOC($B[3n-3]$)
a_{00}　a_{01}	a_{10} a_{11} a_{12}	$\cdots$	$a_{n-2,n-3}$ $a_{n-2,n-2}$ $a_{n-2,n-1}$	$a_{n-1,n-2}$　$a_{n-1,n-1}$
第 0 行	第 1 行		第 $n-2$ 行	第 $n-1$ 行

（1）元素的二维下标 (i,j) 与一维向量中的位置 k 的对应关系为：

$$k=3\times i-1+j-i+1=2\times i+j$$

（2）一维向量中的位置 k 与元素的二维下标 (i,j) 的对应关系为：

$$i=\mathrm{int}((k+2)/3),\quad j=k-2\times i$$

2. 假设一个准对角矩阵：

$$\begin{bmatrix} a_{11} & a_{12} \\ a_{21} & a_{22} \\ & & a_{33} & a_{34} \\ & & a_{43} & a_{44} \\ & & & & \cdots \\ & & & & & a_{ij} \\ & & & & & & a_{2m-1,2m-1} & a_{2m-1,2m} \\ & & & & & & a_{2m,2m-1} & a_{2m,2m} \end{bmatrix}$$

按以下方式存储于一维数组 B[4m] 中：

0	1	2	3	4	5	6	⋯	k	⋯	4m−1	4m
a_{11}	a_{12}	a_{21}	a_{22}	a_{33}	a_{34}	a_{43}	⋯	a_{ij}	⋯	$a_{2m-1,2m}$	$a_{2m,2m-1}$	$a_{2m,2m}$

写出由一对下标 (i,j) 求 k 的转换公式。

分析与解答：将准对角矩阵看成是对角线元素为矩阵的对角矩阵。

$$\begin{bmatrix} \boldsymbol{A}_{11} & \cdots & 0 \\ \vdots & \ddots & \vdots \\ 0 & \cdots & \boldsymbol{A}_{mm} \end{bmatrix}$$

首先计算出 a_{ij} 所处在对角矩阵 $\boldsymbol{A}_{mm}$ 中的位置，计算公式为 $\mathrm{int}((i-1)/2)$，$\mathrm{int}()$ 为取整操作。则 $\mathrm{int}((i-1)/2)\times4$ 为对角矩阵所处在一维数组 B 中的位置。

其次计算 a_{ij} 的所处在的对角矩阵 $\boldsymbol{A}_{mm}$ 中的相对位置。

具体转换公式如下：

$k=\mathrm{int}((i-1)/2)\times4+(i-1)\%2\times2+1$　　当 $i<j$ 或 当 $i=j$ 且 i 为偶数

$k=\mathrm{int}((i-1)/2)\times4+(i-1)\%2\times2$　　当 $i>j$ 或 当 $i=j$ 且 i 为奇数

3. 设稀疏矩阵

$$\boldsymbol{A}=\begin{bmatrix} 0 & -3 & 1 & 0 & 0 & 0 \\ 0 & 0 & 1 & 0 & 0 & -1 \\ 0 & 0 & 0 & 0 & 0 & 0 \\ 0 & 0 & 2 & 0 & 0 & 0 \\ 0 & 0 & 0 & 0 & 4 & 0 \\ 0 & 0 & 0 & 0 & 0 & 0 \end{bmatrix}$$

（1）画出其三元组表形成的压缩存储表。

（2）画出其十字链表形成的压缩存储表。

分析与解答：

（1）稀疏矩阵的三元组表为：

s=((1,2,-3),(1,3,1),(2,3,1),(2,6,-1),(4,3,2),(5,5,4))，其中三元组分别表示非零元素行号、列号以及元素值。其顺序存储结构如图 5.5 所示。

（2）十字链表法实际上是采用链式存储结构表示三元组表。在链表中，每个非零元可用一个含有 5 个域的结点表示。其存储结构定义如图 5.2 所示。

稀疏矩阵 A 所对应的十字链表存储结构如图 5.6 所示。

	1	2	3
0	1	2	-3
1	1	3	1
2	2	3	1
3	2	6	-1
4	4	3	2
5	5	5	4
	6	稀疏矩阵行数	
	6	稀疏矩阵列数	
	6	稀疏矩阵非零元素个数	

图 5.5　稀疏矩阵 A 的三元组表

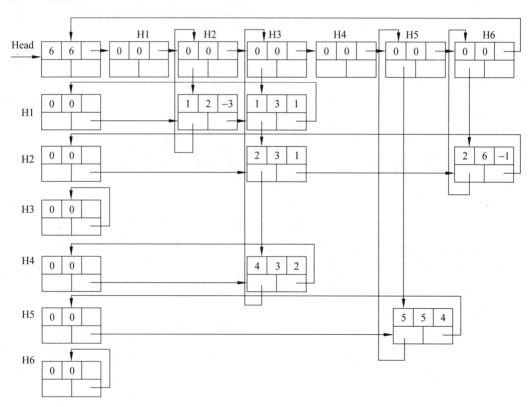

图 5.6　稀疏矩阵 A 的十字链表

4. 画出下列广义表的图形表示。

（1）A(a,B(b,d),C(e,B(b,d),L(f,g,h)))

（2）A(a,B(b,A))

分析与解答：

（1）A(a,B(b,d),C(e,B(b,d),L(f,g,h))) 的图形表示如图 5.7(a)所示。

(2) A(a,B(b,A))的图形表示如图 5.7(b)所示。

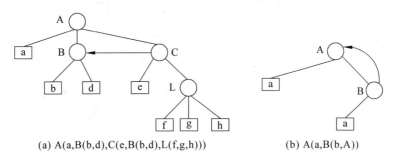

(a) A(a,B(b,d),C(e,B(b,d),L(f,g,h)))   (b) A(a,B(b,A))

图 5.7 广义表的图形表示

5. 画出下列广义表的存储结构图,并利用 Head 和 Tail 操作分离出原子 e。

(1) L＝(((a)),(b),c,(a),(((d,e))))

(2) L＝((x,a),(x,a,(b,e)),y)

(3) L＝(a,((),b),(((e))))

分析与解答:由于广义表中的数据元素既可能是列表也可能是单元素,相应结点的结构形式有两种:一种是表结点,用以表示列表;另一种是元素结点,用以表示单元素。在表结点中应该包括一个指向表头的指针和指向表尾的指针;而在元素结点中应该包括所表示单元素的元素值。为了区分这两类结点,在结点中还要设置一个标志域,如果标志为 1,则表示该结点为表结点;如果标志为 0,则表示该结点为元素结点,如图 5.8 所示。

(a) 表结点   (b) 元素结点

图 5.8 结点存储结构图

(1) L＝(((a)),(b),c,(a),(((d,e))))的存储结构如图 5.9(a)所示。

获取原子 e 的操作为:GetHead(GetTail(GetHead(GetHead(GetHead(GetTail(GetTail(GetTail(GetTail(L))))))))))。

(2) L＝((x,a),(x,a,(b,e)),y)的存储结构如图 5.9(b)所示。

获取原子 e 的操作为:GetHead(GetTail(GetTail(GetHead(GetTail(L))))))。

(3) L＝(a,((),b),(((e))))的存储结构如图 5.9(c)所示。

获取原子 e 的操作为:GetHead(GetHead(GetHead(GetHead(GetTail(GetTail(L)))))))。

五、算法设计题

1. 已知两个稀疏矩阵 **A** 和 **B**,其行数和列数均对应相等,编写一个函数,计算 **A** 和 **B** 之和,假设稀疏矩阵采用三元组表示。

分析:按照行优先的顺序同时扫描稀疏矩阵 **A** 和 **B**,若当前 **A** 与 **B** 中的数的行值和列值均相同,则将两数相加;若相加结果不为 0,则将其结构存入三元组表 C 中;若当前 **A**

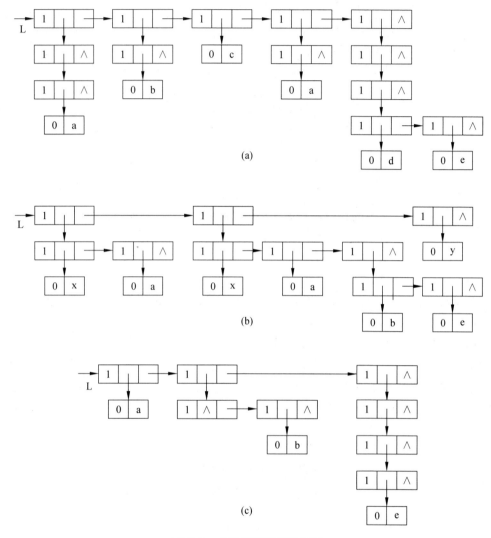

图 5.9　广义表的存储结构图

中数的行值小,或者行值与当前 **B** 中数的行值相等,而列值小于当前 **B** 中的数的列值,则
将当前 **A** 中数存放到三元组表 C 中,否则将当前 **B** 中数存放到 C 中。当稀疏矩阵 **A** 和 **B**
有一个先扫描结束,则将另一个的剩余数据以此放入 C 中。

```
typedef struct tripletable  SPMatrix;        /*三元组表 SPMatrix*/
```

算法描述如下:

```
SPMatrix * Matrix_add(SPMatrix * A, SPMatrix * B)
                              /*稀疏矩阵 A+B,结果存放到 C*/
{    SPMatrix * C;
     C->m=A->m;                        /*置稀疏矩阵 C 的行数*/
     C->n=A->n;                        /*置稀疏矩阵 C 的列数*/
```

```
        pa=0 ; pb=0 ; pc=0;
        while (pa<A->t && pb<B->t)        /*同时扫描三元组 A 和 B */
        {    if((A->data[pa].i==B->data[pb].i) && (A->data[pa].j==B->data[pb].j)
             &&((A->data[pa].v+B->data[pb].v)!=0))
                                /*A 和 B 的行号、列号相同,且它们的之和不为零 */
            {    C->data[pc].i=A->data[pa].i;
                 C->data[pc].j=A->data[pa].j;
                 C->data[pc].v=A->data[pa].v+B->data[pb].v;
                 pc++; pa++; pb++;
            }
            else
                if((A->data[pa].i<B->data[pb].i)||
                (A->data[pa].i==B->data[pb].i && A->data[pa].j<B->data[pb].j))
                { /*A 的行号小于 B 的行号或者 A 和 B 的行号相同,且 A 的列号小于 B 的列号 */
                    C->data[pc].i=A->data[pa].i;
                    C->data[pc].j=A->data[pa].j;
                    C->data[pc].v=A->data[pa].v;
                    pc++;pa++;
                }
                else                        /*A 的行号大于 B 的行号 */
                {    C->data[pc].i=B->data[pb].i;
                    C->data[pc].j=B->data[pb].j;
                    C->data[pc].v=B->data[pb].v;
                    pc++; pb++;
                }
        }
        while ( pa<A->t)                    /*A 中有剩余元素 */
        {    C->data[pc].i=A->data[pa].i;
            C->data[pc].j=A->data[pa].j;
            C->data[pc].v=A->data[pa].v;
            pc++; pa++;
        }
        while(pb<B->t )                      /*B 中有剩余元素 */
        {    C->data[pc].i=B->data[pb].i;
            C->data[pc].j=B->data[pb].j;
            C->data[pc].v=B->data[pb].v;
            pc++; pb++;
        }
        C->t=pc;
        return C;                            /*返回 C */
    }
```

2. 编写一个以三元组形式输出用十字链表存储表示的稀疏矩阵中非零元素以及下标的算法。

分析：本题主要考查十字链表的基本遍历操作。遍历十字链表的方法，通常是逐行依次遍历每一行链表，将所访问的结点插入到三元组中。其操作类似于单链表的遍历操作。

```
tripletable Convert(crosslist * head)
                                  /*将十字链表表示的稀疏矩阵转换成以三元组形式存储*/
{    int k=0;                     /*用于统计稀疏矩阵中非零元素个数*/
    crosslist * p;
    tripletable table;            /*定义三元组 table*/
    p=head->next;
    table.m=head->row;            /*将十字链表所表示的稀疏矩阵的行数赋值给三元组表*/
    table.n=head->col;            /*将十字链表所表示的稀疏矩阵的列数赋值给三元组表*/
    for(;p!=head; p=p->next)       /*依次访问十字链表的行所在的表头结点*/
    {       for(q=p;q->right!=p;q=q->right)    /*依次遍历十字链表的行*/
        {   table.data[k].i=q->row;    /*将十字链表中的元素插入到三元组中*/
                table.data[k].j=q->col;
                table.data[k].v=q->value;
                k++;
            }
    }
    table.t=k;                    /*记录三元组中非零元素个数*/
    return table;
}
```

3. 编写一个算法计算广义表的长度。

分析：（1）若广义表采用教材中第 5.1.3 节所描述的链式存储结构，则这种存储结构的最高层的表结点个数就是广义表的长度。可以通过扫描广义表的第一层的每个结点，直到遇到表尾指针为空的元素，利用计数器可得到广义表的长度。

广义表的数据结构定义参见本章的第 5.1.6 节。

算法描述如下：

```
int Glist_Length(GList L)
{    GList p=L;
    int count=0;                  /*设置计数器*/
while(p!=NULL)
{   p=p->ptr.tp;                  /*沿表尾指针扫描第一层*/
    count++;
}
return count;                     /*广义表的长度*/
}
```

（2）本题也可以利用递归函数实现，本题的问题递归定义如下：

$$广义表长度=\begin{cases}0, & 当广义表为空时\\广义表表尾的长度+1, & 广义表非空时\end{cases}$$

算法描述如下：

```
int length(GList L)
{    if(L==NULL)
          return 0 ;                          /* 广义表为空时 */
     else
          return(1+length(L->ptr.tp));    /* 长度=表尾的长度+1 */
}
```

4. 编写一个函数计算一个广义表的原子结点个数,例如一个广义表为(a,(b,c), ((e))),其原子结点数目为 4。

分析：广义表的定义是一个递归定义,即一个广义表中又可含有广义表。其链式存储结构具有一定递归特性,一个广义表可以用表头和表尾来表示,所以本题可以考虑用递归的方法实现。其递归定义如下：

$$Count(p)=\begin{cases}0, & p=NULL \\ 1, & p->tag=0 \\ Count(p->hp)+Count(p->tp), & p->tag=1\end{cases}$$

其中 p 表示指向广义表链表中的结点,Count(p)表示从指针 p 可以得到的原子结点个数。

算法描述如下：

```
int Count(GList p)
{    if(p==NULL) return 0;
     else
     {    if(p->tag==0) return 1;
          else return(Count(p->ptr.hp)+Count(p->ptr.tp));
     }
}
```

5. 广义表具有可共享性,因此在遍历一个广义表时必须为每一个结点增加一个标志域 mark,以记录该结点是否访问过。一旦某一个共享的子表结点被作了访问标志,以后就不再访问它。

(1) 试定义该广义表的数据结构。
(2) 采用递归的算法对一个非空的广义表进行遍历。
(3) 试使用一个栈,实现一个非递归算法,对一个非空广义表进行遍历。

分析：该题目就是对非空广义表进行遍历,对访问过的结点设置已访问标志即可。

(1) 其数据结构定义如下：

```
typedef enum {ATOM, LIST} Elemtag;       /* ATOM=0:单元素;LIST=1:子表 */
typedef struct GLNode {
    Elemtag tag;                          /* 标志域,用于区分元素结点和表结点 */
    int mark;                             /* mark 为 0,表示未访问,mark 为 1,表示已访问 */
    union {                               /* 元素结点和表结点的联合部分 */
```

```
        DataType data;                  /* data 是元素结点的值域 */
        struct { struct GLNode * hp, * tp; }ptr;
            /* ptr 是表结点的指针域,ptr.hp 和 ptr.tp 分别指向表头和表尾 */
    };
  } * GList;
```

(2)非空广义表的递归遍历算法描述如下:

```
void Traverse(GList L)
{    if(L!=NULL && !L->mark)
    {  L->mark=1;
        if(L->tag==0) visit(L->data);  /* 访问原子结点 */
        else
        {   Traverse(L->ptr.hp);
            Traverse(L->ptr.tp);
        }
    }
}
```

(3)非空广义表的非递归遍历算法描述如下:

```
void traverse(GList L)
{    Glist p=L;
    PSeqStack S;              /* 定义一个栈 S,其中 DataType 类型为 struct GLNode */
    S=Init_SeqsStack();    /* 初始化栈 */
    while ((p)||!Empty_SeqStack(S))              /* 当前 p 不空或者栈不为空 */
    {   if (p)
        {
        if ((!p->mark) && (p->tag==0))
        {   p->mark=1;                      /* 标志结点 p 已被访问 */
            visit(p->data);                 /* 访问广义表结点 p */
            p=NULL;                         /* 返回到上一层进行处理 */
        }
        else
          if ((p->mark) && (p->tag==0)) p=NULL;
          else
            if ((!p->mark) && (p->tag==1))
            {   p->mark=1;                  /* 标志结点 p 已被访问 */
                Push_SeqStack(S, p->ptr.tp);
                p=p->ptr.hp;
            }
            else
              p=NULL;                       /* 返回到上一层进行处理 */

        }
        else Pop_SeqStack (S,&p);
```

```
        }
    }
```

5.3 课后习题解答

一、选择题

1. 数组 A[5][6]的每个元素占五个字节,将其按列优先次序存储在起始地址为 1000 的内存单元中,则元素 A[5][5]的地址是_____。

    A. 1175   B. 1180   C. 1205   D. 1210

2. 若对 n 阶对称矩阵 A 以行序为主序方式将其下三角形的元素(包括主对角线上所有元素)依次存放于一维数组 $B[1..(n(n+1))/2]$ 中,a_{00} 存放于数组 $B[1]$ 中,则在 B 中确定 $a_{ij}(i<j)$ 的位置 k 的关系为_____。

    A. $i\times(i+1)/2+j$ B. $j\times(j+1)/2+i$

    C. $i\times(i+1)/2+j+1$ D. $j\times(j+1)/2+i+1$

3. 设二维数组 $A[1..m,1..n]$(即 m 行 n 列)按行存储在数组 $B[1..m\times n]$中,则二维数组元素 $A[i][j]$在一维数组 B 中的下标为_____。

    A. $(i-1)\times n+j$ B. $(i-1)\times n+j-1$

    C. $i\times(j-1)$ D. $j\times m+i-1$

4. 对矩阵压缩存储是为了_____。

    A. 方便压缩   B. 节省空间   C. 方便存储   D. 提高运算速度

5. 设广义表 L=((a,b,c)),则 L 的长度和深度分别为_____。

    A. 1 和 1   B. 1 和 3   C. 1 和 2   D. 2 和 3

6. 有一个 100×90 的稀疏矩阵,非 0 元素有 10 个,设每个整型数占两字节,则用三元组表示该矩阵时,所需的字节数是_____。

    A. 60   B. 66   C. 18000   D. 33

7. 已知广义表 LS=((a,b,c),(d,e,f)),运用 GetHead 和 GetTail 函数取出 LS 中原子 e 的运算是_____。

    A. GetHead(GetTail(LS))

    B. GetHead(GetTail(GetHead(GetTail(LS))))

    C. GetTail(GetHead(LS))

    D. GetHead(GetTail(GetTail(GetHead(LS))))

8. 已知广义表:A=(a,b),B=(A,A),C=(a,(b,A),B),求下列运算的结果:GetTail(GetHead(GetTail(C)))=_____。

    A. (a)   B. A   C. a   D. (b)

    E. b   F. (A)

参考答案:

1	2	3	4	5	6	7	8
A	C	A	B	C	B	B	F

二、填空题

1. 二维数组 A[6][8] 采用行序为主方式存储,每个元素占 4 个存储单元,已知 A 的起始存储地址(基地址)是 1000,则 A[2][3] 的地址是_____。

2. 设数组 A[9][10],数组中任一元素 A[i][j] 均占内存 48 个二进制位,从首地址 2000 开始连续存放在主内存里,主内存字长为 16 位,那么:

(1) 存放该数组至少需要的单元数是_____。

(2) 存放数组的第 8 列的所有元素至少需要的单元数是_____。

(3) 数组按列存储时,元素 A[5][8] 的起始地址是_____。

3. 所谓稀疏矩阵指的是_____。

4. 一维数组的逻辑结构是_____,存储结构是_____;对二维或多维数组,分别按_____和_____两种不同的存储方式。

5. 求下列广义表的运算结果。

GetTail(GetHead(((a,b),(c,d))))= _____

6. 广义表 A=(((a,b),(c,d,e))),取出 A 中的原子 e 的操作是:_____。

7. 广义表的深度是_____。

8. 广义表(a,(a,b),d,e,((i,j),k))的长度是_____,深度是_____。

参考答案:

1. 1076

2. 270、27、2231

3. 设矩阵 A_{mn} 中有 s 个非零元素,若 s 远远小于矩阵元素的总数(即 $s \ll m \times n$),则称 A 为稀疏矩阵。

4. 线性结构、顺序存储结构、行优先、列优先

5. (b)

6. GetHead(GetTail(GetTail(GetHead(GetTail(GetHead(A))))))

7. 广义表中括弧的重数

8. 5、3

三、判断题

1. 数组是一种复杂的数据结构,数组元素之间的关系既不是线性的,也不是树形的。

2. 二维以上的数组其实是一种特殊的广义表。

3. 稀疏矩阵压缩存储后,必会失去随机存取功能。

4. 一个稀疏矩阵 $A_{m \times n}$ 采用三元组形式表示,若把三元组中有关行下标与列下标的值互换,并把 m 和 n 的值互换,则就完成了 $A_{m \times n}$ 的转置运算。

5. 线性表可以看成是广义表的特例,如果广义表中的每个元素都是原子,则广义表便成为线性表。

6. 一个广义表可以为其他广义表所共享。

7. 广义表中原子个数即为广义表的长度。

8. 所谓取广义表的表尾就是返回广义表中最后一个元素。

9. 广义表是由零或多个原子或子表所组成的有限序列,所以广义表可能为空表。

10. 任何一个非空广义表,其表头可能是单个元素或广义表,其表尾必定是广义表。

参考答案:

1	2	3	4	5	6	7	8	9	10
错误	正确	正确	错误	正确	正确	错误	错误	正确	正确

四、应用题

1. 设二维数组 A[8][10]是一个按行优先顺序存储在内存中的数组,已知 A[0][0] 的起始存储位置为 1000,每个数组元素占用 4 个存储单元,求:

(1) A[4][5]的起始存储位置。

(2) 起始存储位置为 1184 的数组元素的下标。

2. 画出下列广义表 D=((c),(e),(a,(b,c,d)))的图形表示和它们的存储表示。

3. 已知 A 为稀疏矩阵,试从时间和空间角度比较采用两种不同的存储结构(二维数组和三元组表)实现求 $\sum a(i,j)$ 运算的优缺点。

4. 利用三元组存储任意稀疏数组时,在什么条件下才能节省存储空间?

5. 求下面各广义表的操作结果。

(1) GetHead((a,(b,c),d))

(2) GetTail((a,(b,c),d))

(3) GetHead(GetTail((a,(b,c),d))

(4) GetTail(GetHead((a,(b,c),d))

参考答案:

1. A[4][5]的起始存储位置为 $1000+(10\times4+5)\times4=1180$;起始存储位置为 1184 的数组元素的下标为 4(行下标)、6(列下标)。

2. 略,参考第 5.2 节应用题第 5 题分析与解答。

3. 稀疏矩阵 A 采用二维数组存储时,需要 $n\times n$ 个存储单元,完成求 $\sum a_{ii}(1\leqslant i\leqslant n)$ 时,由于 $a[i][i]$ 随机存取,速度快。但采用三元组表时,若非零元素个数为 t,需 $3t+3$ 个存储单元(t 个分量存各非零元素的行值、列值、元素值),同时还需要三个存储单元存储稀疏矩阵 A 的行数、列数和非零元素个数,比二维数组节省存储单元;但在求 $\sum a_{ii}(1\leqslant i\leqslant n)$ 时,要扫描整个三元组表,以便找到行列值相等的非零元素求和,其时间性能比采用二维数组时差。

4. 当 m 行 n 列稀疏矩阵中非零元素个数为 t,当满足关系 $3\times t<m\times n$ 时,利用三元

组存储稀疏数组时,才能节省存储空间。

5. (1) GetHead((a,(b,c),d))=a

(2) GetTail((a,(b,c),d))=((b,c),d)

(3) GetHead(GetTail((a,(b,c),d)))=(b,c)

(4) GetTail(GetHead((a,(b,c),d)))=()

五、算法设计题

1. 已知数组 A[n]的元素类型为整型,设计算法调整 A,使其左边的所有元素小于零,右边的所有元素大于零(要求算法的时间复杂度为 $O(n)$、空间复杂度为 $O(1)$)。

2. 已知具有 m 行 n 列的稀疏矩阵已经存储在二维数组 A[m][n]中,请写一算法,将稀疏矩阵转换为三元组表示。

3. 已知两个稀疏矩阵 **A** 和 **B**,其行数和列数均对应相等,编写一个函数,计算 **A** 和 **B** 之和,假设稀疏矩阵采用三元组表示。

4. 已知两个稀疏矩阵 **A** 和 **B**,其行数和列数均对应相等,编写一个函数,计算 **A** 和 **B** 之和,假设稀疏矩阵采用十字链表表示。

5. 编写一个广义表的复制算法。

6. 编写一个判别两个广义表是否相等的函数,若相等,则返回 1;否则,返回 0。相等的含义是指两个广义表具有相同的存储结构,对应的原子结点的数据域值也相同。

7. 编写一个计算广义表长度的算法,例如:一个广义表为(a,(b,c),((e))),其长度为 3。

提示与解答:

1. **分析**:由于题目要求空间复杂度为 $O(1)$,定义一个缓冲变量 x,设置左右指针为 low 和 high;初始时,先将 A[0]保存到 x 中,且 low=0,high=$n-1$;轮流从 high 端和 low 扫描数组 A[ ]。从 high 端开始,如遇到一个小于 0 的数,将它放置到 A[low]中(此时 A[high]位置空出),从 A[low]开始向 high 端扫描,找到一个大于等于 0 数,将它放置到 A[high]位置,循环处理下去,当 low == high 扫描结束,并将 x 放到 A[low]中。

此时大于等于 0 的数都在 low 的右侧,但是 0 的分布可能是不连续的,为了将数值 0 都放到 low 的开始最左侧,对数组 A[low..$n-1$]的元素重复一遍上面的处理过程,就可以将所有的零放置在从第二遍开始时 low 位置开始的最左侧,具体算法如下:

```
void divide(int A[],int n)
{    int x,low,high;
     low=0;
     high=n-1;
     x=A[low];
     while(low<high)
     {    while(low<high && A[high]>=0)high--;
          A[low]=A[high];
          while(low<high && A[low]<0)low++;
          A[high]=A[low];
```

```
    }
    A[low]=x;
    high=n-1;                    /* 下面开始处理第二遍 */
    while(low<high)
    {   while(low<high && A[high]>0)high--;
        A[low]=A[high];
        while(low<high && A[low]<=0)low++;
        A[high]=A[low];
    }
    A[low]=x;
}
```

2. 提示：遍历二维数组 A[m][n]，当 A[i][j]$\neq 0$ 时，在三元组表中添加记录(i,j, A[i][j])，直到数组遍历完成。最后将数组的维数 m 和 n 以及非零元素个数添加到三元组表中。

```
#define M 10                     /* 数组 A 的行 */
#define N 10;                    /* 数组 A 的列 */
tripletable convert(int A[M][N]) /* 将二维数组 A 转换为三元组 B */
{   int i,j;
    tripletable B;               /* 定义三元组 B */
    int total=0;                 /* 利用 total 统计非零元素个数 */
    for(i=0;i<M;i++)             /* 遍历二维数组 A[m][n] */
        for(j=0;j<N;j++)
            if(A[i][j]!=0)       /* 在三元组表中添加记录(i,j,A[i][j]) */
            {   B.data[total].i=i;
                B.data[total].j=j;
                B.data[total].v=A[i][j];
                total++;
            }
    B.m=M;                       /* 二维数组 A 的行 */
    B.n=N;                       /* 二维数组 A 的列 */
    B.t=total;                   /* 二维数组 A 的非零元素个数 */
    return B;
}
```

3. 略，参见5.2节算法设计题第1题。

4. 提示：假设矩阵 $C=A+B$，则矩阵 C 中的非零元素 C_{ij} 有四种情况：①当 $A_{ij}+B_{ij}$ 不等于零时，则向十字链表 C 中插入结点，该结点 value 域为 $A_{ij}+B_{ij}$；②当 $A_{ij}+B_{ij}$ 等于零时，则对十字链表 C 不做任何处理；③当 A_{ij} 不等于零，而 B_{ij} 等于零时，则向十字链表 C 中插入结点，该结点 value 域为 A_{ij}；④当 B_{ij} 不等于零，而 A_{ij} 等于零时，则向十字链表 C 中插入结点，该结点 value 域为 B_{ij}。

```
crosslist * SparseMatrixAdd(crosslist * A, crosslist * B)
/* 输入稀疏矩阵 A 和 B,输出稀疏矩阵 C */
```

```
{
    int max,i,x;
    crosslist * C, * head, * pa, * pb, * ca, * cb, * p;
    if(A->row!=B->row||A->col!=B->col)
    {    printf("行与列数不相同,不能进行矩阵相加操作");
    return NULL;
    }
    head= (crosslist * )malloc(sizeof(crosslist));
    C=head;
    head->next=head;
    C->row=A->row; C->col=A->col;
    if(C->row>=C->col) max=C->row;
    else max=C->col;
    for(i=0;i<max;i++)    /*创建十字链表的表头结点,构成循环链表*/
    {    p=(crosslist * )malloc(sizeof(crosslist));
    p->row=0;                /*将新生成的十字链表的表头结点的 row 和 col 置为0*/
    p->col=0;
    p->right=p;        /*将新生成的十字链表的表头结点的 right 和 down 指向自身*/
    p->down=p;
    p->next=C->next;        /*将新生成的十字链表的表头结点插入到循环链表中*/
    C->next=p;

    }
    ca=A->next; cb=B->next;
    while(ca!=A)
    {
        pa=ca->right;
        pb=cb->right;
        while((pa!=ca) && (pb!=cb))
        {
            if(pa->col<pb->col) /*生成新的结点 q,将其插入到十字链表 C 中*/
            {                /*将矩阵 A 中的元素插入到十字链表 C 中*/
            Insert(C,pa->row,pa->col,pa->value);
            pa=pa->right;
            }
            if(pa->col>pb->col)
            {                /*将矩阵 B 中的元素插入到十字链表 C 中*/
            Insert(C,pb->row,pb->col,pb->value);
            pb=pb->right;
            }
            else
            {x=pa->value+pb->value;
                        /*将矩阵 A+B 中的非零元素插入到十字链表 C 中*/
            if (x!=0) Insert(C,pb->row,pb->col,x);
```

```
            pa=pa->right;
            pb=pb->right;
            }
        }
        while(pa!=ca)        /*若 pb 首先被访问结束,则将 pa 中所指向结点元素插入到十字
                              链表 C 中*/
        {
            Insert(C,pa->row,pa->col,pa->value);
            pa=pa->right;
        }
        while(pb!=cb)        /*若 pa 首先被访问结束,则将 pb 中所指向结点元素插入到十字
                              链表 C 中*/
        {
            Insert(C,pb->row,pb->col,pb->value);
            pb=pb->right;
        }
        ca=ca->next;
        cb=cb->next;
    }
    return C;
}
void Insert(crosslist *A,int x, int y, int z)
                        /*将行为 x、列为 y、值为 z 的结点插入到十字链表 C 中*/
{    int i,j;
crosslist *p,*q,*pre,*s;
p=(crosslist *)malloc(sizeof(crosslist));    /*生成待插入的十字链表结点*/
p->row=x; p->col=y; p->value=z;
q=A->next;
i=1;
while(i<x)                  /*找到第 x 行的头结点*/
{    q=q->next;
i++;
}
s=q;
pre=q;
q=q->right;                 /*移到本行的第一个非零结点*/
while((q!=s) && (q->col<y)) /*找行插入位置*/
{    pre=q;
q=q->right;
}
p->right=pre->right;        /*在第 x 行链表中插入*/
pre->right=p;
q=A->next;
j=1;
```

```
while(j<y)                                  /*找到第 y 列的头结点*/
            {q=q->next;
            j++;
            }
    s=q;
    pre=q;
    q=q->down;                              /*移到本列的第一个非零结点*/
while((q!=s) && (q->row<x))  /*找列插入位置*/
    {
    pre=q;
    q=q->down;
    }
    p->down=pre->down;                      /*在第 y 列链表中插入*/
    pre->down=p;
}
```

5. **分析**：根据对 5.2 节算法设计题第 3、4、5 题的分析与解答可知。广义表是一种递归定义的表,其链式存储结构具有一定的递归特性,因此复制广义表很容易联想到利用递归的方法来实现。

```
GList GListCopy(GList L)
{    GList p;
if(L==NULL) return NULL;
p=(GList)malloc(sizeof(struct GenealNode));        /*建立表结点*/
p->tag=L->tag;
if(p->tag==0)                                      /*复制广义表单个原子 */
p->data=L->data;
else
{
p->ptr.hp=GListCopy(L->ptr.hp);                    /*复制广义表 L->ptr.hp */
p->ptr.tp=GListCopy(L->ptr.tp);                    /*复制广义表 L->ptr.tp */
}
return p;
}
```

6. **提示**：同上题方法类似,本题可利用递归方法来解决。

```
int GListIsEqual(GList p,GList q)
                    /*判断广义表 A 和 B 是否相等,相等则返回 1,不等返回 0*/
{
    if(p==NULL && q!=NULL ) return 0;
    if(p!=NULL && q==NULL) return 0;
    if(p==NULL && q==NULL) return 1;                /*空表则相等*/
    if(p->tag==0 && q->tag==0 && p->data==q->data) return 1;
```

```
                                           /＊单个原子值相等＊/
    if(p->tag==1 && q->tag==1)              /＊广义表 p 与 q 的表头表尾都相同 ＊/
        return (GListIsEqual(p->ptr.hp,q->ptr.hp) &&
        GListIsEqual(p->ptr.tp,q->ptr.tp));


}
```

7. 略,参见 5.2 节算法设计题第 3 题。

第 6 章

树和二叉树

树是一种重要的非线性数据结构。从逻辑角度看,其数据元素之间体现的是一对多的非线性关系,一切具有层次关系的问题都可用树来描述。树在计算机领域中得到了广泛应用。读者将在本章学习到树和二叉树的逻辑结构、存储结构及运算操作的实现,学会将树和二叉树应用到实际问题进行相关求解。

6.1 知识点串讲

6.1.1 知识结构图

本章主要知识点的关系结构如图 6.1 所示。

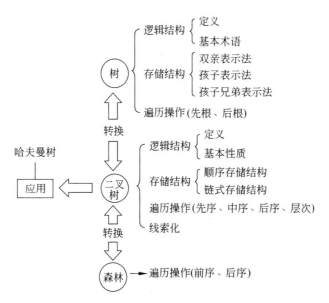

图 6.1　树与二叉树的知识结构图

6.1.2　相关术语

1. 基本概念

（1）树、二叉树、森林、有序树、无序树。

（2）终端结点（叶子）、非终端结点、结点的度、结点的层次。

（3）树的度、树的深度。

（4）孩子、双亲、左孩子、右孩子。

（5）子孙、祖先、兄弟、堂兄弟。

（6）完全二叉树、满二叉树。

（7）先序遍历、中序遍历、后序遍历、层次遍历。

（8）线索、线索二叉树。

（9）树的路径长度和带权路径长度、哈夫曼树、哈夫曼编码。

2. 树的定义

树是 $n(n \geqslant 0)$ 个有限数据元素的集合。当 $n=0$ 时，称这棵树为空树。在一棵非空树 T 中：

（1）有一个特殊的数据元素称为树的根结点，根结点没有前驱结点。

（2）若 $n>1$，除根结点之外的其余数据元素被分成 $m(m>0)$ 个互不相交的集合 T_1，$T_2, \cdots, T_m$，其中每一个集合 $T_i(1 \leqslant i \leqslant m)$ 本身又是一棵树。树 $T_1, T_2, \cdots, T_m$ 称为这个根结点的子树。

注意：有的教科书将树的结点数定义为 $n>0$。

3. 二叉树的定义

二叉树是 $n(n \geqslant 0)$ 个结点的有限集合。当 $n=0$ 时，称为空二叉树；当 $n>0$ 时，有且仅有一个结点为二叉树的根，其余结点被分成两个互不相交的子集，一个作为左子集，另一个作为右子集，每个子集又是一个二叉树。

4. 二叉树的五个重要的性质

【性质 1】　在二叉树的第 i 层上最多有 2^{i-1} 个结点（$i \geqslant 1$）。

【性质 2】　深度为 K 的二叉树最多有 2^K-1 个结点（$K \geqslant 1$）。

【性质 3】　对于任意一棵二叉树，如果度为 0 的结点个数为 n_0，度为 2 的结点个数为 n_2，则 $n_0=n_2+1$。

【性质 4】　具有 n 个结点的完全二叉树的深度为 $\lfloor \log_2 n \rfloor + 1$。其中，$\lfloor \log_2 n \rfloor$ 的结果是不大于 $\log_2 n$ 的最大整数。

【性质 5】　对于有 n 个结点的完全二叉树中的所有结点按从上到下，从左到右的顺序进行编号，则对任意一个结点 $i(1 \leqslant i \leqslant n)$，都有：

（1）如果 $i=1$，则结点 i 是这棵完全二叉树的根，没有双亲；否则其双亲结点的编号为 $\lfloor i/2 \rfloor$。

（2）如果 $2i>n$，则结点 i 没有左孩子；否则其左孩子结点的编号为 $2i$。

（3）如果 $2i+1>n$，则结点 i 没有右孩子；否则其右孩子结点的编号为 $2i+1$。

6.1.3　树和二叉树的存储结构

1. 树的存储结构

（1）双亲表示法。主要描述的是结点的双亲关系。这种存储方法的特点是寻找结点的双亲很容易，但寻找结点的孩子比较困难。

（2）孩子表示法。主要描述的是结点的孩子关系。由于每个结点的孩子个数不定，所以利用链式存储结构更加适宜。这种存储结构的特点是寻找某个结点的孩子比较容易，但寻找双亲比较麻烦。所以，在必要的时候，可以将双亲表示法和孩子表示法结合起来，即将一维数组元素增加一个表示双亲结点的域 parent，用来指示结点的双亲在一维数组中的位置。

（3）孩子兄弟表示法。这也是一种链式存储结构。它通过描述每个结点的一个孩子和兄弟信息来反映结点之间的层次关系。

2. 二叉树的存储结构

（1）顺序存储结构。这种存储结构适用于完全二叉树。其存储形式为：用一组连续的存储单元按照完全二叉树的每个结点编号的顺序存放结点内容。

在 C 语言中，这种存储形式的类型定义如下所示：

```
#define  MaxTreeNodeNum  100
typedef  struct {
  DataType  data[MaxTreeNodeNum];      /* 根存储在下标为 1 的数组单元中 */
  int n;                               /* 当前完全二叉树的结点个数 */
}QBTree;
```

这种存储结构的特点是空间利用率高、寻找孩子和双亲比较容易。

（2）链式存储结构。在顺序存储结构中，利用编号表示元素的位置及元素之间孩子或双亲的关系，因此对于非完全二叉树，需要将空缺的位置用特定的符号填补，若空缺结点较多，势必造成空间利用率的下降。在这种情况下，就应该考虑使用链式存储结构。

常见的二叉树链式存储结构如图 6.2 所示。

Lchild 和 Rchild 是分别指向该结点左孩子和右孩子的指针，data 是数据元素的内容。

| Lchild | data | Rchild |

图 6.2　二叉链表结点结构

这种存储结构的特点是寻找孩子结点容易，双亲比较困难。因此，若需要频繁地寻找双亲，可以给每个结点添加一个指向双亲结点的指针域。

二叉链表结构描述如下：

```
typedef char DataType;               /* 不妨设结点内容的数据类型为字符型 */
typedef  struct  Bnode {
    DataType data;
```

```
    struct  Bnode  * lchild, * rchild;
} Bnode, * BTree;
```

6.1.4　树和二叉树的遍历

树的遍历就是按某种次序访问树中的结点,要求每个结点访问一次且仅访问一次。二叉树是树的特例。先来看二叉树的遍历。

1. 二叉树的遍历

(1) 先序遍历

若二叉树为空,则结束遍历操作;否则:

- 访问根结点。
- 先序遍历根的左子树。
- 先序遍历根的右子树。

(2) 中序遍历

若二叉树为空,则结束遍历操作;否则:

- 中序遍历根结点的左子树。
- 访问根结点。
- 中序遍历根结点的右子树。

(3) 后序遍历

若二叉树为空,则结束遍历操作;否则:

- 后序遍历根结点的左子树。
- 后序遍历根结点的右子树。
- 访问根结点。

(4) 层次遍历

实现方法为从上层到下层,每层中从左侧到右侧依次访问每个结点。

访问过程描述如下:

- 访问根结点,并将该结点记录下来。
- 若记录的所有结点都已处理完毕,则结束遍历操作;否则重复下列操作。
- 取出记录中第一个还没有访问孩子的结点,若它有左孩子,则访问左孩子,并将记录下来;若它有右孩子,则访问右孩子,并记录下来。

2. 树的遍历

树的遍历通常有以下两种方式。

(1) 先根遍历

若树为空,则结束遍历操作;否则:

- 访问根结点。
- 按照从左到右的顺序先根遍历根结点的每一棵子树。

（2）后根遍历

若树为空，则结束遍历操作；否则：

- 按照从左到右的顺序后根遍历根结点的每一棵子树。
- 访问根结点。

根据树与二叉树的转换关系以及树和二叉树的遍历定义可以推知，树的先根遍历与其转换的相应二叉树的先序遍历的结果序列相同；树的后根遍历与其转换的相应二叉树的中序遍历的结果序列相同。因此树的遍历算法是可以采用相应二叉树的遍历算法来实现的。

6.1.5　线索二叉树

将二叉树各结点中的空的左孩子指针域改为指向其前驱，空的右孩子指针域改为指向其后继。称这种新的指针为（前驱或后继）线索，所得到的二叉树被称为线索二叉树，将二叉树转变成线索二叉树的过程被称为线索化。线索二叉树根据所选择的次序可分为先序、中序和后序线索二叉树。

6.1.6　树、森林和二叉树的转换

1. 树转换为二叉树

将一棵树转换为二叉树的方法是：

（1）树中所有相邻兄弟之间加一条连线。

（2）对树中的每个结点，只保留它与第一个孩子结点之间的连线，删除它与其他孩子结点之间的连线。

（3）以树的根结点为轴心，将整棵树顺时针转动一定的角度，使之结构层次分明。

2. 森林转换为二叉树

由森林的概念可知，森林是若干棵树的集合，只要将森林中各棵树的根视为兄弟，每棵树又可以用二叉树表示。这样，森林也同样可以用二叉树表示。

将森林转换为二叉树的方法如下：

（1）将森林中的每棵树转换成相应的二叉树。

（2）第一棵二叉树不动，从第二棵二叉树开始，依次把后一棵二叉树的根结点作为前一棵二叉树根结点的右孩子，当所有二叉树连起来后，此时所得到的二叉树就是由森林转换得到的二叉树。

3. 二叉树转换为树和森林

树和森林都可以转换为二叉树。两者不同的是树转换成的二叉树，其根结点无右分支，而森林转换后的二叉树，其根结点有右分支。显然这一转换过程是可逆的，即可以依据二叉树的根结点有无右分支，将一棵二叉树还原为树或森林，具体方法如下：

（1）若某结点是其双亲的左孩子，则把该结点的右孩子、右孩子的右孩子都与该结点

的双亲结点用线连起来。

（2）删除原二叉树中所有的双亲结点与右孩子结点的连线。

（3）整理由（1）和（2）两步所得到的树或森林，使之结构层次分明。

6.1.7　哈夫曼树

带权路径长度达到最小的二叉树称为哈夫曼树。哈夫曼树的特点如下所示。

（1）若一棵二叉树是哈夫曼树，则该二叉树不存在度为 1 的结点。

说明：由构造算法可知，每次合并都必须从二叉树集合中选取两个根结点权值最小的树，因此二叉树不存在度为 1 的结点，即哈夫曼树仅存在度为 2 的结点和叶子结点。

（2）若给定作为叶子结点权值的数值的个数为 n，则所构造的哈夫曼树中的结点数是 $2n-1$。

说明：由特点（1）和二叉树的性质 3 可知，$n_2 = n-1$，因此总结点数是 $n + (n-1) = 2n-1$。

（3）任意一棵哈夫曼树的带权路径长度等于所有非根结点值的累加和。

（4）在哈夫曼树中，权值大的结点离根最近。

6.2　典型例题详解

一、选择题

1. 下面关于二叉树的结论正确的是_____。

　　A. 二叉树中，度为 0 的结点个数等于度为 2 的结点个数加 1

　　B. 二叉树中结点个数必大于 0

　　C. 完全二叉树中，任何一个结点的度，或者为 0，或者为 2

　　D. 二叉树的度是 2

分析：该题目主要考查二叉树逻辑结构的特点。正确答案为 A。二叉树中叶子结点的个数为 n_0，度为 2 的结点的个数为 n_2，度为 1 的结点个数为 n_1，树中结点总数为 n，则 $n = n_0 + n_2 + n_1$。除根结点没有双亲外，每个结点都有且仅有一个双亲，所以有 $n-1 = n_1 + 2n_2$ 作为孩子的结点，因此有 $n_0 = n_2 + 1$。二叉树中结点个数可以为 0，称为空树，所以 B 选项错。在满二叉树中，任何一个结点的度，或者为 0，或者为 2。在完全二叉树中，任何一个结点的度，或者为 0，或者为 1，或者为 2。所以 C 选项错。二叉树的度可以是 0、1、2。所以 D 选项错。

　　2. 设 X 是树 T 中的一个非根结点，B 是 T 所对应的二叉树，在 B 中，X 是其双亲的右孩子，下列结论正确的是_____。

　　　　A. 在树 T 中，X 是其双亲的第一个孩子

　　　　B. 在树 T 中，X 一定无右边兄弟

　　　　C. 在树 T 中，X 一定是叶子结点

　　　　D. 在树 T 中，X 一定有左边兄弟

分析：该题目主要考查树和二叉树的转换。根据树和二叉树转换的规则可以得到 D 选项为正确答案。

3. 一棵三叉树中，已知度为 3 的结点数等于度为 2 的结点数，且树中叶结点的数目为 13，则度为 2 的结点数目为_____。

    A. 4　　　　　　B. 2　　　　　　C. 3　　　　　　D. 5

分析：该题目主要考查多叉树逻辑结构的特点。根据选择题第 1 题的思路，有 $n_0+n_1+n_2+n_3=n$，$n-1=n_1+2n_2+3n_3$，n_0、n_1、n_2、n_3 分别为度是 0、1、2、3 的结点数，n 为树的结点总数。在本题中，$n_0=13$，$n_2=n_3$。正确答案为 A。

4. 设 n、m 为一棵二叉树上的两个结点，在中序遍历时，n 在 m 之前的条件是_____。

    A. n 在 m 右方　　B. n 是 m 祖先　　C. n 在 m 左方　　　　D. n 是 m 子孙

分析：该题目主要考查二叉树的遍历。根据二叉树的形态和中序遍历算法，当 n 在 m 左边时，结点 n 首先被遍历。当 n 是 m 祖先时，它们之间的关系无法确定，不妨假设 n 是根结点，m 是其左孩子，则 m 在 n 之前；m 是其右孩子，则 n 在 m 之前。正确答案为 C。

5. 对一个满二叉树，m 个树枝，n 个结点，深度为 h，则_____。

    A. $n=h+m$　　　B. $h+m=2n$　　C. $m=h-1$　　　D. $n=2^h-1$

分析：该题目主要考查满二叉树的定义，根据满二叉树定义，正确答案为 D。

6. 一棵有 n 个结点的 k 叉树，树中所有结点的度之和为_____。

    A. $n-1$　　　　　B. kn　　　　　C. n^2　　　　　D. $2n$

分析：该题目主要考查树的结点和度之间的关系。由树的度的定义可知结点的度即为与之相连的子结点的个数，而只有根结点不是连在其他的结点上，所以和为 $n-1$。答案为 A。

7. 以二叉链表作为二叉树的存储结构，在有 n 个结点的二叉链表中($n>0$)，链表中空链域的个数为_____。

    A. $2n-1$　　　　B. $n-1$　　　　C. $n+1$　　　　D. $2n+1$

分析：该题目主要考查二叉树的链式存储结构。每个结点共有两个链域，即共有 $2n$ 个链域，n 个结点构成的二叉树中至少有 $n-1$ 个链接指针才能将 n 个结点连接在一起，即已经用去 $n-1$ 个指针域，则空链域为 $2n-(n-1)=n+1$ 个。答案为 C。

8. 设森林中有 3 棵树，其中第 1 棵树、第 2 棵树和第 3 棵树的结点个数分别为 n_1、n_2、n_3，则与森林对应的二叉树中根结点的右子树上的结点个数是_____。

    A. n_1　　　　　　B. n_1+n_2　　　　C. n_3　　　　　　D. n_2+n_3

分析：该题目主要考查森林和二叉树之间的转换关系。森林中的第一棵树对应于二叉树根结点及其左子树，第 2 棵树和第 3 棵树对应于二叉树中根结点的右子树，则其结点个数为 n_2+n_3。答案为 D。

9. 将含有 150 个结点的完全二叉树从根这一层开始，每一层从左到右依次对结点进行编号，根结点的编号为 1，则编号为 69 的结点的双亲结点的编号为_____。

    A. 33　　　　　　B. 34　　　　　　C. 35　　　　　　D. 36

分析：该题目主要考查完全二叉树的逻辑结构。由二叉树的性质 5 可知，结点 69 的

双亲结点编号为 $\lfloor 69/2 \rfloor = 34$。所以答案为 B。

10. 在一棵二叉树结点的先序序列、中序序列、后序序列中,所有叶子结点的先后顺序_____。

    A. 都不相同　　　　　　　　　　　　B. 先序和中序相同,而与后序不同

    C. 完全相同　　　　　　　　　　　　D. 中序和后序相同,而与先序不同

分析:该题目主要考查二叉树的遍历。无论哪种遍历所得的序列都是在"左"、"右"两结点的空隙中插入"根"结点的排列,即左、右结点的顺序固定不变,改变的是"根"结点,叶子结点的先后顺序都不变。答案为 C。

11. 如果将给定的一组数据作为叶子数值,所构造出的二叉树的带权路径长度最小,则该树称为_____。

    A. 哈夫曼树　　　　B. 平衡二叉树　　　　C. 二叉树　　　　　　D. 完全二叉树

分析:该题目主要考查哈夫曼树的定义。利用哈夫曼树算法构造出的具有最小带权外部路径长度的扩充二叉树,所构造的二叉树对于给定的权值,带权路径长度最小。答案为 A。

12. 树的先根序列和其对应的二叉树的_____是一样的,树的后根序列和其对应的二叉树的_____是一样的。

    A. 先序序列　　　　　　　　　　　　B. 中序序列

    C. 后序序列　　　　　　　　　　　　D. 按层次遍历序列

分析:该题目主要考查树和二叉树的转换关系。考虑树的根结点及其 n 个子树,当转换为二叉树后,根结点和最左子树的根结点的位置不变,而其他子树的根结点都成为其相邻左子树根结点的右孩子。这样的转换是递归过程。观察这样的结构变化,得到答案为 A 和 B。

13. 若一个具有 N 个顶点,K 条边的无向图是一个森林($N > K$),则该森林中必有_____棵树。

    A. K　　　　　　　B. N　　　　　　　C. $N-K$　　　　　　　D. 1

分析:该题目主要考查森林的概念,树的顶点和边的关系。设此森林中有 m 棵树,每棵树具有的顶点数为 $v_i (1 \leqslant i \leqslant m)$,则:

$$v_1 + v_2 + \cdots + v_m = N \tag{1}$$

$$(v_1 - 1) + (v_2 - 1) + \cdots + (v_m - 1) = K \tag{2}$$

(1)-(2)得:$m = N - K$。所以答案是 C。

14. 欲实现任意二叉树的后序遍历的非递归算法而不必使用栈结构,最佳方案是二叉树采用_____存储结构。

    A. 三叉链表　　　　B. 广义表　　　　C. 二叉链表　　　　　　D. 顺序

分析:该题目主要考查二叉树的存储结构和非递归遍历算法。此题答案为 A。三叉链表是将双亲表示法和孩子兄弟表示法结合起来,既能方便地从双亲查找孩子,又能方便地从孩子查找双亲。

15. 一棵二叉树满足下列条件:对任意一个结点,若存在左、右子树,则其值都小于它的左子树上所有结点的值,而大于右子树上所有结点的值。现采用_____遍历方式

就可以得到这棵二叉树上所有结点的递减序列。

　　　　A. 先序　　　　　　B. 中序　　　　　　C. 后序　　　　　　D. 层次

　　分析：该题目主要考查二叉树的遍历。由于中序遍历的顺序是先中序遍历左子树，再访问根结点，最后中序遍历右子树。这样可以保证，对任一结点其左孩子总在它的左边，其右孩子总在它的右边。当二叉树满足上述条件时，其中序序列一定是个递减序列。答案为 B。

　　16. 对含有_____个结点的非空二叉树，采用任何一种遍历方式，其结点访问序列均相同。

　　　　A. 0　　　　　　　　　　　　　　　　B. 1

　　　　C. 2　　　　　　　　　　　　　　　　D. 不存在这样的二叉树

　　分析：该题目主要考查二叉树的三种遍历次序的关系。三种遍历方式的不同点，在于访问根结点的时机不同。当一棵二叉树仅含一个根结点时，不管采用哪种遍历方式，所得到的结点序列总是相同的。此题答案为 B。

　　17. 对_____进行相应的遍历仍需要栈的支持。

　　　　A. 先序线索树　　　B. 中序线索树　　　C. 后序线索树　　　D. A 与 B

　　分析：该题目主要考查线索树的遍历。由于后序遍历先访问子树后访问根结点，从本质上要求运行栈中存放祖先的信息，即使对二叉树进行后序线索化，仍然不能脱离栈的支持对此二叉树进行遍历。比如图 6.3 所示的后序线索树，没有栈的支持就无法对其进行后序遍历。

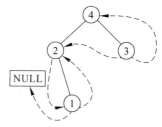

　　当访问到结点②时，由于没有线索指向②的后序后继③，而且没有指针返回到②的父结点④，因此对此二叉线索树的后序遍历无法进行，除非使用栈。

图 6.3　后序线索树

　　然而对于先序线索树进行先序遍历或者中序线索树进行中序遍历，则可以不使用栈就能够遍历。值得提到的是中序线索树，又称为对称线索树，对它不仅可以方便地进行中序遍历，而且能够在没有栈的支持的情况下，对其进行先序和后序遍历。所以答案为 C。

　　18. 已知 n 个结点的二叉树具有最小路径长度时，其深度为 k，那么第 k 层上的结点数为_____。

　　　　A. $n-2^{k-2}+1$　　B. $n-2^{k-1}+1$　　C. $n-2^k+1$　　　　D. $n-2^{k-1}$

　　分析：该题目主要考查二叉树的形态和最小路径长度的关系。结点数确定的二叉树具有最小路径长度时，形态上类似于完全二叉树，最大层次 k 上的结点任意分布，其他 $k-1$ 层上的结点构成了一个满二叉树。所以可以根据二叉树的性质 2，得到从第 1 层到第 $k-1$ 层上的结点总数为 $2^{k-1}-1$，从而第 k 层上的结点数为 $n-2^{k-1}+1$。答案为 B。

二、判断题

　　1. 按中序遍历二叉树时，某个结点(有右子树)的直接后继是它的右子树中第一个被访问的结点。

答案：正确。

分析：该题目主要考查二叉树的中序遍历。这种说法正确。因为中序遍历按 LDR 的顺序进行,若以某结点为其直接后继,必须是右子树中第一个被访问的结点。

2. 有一个以上结点的二叉树,已知先序和后序遍历序列,能唯一确定一棵二叉树。

答案：错误。

分析：该题目主要考查二叉树的遍历的性质。这种说法不正确。如已知先序为 12,后序遍历为 21,则可以有两棵二叉树,如图 6.4 所示。

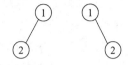

图 6.4　两个不同的二叉树

3. 完全二叉树中,若一个结点没有左孩子,则它必然是叶子结点。

答案：正确。

分析：该题目主要考查完全二叉树的逻辑结构。深度为 k 的,有 n 个结点的二叉树,当且仅当其每一个结点都与深度为 k 的满二叉树中编号为 $1\sim n$ 的结点一一对应时,称其为完全二叉树。根据此定义,若完全二叉树中某结点无左孩子,则其必定没有右孩子,因此是叶结点。所以这种说法是正确的。

4. 将一棵树转换成二叉树后,根结点没有左子树。

答案：错误。

分析：该题目主要考查树和二叉树的转换。树转换成二叉树满足"左孩子,右兄弟"规则。只有当树结点个数为 1 时,树转换成二叉树后,根结点没有左子树。

5. 用二叉树的先序遍历和中序遍历可以导出二叉树的后序遍历。

答案：正确。

分析：该题目主要考查二叉树的遍历和逻辑结构。用二叉树的先序遍历和中序遍历可以确定二叉树的逻辑结构,就可以进一步导出二叉树的后序遍历。通常已知二叉树的先序遍历和后序遍历,无法确定一棵二叉树。

6. 若一个叶子结点是某二叉树中序遍历序列的最后一个结点,那么它也是该二叉树的先序遍历序列的最后一个结点。

答案：正确。

分析：该题目主要考查二叉树的遍历。当一个叶子结点是某二叉树中序遍历的最后一个结点,则它一定位于二叉树的右子树上最右端,无论先序遍历或中序遍历,右子树上的最右端的叶子结点肯定最后访问。若题目中的叶子结点替换成普通结点,则命题不成立。

三、填空题

1. 森林 T 转化为二叉树 B,B 中某结点在森林中为叶子结点的条件为＿＿＿＿＿＿。

答案：B 中左子树为空的结点

分析：该题目主要考查森林和二叉树的转化。当 B 中左子树为空时,意味着该结点没有孩子结点。

2. N 个结点的二叉树按某种遍历规则对结点从 1 到 N 依次递增编号,如果:

(1) 任意一个结点的编号等于它的左子树中的最小编号减 1,则为＿＿＿＿＿＿遍历。

（2）某结点右子树中最小编号等于左子树中的最大编号加1，则为_____遍历。

答案：先序、后序

分析：该题目主要考查二叉树的结构和遍历。对于先序遍历，因为首先访问根结点，再先序遍历左子树，最后先序遍历右子树，所以根结点编号等于左子树的根结点编号减1。对于后序遍历，因为首先后序遍历左子树，然后后序遍历右子树，最后访问根结点，所以右子树中最小编号等于左子树中的最大编号加1。

3. 一棵高度为 H 的满 K 叉树，按层次从1开始编号，则：

（1）第 i 层结点的数目为_____。

（2）编号为 n 的结点的父结点的编号为_____。

（3）编号为 n 的结点的第 i 个孩子的编号为_____。

（4）编号为 n 的结点有右兄弟的条件是_____，右兄弟的编号为_____。

答案：(1) K^{i-1}；(2) $\lceil (n-1)/K \rceil$；(3) $K \times (n-1)+1+i$；(4) $n \leqslant \lceil (n-1)/K \rceil \times K$、$n+1$

分析：该题目主要考查对二叉树定义和性质的理解。对满 K 叉树的而言，它与二叉树的基本性质是相同的，区别是 K 值，当 $K=2$ 时，K 叉树为二叉树。结合二叉树性质，通过归纳，可以得到上述答案。

4. 如果某二叉树中有30个叶结点，另有30个结点仅有一个孩子结点，则该二叉树中共有_____个结点。

答案：89

分析：该题目主要考查二叉树结点之间的关系。设 i、j、k 分别为二叉树中度为0、1、2的结点数目，则 $n=i+j+k$。根据二叉树的性质，$i=k+1$，有 $n=i+j+i-1=30+30+30-1=89$，所以二叉树中有个89结点。

5. 由带权为 $3,9,6,2,5$ 的五个叶子结点构成一棵哈夫曼树，则带权路径长度为_____。

答案：55

分析：该题目主要考查哈夫曼树的概念。解本题的关键是建立这五个叶子结点的哈夫曼树。

6. 设 F 是一个森林，B 是由 F 转换得到的二叉树，F 中有 n 个非终端结点，则 B 中右指针域空的结点有_____个。

答案：$n+1$

分析：该题目主要考查森林和二叉树的转化。

7. 设 n 为哈夫曼树的叶子结点数目，则该哈夫曼树共有_____个结点。

答案：$2n-1$

分析：该题目主要考查哈夫曼树的结构。哈夫曼树虽然带有权值，但其形式仍然是一棵普通的二叉树，二叉树的性质仍然适用于它。不过哈夫曼树中没有单分支结点，它只有双分支结点和叶结点，因此，由二叉树的性质可得出一个推论：$N=2n-1$。其中，N 表示哈夫曼树的结点总数，n 表示哈夫曼树中的叶结点数。因此正确答案为 $2n-1$。

8. n 个结点的完全二叉树,编号最大的非叶结点是_____号结点,编号最小的叶结点是_____号结点。

答案：$\lfloor n/2 \rfloor$、$\lfloor n/2 \rfloor + 1$

分析：该题目主要考查完全二叉树的结构。n 个结点的完全二叉树,编号最大的叶结点就是 n 号结点,它的双亲结点就是编号最大的非叶结点。根据完全二叉树的性质,n 的双亲为 $\lfloor n/2 \rfloor$。编号最大的非叶结点的右边一个结点,即 $\lfloor n/2 \rfloor + 1$ 号结点,是编号最小的叶结点。

9. 完全二叉树的第 7 层有 8 个结点,则此完全二叉树的叶子结点数为_____。768 个结点的完全二叉树有_____个叶子结点? 19 个结点的哈夫曼树有_____个叶子结点?

答案：36、384、10

分析：本题主要考查完全二叉树和哈夫曼树的结构。由性质 1 可知：第 7 层上最多有 $2^{7-1} = 64$ 个结点。因此,该完全二叉树的第 7 层上有 $64 - 8 = 56$ 个空子树。第 7 层一定是最高层。这样,它共有 $56/2 + 8 = 36$ 个叶子结点。

n 个结点完全二叉树的叶子结点数为 $\lceil n/2 \rceil$,$768/2 = 384$ 个叶子结点。

19 个结点的哈夫曼树有叶子结点 n_0,满足 $n = 2n_0 - 1$,可得叶子结点数为 10。

四、应用题

1. 设一棵度为 k 的树中有 n_1 个度为 1 的结点,n_2 个度为 2 的结点,…,n_k 个度为 k 的结点,求该树上有多少叶子结点?

分析与答案：该题目主要考查树的基本概念和结构。

根据两个等式,结点总数：$n = n_0 + n_1 + n_2 + \cdots + n_k$

树枝总数：$n - 1 = n_1 + 2n_2 + \cdots + kn_k$

因此,$n_0 = 1 + n_2 + 2n_3 + \cdots + (k-1)n_k = 1 + \sum_{i=2}^{k} [(i-1)n_i]$

2. 将图 6.5 所示的树转换为二叉树。

分析与答案：该题目主要考查树和二叉树的转化(见图 6.6)。

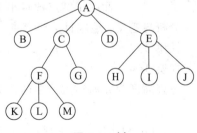

3. 满足下列条件的非空二叉树具有什么形状?

(1) 先序和中序相同。

(2) 中序和后序相同。

(3) 先序和后序相同。

图 6.5　树

分析与答案：该题目主要考查二叉树的结构和遍历的性质。

(1) 先序和中序相同：只有一个结点或没有左子树的二叉树(右单支树)。

(2) 中序和后序相同：只有一个结点或没有右子树的二叉树(左单支树)。

(3) 先序和中序相同：只有一个结点的二叉树。

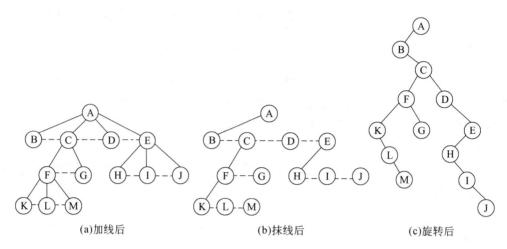

(a)加线后　　　　　　　　(b)抹线后　　　　　　　　(c)旋转后

图 6.6　树和二叉树的转化

4. 已知二叉树左右子树都含有 m 个结点,当 $m=3$ 时,试构造满足如下要求的所有二叉树。

(1) 左右子树的先序与中序序列相同。

(2) 左子树的中序与后序序列相同,右子树的先序与中序序列相同。

分析与答案:该题目由上题引申得到,主要考查二叉树的结构和遍历的性质,如图 6.7 所示。

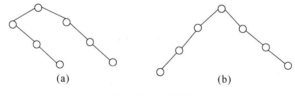

(a)　　　　　　　　　　　　(b)

图 6.7　二叉树

5. 试证明:任一棵高度为 $h>1$ 的二叉树,其内部结点(除根、叶子之外的结点)的数目小于 $2^{h-1}-1$,而叶子结点数目小于或等于 2^{h-1}。

分析与答案:该题目主要考查二叉树的逻辑结构。

性质 2:　　　　　　　$n\leqslant 2^h-1$,　即　$n_0+n_1+n_2\leqslant 2^h-1$　　　　　　(a)

性质 3:　　　　　　　　　　$n_0=n_2+1$　　　　　　　　　　　　(b)

考查高度为 h 时结点最多的二叉树——满二叉树:其 $n_1=0$。这样,(a)式简化为:

$$n_0+n_2\leqslant 2^h-1$$　　　　　　(c)

由式(b)和式(c),可求得:$n_0\leqslant 2^{h-1}$,$n_2\leqslant 2^{h-1}-1$(n_2 中包含一个根结点),因此,对于高度为 $h(h>1)$ 的任意二叉树,叶结点的数目 $n_0\leqslant 2^{h-1}$(满二叉树时取等号);而内部结点的数目为 $n_1+n_2-1\leqslant 2^{h-1}-1+(n_1-1)<2^{h-1}-1$。

6. 一棵有 11 个结点的二叉树的存储情况如图 6.8 所示,Left[i] 和 Right[i] 分别为 i 结点左、右孩子,根结点为序号 3 的结点。画出该二叉树并给出先序、中序和后序遍历该树的结点序列。

1	2	3	4	5	6	7	8	9	10	11	
6	∧	7	∧	8	∧	5	∧	2	∧	∧	Left[i]
m	f	a	k	b	l	c	r	d	s	e	Data[i]
∧	∧	9	∧	10	4	11	∧	1	∧	∧	Right[i]

图 6.8　二叉树的存储情况

分析与答案：该题目主要考查二叉树的静态链表存储结构以及二叉树的性质 5。该二叉树的表示如图 6.9 所示。其各种遍历如下所示：

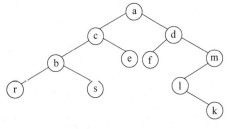

先序遍历：acbrsedfmlk

中序遍历：rbsceafdlkm

后序遍历：rsbecfklmda

7. 二叉树结点数值采用顺序存储结构，如图 6.10 所示。

图 6.9　二叉树的表示

（1）画出二叉树表示。

1	2	3	4	5	6	7	8	9	10	11	12	13	14	15	16	17	18	19	20
e	a	f		d		g			c	j			h	i					b

图 6.10　顺序存储结构的二叉树

（2）写出先序遍历、中序遍历和后序遍历的结果。

（3）写出结点值 c 的父结点，及其左、右孩子。

（4）画出把此二叉树和还原成森林的图。

分析与答案：该题目主要考查二叉树的顺序存储结构（即将二叉树看成完全二叉树）和遍历，着重考察二叉树的性质 5。

（1）该二叉树如图 6.11 所示。

（2）本题二叉树的各种遍历结果如下所示。

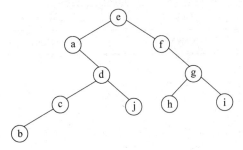

先序遍历：eadcbjfghi

中序遍历：abcdjefhgi

后序遍历：bcjdahigfa

图 6.11　二叉树的顺序存储结构

（3）根据二叉树的性质 5 可知，结点值为 c 的存储位置为 10，故其父结点的位置为 10/2＝5，其父结点值为 d；同样，其左孩子的存储位置为 2×10＝20，值为 b，而右孩子的存储位置为 2×10＋1＝21，值为空，则没有右孩子。

（4）还原成的森林如图 6.12 所示。

8. 假设有如图 6.13 所示的森林。

（1）求各树的先根序列和后根序列。

（2）求森林的前序序列和后序序列。

（3）将此森林转换为相应的二叉树。

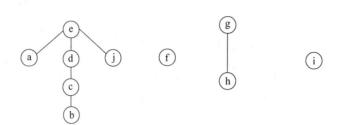

图 6.12　图 6.11 所对应的森林

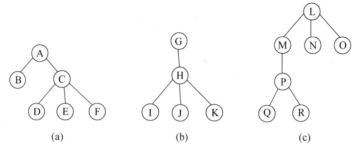

(a)　　　　　　　　　(b)　　　　　　　　　(c)

图 6.13　森林

（4）给出图 6.13(a)所示树的双亲表示法、孩子表示法及孩子兄弟表示法等三种存储结构，并指出哪些存储结构易于求祖先，哪些易于求指定结点的后代。

分析与答案：该题目主要考查树和森林的遍历、森林和二叉树的转换。

（1）各树的先根序列和后根序列，如表 6.1 所示。

表 6.1　先根序列和后根序列

树	a	b	c
先根序列	ABCDEF	GHIJK	LMPQRNO
后根序列	BDEFCA	IJKHG	QRPMNOL

（2）森林的前序序列和后序序列。

前序序列：ABCDEFGHIJKLMPQRNO

后序序列：BDEFCAIJKHGQRPMNOL

（3）森林所对应的二叉树如图 6.14 所示。

将森林转换为二叉树的方法：各树的根互为兄弟，设左边的孩子为长子；然后从最左边的树开始，按长子为左孩子、右邻兄弟为右孩子的方法转换。

（4）①孩子表示法、双亲表示法、孩子兄弟表示法分别如图 6.15 所示。

双亲表示法易于求祖先。孩子表示法、孩子兄弟表示法易于求后代。

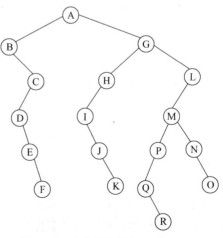

图 6.14　由森林转换得到的二叉树

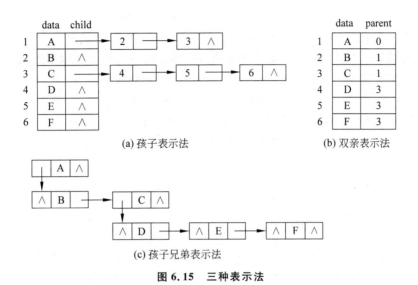

(a) 孩子表示法　　　　　　　(b) 双亲表示法

(c) 孩子兄弟表示法

图 6.15　三种表示法

9. 设二叉树的存储结构如图 6.16 所示,其中 bt 为二叉树的根指针,lchild 和 rchild 分别为左右孩子的指针域,data 为结点的数据域(存放结点本身的信息)。请完成:

(1) 画出二叉树的树形结构。

(2) 画出该二叉树的后序线索化二叉树。

	1	2	3	4	5	6	7	8	9	10
lchild	0	0	2	3	7	5	8	0	10	1
data	j	h	f	d	b	a	c	e	g	i
rchild	0	0	0	9	4	0	0	0	0	0

图 6.16　二叉树静态链表结构

分析与答案:该题目主要考查二叉树的存储结构及线索化。

(1) 该二叉树的树形结构图,如图 6.17(a)所示。

(2) 后序线索化二叉树如图 6.17(b)所示。

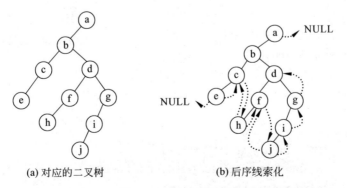

(a) 对应的二叉树　　　　　　(b) 后序线索化

图 6.17　第 9 题解答

10. 设电文由 6 个字符 A、B、C、D、E、F 组成,它们在电文中出现的次数分别为:10、4、8、3、2、7。试画出用于编码的哈夫曼树,并列出每个字符的编码。

分析与答案:该题目主要考查哈夫曼树及应用。对应的哈夫曼树如图 6.18 所示。

对应的哈夫曼编码为A(10):11   B(4):100   C(8):01

D(3):1011   E(2):1010   F(7):00

11. 如图 6.19 所示的哈夫曼树可得到字母 F、G、H、I 和 J 的编码。

(1) 设某字母串经编码后为“011101011101”,译出原串。

(2) 说明哈夫曼编码和 ASCII 编码的异同。

(3) 为什么采用哈夫曼编码?

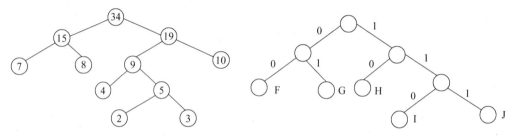

图 6.18　哈夫曼树的应用   图 6.19　哈夫曼树

分析与答案:该题目主要考查哈夫曼树及应用。

(1) 根据图 6.19,可以得到原串是 GIHJG。

(2) 相同点:都是用 0、1 代码来表示字母或数字。

不同点:不同的哈夫曼编码代表一个字母的位数不固定,哈夫曼编码是前缀编码;ASCII 码是 8 位表示的固定长度的编码。

采用哈夫曼编码能提高编码效率,也能提高存储和传输效率。

12. 已知二叉树的存储结构为二叉链表(见图 6.20),请阅读下面算法。

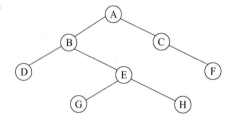

图 6.20　二叉链表

```
typedef struct node {
    DateType data;
    struct node * next;
}ListNode;
typedef ListNode * LinkList;
LinkList  Leafhead=NULL;
void  Inorder(BTree T)
{   LinkList  s;
    if (T)
    {   Inorder(T->lchild);
        if ((!T->lchild ) && (!T->rchild))
        {   s= (ListNode * )malloc(sizeof(ListNode));
            s->data=T->data;
            s->next=Leafhead;
```

```
            Leafhead=s;
        }
        Inorder(T->rchild);
    }
}
```

对于如图 6.20 所示的二叉树：

(1) 画出执行上述算法后所建立的结构。

(2) 说明该算法的功能。

分析与答案：该题目主要考查二叉树遍历的应用。

(1) 执行上述算法后所建立的结构为如图 6.21 所示的链表。

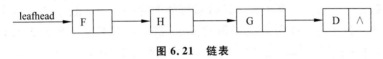

图 6.21　链表

(2) 该算法的功能是用中序遍历递归算法对二叉树进行遍历，将二叉树中叶结点数据域的值作为单链表结点的值，并用头插法建立一个以 leafhead 为头指针的逆序单链表（即按二叉树中叶结点数据从右至左链接成一个链表）。

13. 假设二叉树 t 的结点有 4 个字段，它们分别是：data、lchild、rchild、parent，其中 data 存放结点值，lchild 和 rchild 分别指向左子结点和右子结点，parent 指向父结点。在下列程序中，非递归函数 mid_order(t)实现了对二叉树 t 的中序遍历。

```
typedef struct node{
    int data;
    struct node * lchild, * rchild;
    struct node * parent;
}Node;
void mid_order(Node * t)
{   Node * p, * q;
    p=NULL; q=t;
    do{
        while(q!=NULL)
        {
            __(1)__ ;
            q=q->lchild;
        }
        if ( __(2)__ )
        {   printf("%5d", p->data);
            __(3)__ ;
        }
        while (p!=NULL&& q==NULL)
        {
            do{
```

```
                    q=p;
                    ___(4)___;
            }while (p!=NULL&& q==p->rchild);
            if (p!=NULL)
            {   printf("5%d",p->data);
                    ___(5)___;
            }
        }
    }while(___(6)___);
    printf ("\n");
}
```

分析与答案：该题目主要考查二叉树遍历的非递归算法。让 p 为 q 的父指针，首先沿着二叉树的左孩子指针找到最左下角的孩子，然后判断其左子树是否为空，不为空则遍历右子树，否则沿着 parent 指针向上，直到 parent 为空为止。

(1) p＝q；(2)p；(3)q＝p－＞rchild；(4)p＝q－＞parent；(5)q＝p－＞rchild；(6)p

14. 一棵以孩子兄弟表示法存储，递归算法 numberofleaf 计算并返回根为 r 的树中叶子结点的个数(NULL 代表空指针)。

```
typedef struct tnode {
    struct tnode * firstson, * nextbrother;
}TNode;
int numberofleaf(TNode * r)
{   int num;
    if(r==NULL) num=0;
    else  if(r->firstson==NULL)
                num= ___(1)___ +numberrofleaf(r->nextbrother);
        else ___(2)___ ;
    return (num);
}
```

分析与答案：该题目主要考查树遍历的应用和孩子兄弟表示法存储结构。此题要求熟悉树的孩子兄弟表示法与二叉链表的联系和区别，必须了解树的孩子兄弟表示法中叶结点的特点。若根结点指针为空，则叶结点数目为 0。只有那些 firstson 为空的结点是叶结点。因而问题的答案为：

(1)1；(2)num＝numberofleaf(r－＞firstson)＋numberofleaf(r－＞nextbrother)。

五、算法设计题

1. 已知深度为 h 的二叉树以一维数组 BT$[1..2^h-1]$ 作为其存储结构。请写一算法，求该二叉树中叶结点的个数。

分析：该题目主要考查二叉树的顺序存储结构。以二叉树对应的完全二叉树的层次次序在数组 BT 中存放二叉树的结点值，若 BT$[i]$ 不为零，则完全二叉树层次次序中第

i 个位置对应的二叉树结点存在,否则,结点不存在。在二叉树的顺序存储结构中,结点 i 的左孩子(若存在)的编号为 $2i$,右孩子(若存在)的编号为 $2i+1$。对于顺序存储结构的二叉树适合层次遍历。

算法描述如下:

```
int leafnum(int BT[] , int h)
{  int len,i,count;
   len=pow(2,h)-1;                       /*获取顺序表的长度*/
   count=0;
   for (i=1;i<=len;i++)
       if  (BT[i]!=0)                    /*i 位置存在结点,再判断是否为叶子结点*/
       {   if (i*2>len)
           /*当前结点的左孩子位置已经大于存储区长度,所以没有孩子,必定是叶子结点*/
               count++;
           else if ((BT[i*2+1]==0)&&(BT[i*2]==0))
                                         /*当前结点没有左孩子和右孩子*/
               count++;
       }
   return (count);
}
```

2. 设两棵二叉树的根结点地址分别为 P 及 Q,采用二叉链表的形式存储这两棵树上所有的结点。请编写程序,判断它们是否相似。

分析:该题目主要考查二叉树遍历算法的应用。所谓两棵二叉树 s 和 t 相似,要求:它们都为空或都只有一个根结点;或它们的根结点及左右子树均相似。

依题意,本题的递归函数定义如下:

(1) 若 s=t=NULL,则 f(s,t)=true。

(2) 若 s 与 t 一个为 NULL 而另一个不为 NULL,则 f(s,t)=false;

(3) 若 s 与 t 均不为 NULL,则 f(s,t)=f(s->left,t->left)和 f(s->right,t->right)的"与"运算的结果。

算法描述如下:

```
int like(BTree s, BTree t)
{  int like1,like2;
   if ((s==NULL) && (t==NULL))          /*都是空树,则相似*/
           return (1);
   else if ((s==NULL)||(t==NULL))       /*否则,只有一个为空树,另一个不是,则不相似*/
           return (0);
       else                             /*都不是空树时*/
       {   like1=like(s->lchild, t->lchild);  /*判断左子树是否相似*/
           like2=like(s->rchild, t->rchild);  /*判断右子树是否相似*/
           return (like1 && like2);     /*左右子树都相似时,才返回1,表示相似*/
       }
```

```
}
```

3. 设具有 n 个结点的完全二叉树采用顺序结构存储在顺序表 BT$[1..n]$ 中,请编写算法由该顺序存储结构建立此二叉树的二叉链表存储结构。

分析:该题目主要考查二叉树的存储结构和遍历。在完全二叉树的顺序存储结构中,对于任意一个结点 BT$[k]$,其左孩子为 BT$[2k]$,其左孩子为 BT$[2k+1]$。因此,可以从根结点 BT$[1]$ 开始,按照下列递归过程逐个建立各个结点 BT$[k]$ 的二叉链表的结点结构。

(1) 以 BT$[k]$ 作为根结点的值,建立二叉树的根结点 root。

(2) 从 BT$[2k]$ 开始,建立二叉树的左子树,并将 root 的左孩子指针指向左子树的根。

(3) 从 BT$[2k+1]$ 开始,建立二叉树的右子树,并将 root 的右孩子指针指向右子树的根。

基于这个思想,可以编写算法 buildbtree(BT$,i,n$),其中 i 为根结点元素在顺序表 BT 中的位置,n 为顺序表的长度,算法返回二叉链表的根结点指针。不失一般性,设二叉树中结点值为整型。

这个算法实际上是在对二叉树进行先序遍历过程中来逐步建立二叉链表的每个结点。因此,该算法的结构类似于二叉树的先序遍历的递归算法,但在这里遍历的二叉树是一个采用顺序存储的完全二叉树。

算法描述如下:

```
BTree buildbtree(int BT[],int i,int n)
{    BTree r;
     if (i>n)
         return (NULL);                  /* 位置超过存储区域,算法结束 */
     else
     {
         r=(BTree) malloc(sizeof (BNode)); /* 给新结点分配空间 */
         r->data=BT[i];                   /* 获得 i 位置的数据 */
         r->lchild=buildbtree(BT,2* i,n); /* 建立当前结点的左子树 */
         r->rchild=buildbtree(BT,2* i+1,n); /* 建立当前结点的右子树 */
         return (r);
     }
}
```

4. 编写递归算法,在二叉树中求位于先序序列中第 k 位置的结点值。

分析:该题目主要考查二叉树遍历的应用,只需要对先序遍历算法进行局部改进即可。

算法描述如下:

```
int c ;                      /* 计数器 c 作为全局变量处理,初始值为 0 */
void Get_PreSeq(BTree T,int  k)   /* 先序序列为 k 的结点的值 */
{   if (T)
```

```
{    c++;                              /* 每访问一个子树的根都会使先序序号计数器加 1 */
     if (c==k)
     {   printf ("结点值是%d\n",T->data);
         exit (1);
     }
     else
     {   Get_PreSeq(T->lchild,k);          /* 在左子树中查找 */
         Get_PreSeq(T->rchild,k);          /* 在右子树中查找 */
     }
}
}
```

　　5. 设二叉树的存储结构为二叉链表,试写出算法,求任意二叉树中第一条最长的路径长度,并输出此路径上各结点的值。

　　分析:该题目主要考查二叉树遍历的应用。本题采用图的深度优先遍历算法思想,设立两个数组,其一存放已经发现的最长路径,其二存放当前的最长路径;若当前路径长度大于已发现的路径长度,则修改已经发现的路径。另外要判断到达叶子结点的时机。

　　依据上述分析,本题的算法如下:

```
int depths(BTree T,DataType a[], int * MaxLen, DataType b[], int * CurrentLen)
{    /* 将 T 中的首次发现的最长路径存放在 a 中,调用前 MaxLen 和 CurrentLen 为 0 */
     if(T==NULL)                           /* 若到达某个叶子结点,检查路径长度 */
     {
         if (CurrentLen>MaxLen)            /* 当前路径为最长路径 */
         {
             for (j=0;j<CurrentLen;j++);
                 a[j]=b[j];                /* 当前路径存入 a */
             MaxLen=CurrentLen;
         }
     }
     else
     {
         b[CurrentLen++]=T->data;          /* 记录当前的结点 */
         depths(T->lchild, a, &MaxLen, b, &CurrentLen);
         depths(T->rchild, a, &MaxLen, b, &CurrentLen);
         --CurrentLen;               /* 访问了左右孩子后,返回到父结点,所以路径长度减 1 */
     }
}
```

　　6. 已知一棵二叉树用二叉链表存储,t 指向根结点,p 指向树中任一结点,设计算法,输出从 t 到 p 之间路径上的结点。

　　分析:本题有两种方法求解,第一种方法是利用后序遍历的非递归算法,在遍历到 p 结点后,栈中保存的结点就是 t 到 p 之间路径上的结点。第二种方法是利用二叉树的先序遍历,但不是简单地进行先序遍历,而是仅遍历从根结点到给定的结点 p 为止,也是

采用非递归算法来实现,其主要思想是:

(1) 当前结点为根结点。

(2) 当前结点不为空且不为 p,则进栈,当前结点指向左孩子,重复此过程,直到当前结点为 p 或为空;若当前结点为 p,转到(4),若当前结点为空,转到(3)。

(3) 若是空栈,则没找到 p,算法结束。若不是空栈,则取栈顶元素。若栈顶元素的右孩子没有被访问过,当前结点为右孩子,转到(2);若栈顶元素的右孩子被访问过或为空,则栈顶元素出栈,继续到(3)。

(4) 打印栈中数据,算法结束。

算法描述如下:

```
/* 定义栈元素的数据类型 */
typedef struct  {
    Bnode  * node;
    int   flag;
        /* flag 为 0 表示 node 的右孩子还没有被访问,为 1 表示 node 的右孩子被访问 */
}DataType;
bool IsEqual(Bnode * p,Bnode * q)        /* 判断指针 p 和 q 所指结点内容是否相同 */
{  if ((p==NULL)||(q==NULL))
        return false;
    else if (q->data==p->data)
        return true;
    else
        return false;
}
void Path(BTree t, Bnode * p)
{   Bnode  * q;
    PSeqStack S;                         /* 定义一个顺序栈 */
    DataType Sq;
    S=Init_SeqStack();                   /* 栈初始化 */
    q=t;                                 /* 通过先序遍历发现 p */
    while((q!=NULL||!Empty_SeqStack(S))&& !IsEqual(q,p))
                                /* 扫描左孩子,且相应的结点不为 p 且不为空结点 */
    {   if(q!=NULL)
        {
            Sq.node=q;
            Sq.flag=0;                   /* 表示右孩子还没有被访问 */
            Push_SeqStack(S, Sq);        /* 将 q 指针以及 flag 压入栈中 */
            q=q->lchild;
        }
        else
        {
            do{
                if (Empty_SeqStack(S))
```

```
        {    printf("树中没有 p 结点!\n");
                  return;
             }
             Pop_SeqStack(S,&Sq);      /*出栈,得到栈顶元素*/
             q=Sq.node;
          }while ((q->rchild==NULL)||(Sq.flag==1));
          if((Sq.flag==0)&&(q->rchild))
                                       /*若右孩子还没有被访问,并且其有右孩子*/
          {
             Sq.flag=1;                 /*表示右孩子已被访问*/
             Push_SeqStack(S,Sq);       /*再次将 q 指针以及 flag 压入栈中*/
             q=q->rchild;
          }
       }
    }
    if(IsEqual(q,p))                     /*找到 p,栈底到栈顶为 t 到 p 的路径*/
      while (!Empty_SeqStack(S));
      {    Pop_SeqStack(S,&Sq);
           printf("%c",Sq.node->data);   /*输出路径,假设 data 域为字符型*/
      }
    else  printf("树中没有 p 结点!\n");
}
```

6.3　课后习题解答

一、选择题

1. 如果 T_2 是由树 T 转换而来的二叉树,那么对 T 中结点的后序遍历就是对 T_2 中结点的_____遍历。

　　A. 先序　　　　　　B. 中序　　　　　　C. 后序　　　　　　D. 层次序

2. 设树 T 的度为 4,其中度为 1、2、3 和 4 的结点个数分别为 4、2、1、1,则 T 中的叶子数为_____。

　　A. 5　　　　　　　B. 6　　　　　　　C. 7　　　　　　　D. 8

3. 由 4 个结点可以构造出_____种不同的二叉树。

　　A. 10　　　　　　　B. 12　　　　　　　C. 14　　　　　　　D. 16

4. 二叉树在线索后,仍不能有效求解的问题是_____。

　　A. 在先序线索二叉树中求先序后继　　B. 在中序线索二叉树中求中序后继

　　C. 在中序线索二叉树中求中序前驱　　D. 在后序线索二叉树中求后序后继

5. 一棵二叉树具有 10 个度为 2 的结点,5 个度为 1 的结点,则度为 0 的结点个数是_____。

　　A. 9　　　　　　　B. 11　　　　　　　C. 15　　　　　　　D. 不确定

6. 设高度为 h 的二叉树上只有度为 0 和度为 2 的结点,则此类二叉树中所包含的结点数至少为_____个。

    A. $2h$ B. $2h-1$ C. $2h+1$ D. $h+1$

7. 设给定权值的叶子总数有 n 个,其哈夫曼树的结点总数为_____。

    A. 不确定   B. $2n$ C. $2n+1$ D. $2n-1$

8. 某二叉树的先序遍历序列和后序遍历序列正好相反,则此二叉树一定是_____。

    A. 空或只有一个结点   B. 完全二叉树

    C. 单支树   D. 高度等于结点数

9. 在二叉树结点的先序序列、中序序列和后序序列中,所有叶子结点的先后顺序_____。

    A. 都不相同   B. 完全相同

    C. 先序和中序相同,而与后序不同   D. 中序和后序相同,而与先序不同

10. 根据使用频率,为五个字符设计的哈夫曼编码不可能是_____。

    A. 111,110,10,01,00   B. 000,001,010,011,1

    C. 100,11,10,1,0   D. 001,000,01,11,10

参考答案:

1	2	3	4	5	6	7	8	9	10
B	D	C	D	B	B	D	D	B	C

二、填空题

1. 已知二叉树有 50 个叶子结点,则该二叉树的总结点数至少是_____。

2. 树在计算机内的存储结构有_____、_____、_____。

3. 在一棵二叉树中,度为零的结点的个数为 N_0,度为 2 的结点的个数为 N_2,则有 $N_0 = $_____。

4. 叶子权值 $(5,6,17,8,19)$ 所构造的哈夫曼树带权路径长度为_____。

5. 设一棵完全二叉树叶子结点数为 k,最后一层结点数为偶数时,则该二叉树的高度为_____;最后一层结点数为奇数时,则该二叉树的高度为_____。

6. 有_____种不同形态的二叉树可以按照中序遍历得到相同的 abc 序列。

7. 已知二叉树先序为 ABDEGCF,中序为 DBGEACF,则后序一定是_____。

8. 深度为 k 的完全二叉树至少有_____个结点,至多有_____个结点。

9. 具有 10 个叶子的哈夫曼树,其最大高度为_____,最小高度为_____。

10. 设 F 是一个森林,B 是由 F 转换得到的二叉树,F 中有 n 个非终端结点,则 B 中右指针域为空的结点有_____个。

参考答案:

1. 99

2. 双亲表示法、孩子表示法、孩子兄弟表示法

3. N_2+1

4. 121

5. $\lfloor \log_2(2k-1) \rfloor +1$、$\lfloor \log_2 k \rfloor +2$

6. 5

7. DGEBFCA

8. 2^{k-1}、2^k-1

9. 10、5

10. $n+1$

三、判断题

1. 哈夫曼树的结点个数不可能是偶数。

2. 二叉树中序线索化后,不存在空指针域。

3. 二叉树线索化后,任意一个结点均有指向其前驱和后继的线索。

4. 哈夫曼编码是前缀编码。

5. 非空的二叉树一定满足:某结点若有左孩子,则其中序前驱一定没有右孩子。

6. 必须把一般树转换成二叉树后才能进行存储。

7. 由先序和后序遍历序列不能唯一确定一棵二叉树。

8. 一棵树中的叶子数一定等于与其对应的二叉树的叶子数。

9. 一个树的叶结点,在前序遍历和后序遍历下,皆以相同的相对位置出现。

10. 在哈夫曼树中,权值相同的叶结点都在同一层上。

参考答案:

1	2	3	4	5	6	7	8	9	10
正确	错误	错误	正确	正确	错误	正确	错误	正确	错误

四、应用题

1. 已知一棵树边的集合为{(i,m),(i,n),(e,i),(b,e),(b,d),(a,b),(g,j),(g,k),(c,g),(c,f),(h,l),(c,h),(a,c)}用树形表示法画出此树,并回答下列问题:

(1) 哪个是根结点?

(2) 哪些是叶结点?

(3) 哪个是 g 的双亲?

(4) 哪些是 g 的祖先?

(5) 哪些是 g 的孩子?

(6) 哪些是 e 的子孙?

(7) 哪些是 e 的兄弟? 哪些是 f 的兄弟?

(8) 结点 b 和 n 的层次号分别是什么?

(9) 树的深度是多少?

(10) 以结点 c 为根的子树的深度是多少?

（11）树的度数是多少？

2. 设一棵完全二叉树叶子结点数为 k，最后一层结点数大于 2，试证明该二叉树的高度为 $\lceil \log_2 k \rceil + 1$。

3. 已知一棵度为 m 的树中有 n_1 个度为 1 的结点，n_2 个度为 2 的结点，……，n_m 个度为 m 的结点，问该树中有多少片叶子？

4. 已知某完全二叉树有 100 个结点，试求该二叉树的叶子数。

5. 已知完全二叉树的第 6 层有 5 个叶子，试画出所有满足这一条件的完全二叉树，并指出结点最多的那棵树的叶子数目。

6. 一个深度为 L 的满 k 叉树有如下性质，第 L 层上的结点都是叶子结点，其余各层上每个结点都有 k 棵非空子树。如果按层次顺序从 1 开始对全部结点编号，问：

（1）第 i 层的结点数目是多少？

（2）编号为 n 的结点的双亲结点（若存在）的编号是多少？

（3）编号为 n 的结点的第 i 个孩子结点（若存在）的编号是多少？

（4）编号为 n 的结点有右兄弟的条件是什么？其右兄弟的编号是多少？

7. 试找出分别满足下面条件的所有二叉树：

（1）先序序列和中序序列相同。

（2）中序序列和后序序列相同。

（3）先序序列和后序序列相同。

8. 证明：一棵满 k 叉树上的叶结点数 n_0 和非叶子结点数 m 之间满足下列关系：

$$n_0 = (k-1)m + 1$$

9. 已知一棵二叉树的中序序列和后序序列分别为 BDCEAFHG 和 DECBHGFA，画出这棵二叉树。并写出其先序遍历序列。

10. 将图 6.22 所示的森林转换为二叉树。

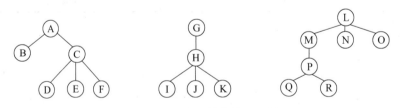

图 6.22　将森林转换为二叉树

11. 写出图 6.22 所示森林的前序序列和后序序列。

12. 给定一组数列(15,8,10,21,6,19,3)分别代表字符 A,B,C,D,E,F,G 出现的频度，试画出哈夫曼树，给出各字符的编码值。

参考答案：

1. 略。

2. 证明略。

3. 参见第 6.2 节应用题中的第 1 题。

4. 50。

5. 根据完全二叉树的定义,有两种情况：(1)第 6 层为最高层,且有 5 个叶子；(2)第 7 层为最高层,且第 6 层有 5 个叶子。

6. 此题和例题详解填空题第 3 小题相同。考查对满二叉树性质的扩展。

答案分别为 k^{i-1}, $\lceil (n-1)/K \rceil$, $k*(n-1)+i$, $n \leqslant \lceil (n-1)/K \rceil * K$, $n+1$

7. 略。

8. 参考第 6.2 节中的应用题中的第 1 题。证明：总结点数 $n=n_0+m$,又 $n-1=km$,所以 $n_0=(k-1)m+1$。

9. 先序遍历序列为 ABCDEFGH。

10. 参见第 6.2 节中的应用题中的第 7 题。

11. 参见第 6.2 节中的应用题中的第 7 题。

12. 参见第 6.2 节中的应用题中的第 10 题。

五、算法设计题

1. 假设二叉树 T 中至多有一个结点的数据域值为 x,试编写算法拆去以该结点为根的子树,使原树分成两棵二叉树。例如 $x=E$,二叉树的变化情况如图 6.23 所示。

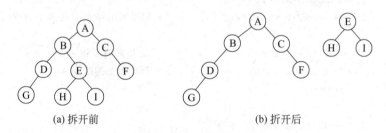

(a) 拆开前　　　　　　　　　　　　(b) 折开后

图 6.23　变化情况

2. 在二叉树中查找值为 x 的结点,试编写算法打印值为 x 的结点的所有祖先。假设值为 x 的结点不多于 1 个。

3. 一棵 n 个结点的完全二叉树以向量作为其存储结构,试编写非递归算法实现对该树进行先序遍历。

4. 以二叉链表为存储结构,写一算法对二叉树进行层次遍历。

5. 对图 6.23(a)的二叉树按层次从键盘输入成"abcde♯fg♯hi♯♯♯♯♯♯♯"(空结点用♯代替),试设计算法建立这个二叉树。

6. 编写一个将二叉树中每个结点的左右孩子交换的算法。

7. 编写一个将二叉树进行后序线索化的算法。

8. 写出在先序线索二叉树中查找给定结点 P 的先序后继的算法。

9. 写出在后序线索二叉树中查找给定结点 P 的后序后继的算法(假设结点 p 有双亲,且双亲为 f,这里 p、f 均为结点指针)。

10. 试编写算法判断两棵二叉树是否等价。称二叉树 T_1 和 T_2 是等价的：如果 T_1 和 T_2 都是空的二叉树；或者 T_1 和 T_2 的根结点的值相同,并且 T_1 的左子树与 T_2 的左子树是等价的，T_1 的右子树与 T_2 的右子树是等价的。

提示与解答：

1. **分析**：关键要找到指定的结点 x，并得到该结点的父结点。可使用遍历的方法来找该结点的父结点，判断条件是当前结点的左孩子或右孩子是 x。找到后，用表示新树根结点的指针指向 x，并将原指向 x 的指针赋值为空。

算法描述如下：

```
void SplitTree(BTree T, BTree * Tx, DataType x)
{
    if(T)
    {   if (T->lchild!=NULL)
            if (T->lchild->data==x)          /* 如果当前结点的左孩子的数值为 x */
            {
                * Tx=T->lchild;              /* Tx 指向左子树 */
                T->lchild=NULL;             /* 断开和 T 的联系 */
                return ;
            }
        if (T->rchild!=NULL)
            if (T->rchild->data==x)          /* 如果当前结点的右孩子的数值为 x */
            {
                * Tx=T->rchild;              /* Tx 指向右子树 */
                T->rchild=NULL;             /* 断开和 T 的联系 */
                return ;
            }
        SplitTree(T->lchild, Tx, x);
        SplitTree(T->rchild, Tx, x);
    }
}
```

2. **分析**：在后序非递归遍历二叉树的过程中判断当前访问到的结点是否是 x，如果是 x，访问终止，此时栈中的元素就是 x 的祖先。否则继续访问直到编历结束。在三种情况下没有祖先：①空二叉树；②根结点就是 x；③二叉树中没有 x 结点。在这三种情况下的后序非递归遍历结束时栈肯定为空。将栈中元素的数据类型定义为指针和标志 flag 合并的结构体类型。定义如下：

```
typedef struct {
    Bnode  * node;
    int   flag;                    /* flag 为 0 表示第一次进出栈，为 1 表示第二次进出栈 */
} ElementType;                    /* 定义栈元素的类型 */
int  PostOrder(BTree t,DataType x)          /* 找到所有祖先返回 1,否则返回 0 */
    {  PSeqStack  S;
       ElementType  Sq;
       Bnode  * p=t;
       S=Init_SeqStack();                   /* 栈初始化 */
```

```
        while (p||!Empty_SeqStack(S))
    {  if (p)
       {  Sq.flag=0; Sq.node=p;
          Push_SeqStack(S, Sq);         /*将 p 指针以及 flag 压入栈中*/
          p=p->lchild;
       }
       else
       {  Pop_SeqStack(S,&Sq);
          p=Sq.node;
          if (Sq.flag==0)
          {  Sq.flag=1;
             Push_SeqStack(S,Sq);       /*再次将 p 指针以及 flag 压入栈中*/
             p=p->rchild;
          }
          else
          {  if (p->data==x)            /*找到值为 x 的结点*/
                 break;                 /*退出循环*/
             p=NULL;    /*把 p 赋空是表示当前结点处理完毕需要从栈中弹出下个结点*/
          }
       }/*end else*/
    }/*end while*/
    if ( Empty_SeqStack(S)) return 0;   /*空二叉树或者根结点就是 x 或者二叉树中没有 x
                                           结点;在这三种情况下栈都为空,找不到祖先*/
    while (!Empty_SeqStack(S))          /*输出栈中保存的值为 x 的结点的所有祖先*/
    {
        Pop_SeqStack(S,&Sq);
        printf("%c",Sq.node->data);
    }
    return 1;
}
```

3. **分析**:利用结点在向量中存储位置的相对关系设计先序遍历算法。完全二叉树的顺序存储结构的特点是,i 位置上的结点的左孩子的位置在 $2i$,右孩子的位置在 $2i+1$。另外,利用栈实现非递归算法。

算法描述如下:

```
void PreOrder_QBTree(QBTree T)
{   PSeqStack  S;
    int  i=1;
    S=Init_SeqStack( );                          /*栈初始化*/
    while(i<=T.n||!Empty_SeqStack(S))
    {   if(i<=T.n)
        {  printf("%d ",T.data[i]);
           Push_SeqStack(S,i);                   /*保留 i 在栈中*/
```

```
        i=2*i;                          /*取左孩子*/
    }
    else                                /*左子树为空,得到右子树*/
    {   Pop_SeqStack(S,&i);
        i=2*i+1;                        /*取右孩子*/
    }
    }
}
```

4. **分析**:该题目主要考查二叉树层次遍历和队列的应用。层次遍历的要点是要"记住"当前访问结点的左右孩子结点的位置,以便当前层遍历完后,可以找到孩子,即下一层的位置。层次遍历是自左向右,自上而下访问结点,因此在遍历过程中需利用具有先进先出特性的队列。基本算法是当前结点访问后,若该结点有左孩子则将其入队列,若该结点有右孩子则将其入队列。

算法描述如下:

```
void LayerOrder(BTree T)                 /*层次遍历二叉树*/
{
        LinkQueue Q;
        InitQueue(Q);                    /*建立工作队列,初始化*/
        BTree u;
        u=(BTree)malloc(sizeof(Bnode));
        EnQueue(Q, T);                   /*T进队列*/
        while(Q.front!=Q.rear)           /*队列不空*/
        {
            DeQueue(Q, u);               /*出队列,并存入u中*/
            printf("%c",u->data);        /*访问u*/
            if (u->lchild)    EnQueue(Q, u->lchild);
            if (u->rchild)    EnQueue(Q, u->rchild);
        }
}
```

5. **分析**:此题可参考 6.2 节算法设计题第 3 题,用递归算法实现。但 6.2.5 算法设计题第 3 题的算法有局限性,它对非完全二叉树不太有效。下面给出另外一种算法,是用队列实现的。对一般二叉树只要按照层次顺序输入(空结点用"#"代替)即可。

```
BTree create_tree()                      /*按层次建立二叉树*/
{   char ch,ch1,ch2;                     /*二叉树的结点数据为字符*/
    BTree t,p,q;
    LinkQueue  qs;                       /*定义一个队列*/
    Init_SeqQueue(qs);                   /*初始化队列*/
    ch=getchar();                        /*按层次顺序读入字符*/
    if (ch!='#')                         /*用'#'表示空结点*/
    {   p=(BTree)malloc(sizeof(BNode));
        p->data=ch;
```

```
        In_SeqQueue(qs,p);                      /*保存到队列*/
  }
  else return (NULL);
  while (!Empty_SeqQueue(qs))
  {
    Out_SeqQueue(qs,&t);                        /*从队列中取出*/
    ch1=getchar();                              /*按层次顺序读入字符*/
      if (ch1!='#')                             /*建立左子树*/
      { q= (BTree)malloc(sizeof(BNode));
        q->data=ch1;
        t->lchild=q;
        In_SeqQueue(qs,q);
      }
      else t->lchild=NULL;
      ch2=getchar();                            /*按层次顺序读入字符*/
      if(ch2!='#')                              /*建立右子树*/
      { q= (BTree)malloc(sizeof(BNode));
        q->data=ch2;
        t->rchild=q;
        In_SeqQueue(qs,q);
      }
      else t->rchild=NULL;
  }
  return (p);
}
```

6. **分析**：利用二叉树的遍历算法进行改进。根据二叉树的结构特点，将二叉树根结点的左右指针互换，同时分别递归地对左子树和右子树进行同样的操作。

算法描述如下：

```
void Exchange(BTree T)
{   Bnode * p;
    if(T)
    {     p=T->lchild;                          /*交换左右孩子*/
          T->lchild=T->rchild;
          T->rchild=p;
                                                /*递归对左子树和右子树进行同样的操作*/
          Exchange(T->lchild);
          Exchange(T->rchild);
    }
}
```

7. **分析**：对二叉树线索化，实质上就是遍历一棵二叉树。在遍历过程中，访问结点的操作是检查当前结点的左、右指针域是否为空，如果为空，将它们改为指向前驱结点或后继结点的线索。为实现这一过程，设指针 pre 始终指向刚刚已访问过的结点，即若指针

p 指向当前结点,则 pre 指向它的前驱,以便增设线索。可以后序遍历二叉树的同时,进行后序线索化。

算法描述如下:

```
typedef enum{Link,Thread} PointerTag;              /* 指针标志 */
typedef  struct  ThreadNode {
    DataType data;
    struct  ThreadNode * lchild, * rchild;
    PointerTag ltag,rtag;
} ThreadNode, * ThreadTree;
ThreadTree pre;                                    /* 全局变量,用于二叉树的线索化 */
void PostThread(ThreadNode * bt)                   /* 函数调用前 pre 为空 */
{    if(bt)
     {        PostThread(bt->lchild);              /* 后序线索化左子树 */
              PostThread(bt->rchild);              /* 后序线索化右子树 */
              if(bt->lchild==NULL)
              {                                    /* 建立前驱线索 */
                  bt->ltag=Thread;
                  bt->lchild=pre;
              }else
                  bt->ltag=Link;
                                                   /* 建立后继线索 */
              if(bt->rchild==NULL)
                  bt->rtag=Thread;
              else
                  bt->rtag=Link;
              if((pre)&&(pre->rtag==Thread))  pre->rchild=bt;
              pre=bt;
     }
}
```

8. **分析**:对于先序线索二叉树上的任一结点,寻找其先序的后继结点,有以下两种情况:(1)如果该结点的右标志为1,那么其右指针域所指向的结点便是它的后继结点;(2)如果该结点的右标志为0,表明该结点有右孩子,根据先序遍历的定义,如果它有左孩子,则左孩子为后继结点,否则右孩子为后继结点。

算法描述如下:

```
ThreadNode * OutSuccNode(ThreadNode  * p)
{    /* 在先序线索二叉树上寻找结点 p 的先序后继结点,假设 p 非空 */
    ThreadNode * post;
    post=p->rchild;
    if(p->rtag==Link)
    if (p->ltag==Link)
        post=p->lchild;
```

```
else
    post=p->rchild;
return (post);
}
```

9. **分析**：对于后序线索二叉树上的任一结点，寻找其后序的后继结点，有以下两种情况：(1)如果该结点的右标志为 1，那么其右指针域所指向的结点便是它的后继结点；(2)如果该结点的右标志为 0，表明该结点有右孩子，根据后序遍历的定义，如果它是双亲结点的右孩子，则双亲结点即是它的后继，如果它是双亲结点的左孩子且双亲结点无右孩子，则双亲结点即是它的后继，如果它是双亲结点的左孩子且双亲结点有右孩子，则双亲结点的右子树的后序遍历的第一个结点即是它的后继。

算法描述如下：

```
ThreadNode  * OutPostNode(ThreadNode  * p, ThreadNode  * f)
{   /*在后序线索二叉树上寻找结点 p 的后序后继结点,假设 p 非空,f 是 p 的双亲*/
    ThreadNode  * post;
    post=p->rchild;
    if(p->rtag==0)
     if((f->rchild==p)||(f->lchild==p)&&(f->rtag==Thread))
     /*p 是双亲结点 f 的右孩子,或 p 是双亲结点 f 的左孩子且 f 无右孩子*/
        post=f;
     else if((f->lchild==p) &&(f->rtag==0))
                                        /*p 是双亲结点 f 的左孩子且 f 有右孩子*/
            { post=f->rchild;
             /*搜索后序遍历右子树的第一个结点*/
             while(post->ltag==Link||post->rtag==Link)
                                        /*当 post 不是叶子结点*/
                 if(post->ltag==Link) post=post->lchild;
                   else  post=post->rchild;
            }
    return (post);
}
```

10. **提示**：该题目主要考查二叉树遍历算法的应用。算法结构类似于 6.2 节算法设计题第 2 题，只是增加判断结点值是否相等，如果相等则等价，否则不等价。

第7章

图

"图"广泛应用于计算机网络、系统工程、运筹学、交通规划等领域。从工程进度安排到路由器的路由选择问题，都需要图这种复杂的数据结构。图的数据元素之间对应关系是多对多的网状结构关系，所有数据元素可能有多个直接前驱和多个直接后继元素。和离散数学中图论内容的侧重点不同，本章主要学习图的存储结构、图的基本操作以及图的一些经典算法的实现。

7.1 知识点串讲

7.1.1 知识结构图

本章主要知识点的关系结构如图7.1所示。

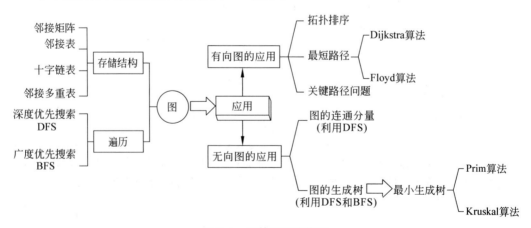

图7.1 图的知识结构图

7.1.2 图的基本概念

1. 图的定义

$G=(V,E)$，其中 V 是图 G 中顶点的集合，E 是图 G 中边的集合，集合 E 中 $P(v_i,v_j)$

表示顶点 v_i 和顶点 v_j 之间有一条直接连线。

2. 相关术语

(1) 无向图、无向完全图。

(2) 有向图、有向完全图。

(3) 顶点、边、弧、弧头、弧尾。

(4) 稠密图、稀疏图。

(5) 度、入度、出度。

(6) 边的权、网图。

(7) 路径、路径长度、回路、简单路径、简单回路。

(8) 子图、生成树。

(9) 连通图、连通分量。

(10) 强连通图、强连通分量。

7.1.3 图的存储结构

1. 邻接矩阵表示

邻接矩阵的存储结构,就是用一维数组存储图中顶点的信息,用一个二维数组表示图中各顶点之间的邻接关系信息,这个二维数组称为邻接矩阵。

$$A[i][j] = \begin{cases} 1 & \text{当顶点 } i \text{ 与 } j \text{ 之间有边或弧时} \\ 0 & \text{当顶点 } i \text{ 与 } j \text{ 之间无边或弧时} \end{cases}$$

若 G 是带权图,则邻接矩阵可定义为:

$$A[i][j] = \begin{cases} w_{ij} & \text{当顶点 } i \text{ 与 } j \text{ 之间有边或弧,且权值为 } w_{ij} \\ 0 & \text{所在的对角线元素}(i == j) \\ \infty & \text{当顶点 } i \text{ 与 } j \text{ 之间无边或弧时} \end{cases}$$

其中,w_{ij} 表示边 (v_i, v_j) 或弧 $<v_i, v_j>$ 上的权值;∞ 表示计算机所允许的一个最大数。

对无向图而言,其邻接矩阵一定是对称矩阵,第 i 行的非零元素个数等于第 i 个顶点的度。

对有向图而言,其邻接矩阵不一定是对称矩阵,第 i 行的非零元素个数等于第 i 个顶点的出度,第 i 列的非零元素个数等于第 i 个顶点的入度。

邻接矩阵存储结构的定义:

```
#define MaxVertexNum  N
typedef struct {
    VertexType   vertexs[MaxVertexNum];                    /* 顶点表 */
    EdgeType   edges[MaxVertexNum][MaxVertexNum];          /* 邻接矩阵,即边表 */
    int vertexNum,edgeNum;                                 /* 顶点数和边数 */
}MGragh;                                          /* MGragh 是以邻接矩阵存储的图类型 */
```

2. 邻接表表示

邻接表是图的一种顺序存储与链式存储结合的存储方法。对于图 G 中的顶点 v_i 而言,将所有邻接于 v_i 的顶点 v_j(边 $E(v_i,v_j)$)链成一个单链表,该单链表就称为顶点 v_i 的邻接表,再将所有顶点的邻接表表头放到数组中,就构成了图的邻接表。

对无向图而言,顶点 v_i 的邻接表中结点的个数就是顶点 v_i 的度;同时每条边信息记录了两次,即同一个边在邻接表中会出现两次。

对有向图而言,顶点 v_i 的邻接表中结点的个数就是顶点 v_i 的出度,要计算顶点 v_i 的入度则需要遍历整个图的邻接表,统计顶点 v_i 在整个邻接表中出现的次数,即该顶点 v_i 的入度。

邻接表存储结构的定义:

```
#define MaxVertexNum  N                    /* 最大顶点数为 N * /
typedef struct node {                      /* 表结点 * /
    int adjvertex;                         /* 邻接点域 * /
    InfoType Info;                         /* 与边 (或弧)相关的信息 * /
struct node * next;                        /* 指向下一个邻接点的指针域 * /
}EdgeNode;
typedef struct vnode {                     /* 顶点结点 * /
    VertexType  vertex;                    /* 顶点域 * /
    EdgeNode * firstedge;                  /* 边表头指针 * /
}VertexNode;
typedef struct {
    VertexNode  adjlist[MaxVertexNum];     /* 邻接表 * /
    int vertexNum,edgeNum;                 /* 顶点数和边数 * /
}ALGraph;                                  /* ALGraph是以邻接表方式存储的图类型 * /
```

3. 十字链表

十字链表是有向图的一种存储方法,它实际上是邻接表与逆邻接表的结合,即把每一条弧的两个结点分别组织到以弧尾顶点为头结点的链表和以弧头顶点为头顶点的链表中。在十字链表表示中,顶点表和边表的结点结构分别如图 7.2 所示。

顶点值域	指针域	指针域		弧尾结点	弧头结点	弧上信息	指针域	指针域
vertex	firstin	firstout		tailvertex	headvertex	info	hlink	tlink

图 7.2　十字链表结点示意图

在十字链表中很容易找到以 v_i 为尾的弧和 v_i 为头的弧,因此很简单的求出顶点 v_i 的出度和入度。

4. 邻接多重表

邻接多重表是一种适用于无向图的链式存储结构。对于无向图而言,使用邻接表每个边需要两个边结点信息,使用邻接多重表则每个边只需一个边结点信息即可。其操作方法同邻接表类似。

7.1.4 图的遍历

1. 深度优先遍历

深度优先搜索遍历类似于树的先根遍历,是树的先根遍历的推广。

假设初始状态是图中所有顶点未曾被访问,则深度优先搜索可从图中某个顶点 v 出发,访问此顶点,然后依次从 v 的未被访问的邻接点出发深度优先遍历图,直至图中所有和 v 有路径相通的顶点都被访问到;若此时图中尚有顶点未被访问,则另选图中一个未曾被访问的顶点作起始点,重复上述过程,直至图中所有顶点都被访问到为止。

遍历图的过程实质是对每个顶点查找其邻接点的过程,其耗费的时间取决于所采用的存储结构。以邻接矩阵作为图的存储结构时,其时间复杂度为 $O(n^2)$;以邻接表作为存储结构时,其时间复杂度为 $O(n+e)$。

2. 广度优先遍历

广度优先搜索遍历类似于树的层次遍历的过程。

假设从图中某顶点 v 出发,在访问了 v 之后依次访问 v 的各个未曾访问过和邻接点,然后分别从这些邻接点出发依次访问它们的邻接点,并使"先被访问的顶点的邻接点"先于"后被访问的顶点的邻接点"被访问,直至图中所有已被访问的顶点的邻接点都被访问到。若此时图中尚有顶点未被访问,则另选图中一个未曾被访问的顶点作起始点,重复上述过程,直至图中所有顶点都被访问到为止。换句话说,广度优先搜索遍历图的过程中以 v 为起始点,由近至远,依次访问和 v 有路径相通且路径长度为 $1,2,\cdots$ 的顶点。

在算法实现过程中,需要利用队列存储结点信息。

7.1.5 图的连通性算法

1. 生成树

利用图的遍历可以得到图的生成树。其中:利用深度优先遍历得到深度优先生成树;利用广度优先遍历得到广度优先生成树。

对于非连通图,通过遍历算法得到的是生成森林,其中每个连通分量生成一棵生成树。

2. 最小生成树

对无向连通图而言,它的所有生成树中必有一棵边的权值总和最小的生成树,该生成树则简称为最小生成树。

最小生成树的构造算法如下所示。

(1) Prim 算法(扩充结点法):从某个顶点集(初始时只有一个顶点)开始,通过加入

与其中顶点相关联的最小代价的边,来扩大顶点集合,直至将所有的顶点包含其中。

(2) Kruskal算法(扩边法):初始时 n 个顶点互不连通,形成 n 个连通分量。通过添加代价最小的边来减少连通分量的个数,直到所有的顶点都在一个连通分量中(需要注意:在产生生成树的过程中,不能产生回路)。

7.1.6　图的应用

1. 最短路径

(1) Dijkstra算法:从某个顶点到其他各顶点的最短路径。

Dijkstra算法是按路径长度递增的次序产生最短路径。其基本思想:设置两个顶点的集合 S 和 T=V−S,集合 S 中存放已找到最短路径的顶点,集合 T 存放当前还未找到最短路径的顶点。初始状态时,集合 S 中只包含源点 v_0,然后不断从集合 T 中选取到顶点 v_0 路径长度最短的顶点 u 加入到集合 S 中,集合 S 每加入一个新的顶点 u,都要修改顶点 v_0 到集合 T 中剩余顶点的最短路径长度值,集合 T 中各顶点新的最短路径长度值为原来的最短路径长度值与顶点 u 的最短路径长度值加上 u 到该顶点的路径长度值中的较小值。此过程不断重复,直到集合 T 的顶点全部加入到 S 中为止。

Dijkstra算法的时间复杂度为 $O(n^2)$。

(2) Floyd算法:求每一对顶点之间的最短路径。

Floyd算法使用邻接矩阵来实现图的存储,逐步增加中间顶点的组成。递推公式如下:

$$D^{(-1)}[i][j] = edges[i][j]$$
$$D^{(k)}[i][j] = Min\{D^{(k-1)}[i][j], \quad D^{(k-1)}[i][k] + D^{(k-1)}[k][j]\} \quad 0 \leqslant k \leqslant n-1$$

其中:$D^{(1)}[i][j]$ 是从 v_i 到 v_j 的中间顶点的序号不大于 1 的最短路径的长度;$D^{(k)}[i][j]$ 是从 v_i 到 v_j 的中间顶点的个数不大于 k 的最短路径的长度;$D^{(n-1)}[i][j]$ 就是从 v_i 到 v_j 的最短路径的长度。

2. 拓扑排序

(1) AOV网:在一个有向无环图中,以图中的顶点来表示活动,有向边表示活动之间的优先关系,则这样活动在顶点上的有向图称为 AOV 网。

(2) 拓扑排序:将一个 AOV 网中所有顶点在不违反先决条件的基础上排成线性序列的过程。

对 AOV 网进行拓扑排序的方法和步骤是:

① 从 AOV 网中选择一个没有前驱的顶点(该顶点的入度为 0)并且输出它。

② 从网中删去该顶点,并且删去从该顶点发出的全部有向边。

③ 重复上述两步,直到剩余的网中不再存在没有前驱的顶点为止。

这样操作的结果有两种:一种是网中全部顶点都被输出,这说明网中不存在有向回路;另一种就是网中顶点未被全部输出,剩余的顶点均不前驱顶点,这说明网中存在有向回路。

3. 关键路径

(1) AOE 网：如果在带权的有向图中，以顶点表示事件，以有向边表示活动，边上的权值表示活动的开销(如该活动持续的时间)，则此带权的有向图称为 AOE 网。

(2) 关键路径：AOE 网中从活动的开始顶点到结束顶点长度最长的路径。

关于关键路径计算所涉及的参量以及计算方法见配套教材，这里不再赘述。

7.2 典型例题精解

一、选择题

1. 具有 7 个顶点的有向图至少应有_____条边才能确保一个强连通图。

  A. 6   B. 7   C. 8   D. 9

分析：该题目主要考查强连通图的定义，强连通图是相对于有向图而言的。由于强连通图中任何两个顶点之间能够互相连通，因此每个顶点至少要有一条已该顶点为弧头的弧和一条以该顶点为弧尾的弧，每个顶点的入度和出度至少各为 1，即顶点的度至少为 2，这样根据图的顶点数、边数以及各顶点的度三者之间的关系计算可得：边数 $=2\times n/2=n$，即有 7 个顶点的有向图保证是任意两个顶点是强连通的，因此每个顶点的入度和出度都为 1 时，则至少拥有 7 个顶点，使得该图构成一个环形结构的图，这样所拥有的边最少。答案选择 B。

2. 在一个无向图中，所有顶点的度数之和等于所有边数___(1)___倍，在一个有向图中，所有顶点的入度之和等于所有顶点出度之和的___(2)___倍。

  A. 1/2   B. 2   C. 1   D. 4

分析：该题目主要考查无向图和有向图的定义，以及入度和出度的概念。在无向图中，每个顶点的度数为其关联的边数，对所有的顶点而言，每一条关联的边都重复计算两次，故在无向图中，所有顶点的度数之和等于所有边数的两倍。对有向图而言，每个弧 $<v_i\rightarrow v_j>$ 分别对应顶点 v_i 的出度和顶点 v_j 的入度，因此所有顶点的入度之和等于所有顶点的出度之和。答案选择 B 和 C。

3. 设无向图的顶点个数为 n，则该图最多有_____条边。

  A. $n-1$ B. $n(n-1)/2$ C. $n(n+1)/2$ D. 0   E. n^2

分析：该题目主要考查无向完全图的定义，根据定义可知，顶点为 n 的无向图最多含有 $n\times(n-1)/2$ 条边。答案选择 B。

4. _____的邻接矩阵是对称矩阵。

  A. 有向图   B. 无向图   C. AOV 网   D. AOE 网

分析：该题目主要考查图的存储结构——邻接矩阵的定义。对无向图而言，其邻接矩阵是对称矩阵；而有向图则不一定。AOV 网和 AOE 网是一种较特殊的有向图。答案选择 B。

5. 在有向图的邻接表存储结构中，顶点 v 在链表结点中出现的次数是_____。

  A. 顶点 v 的度   B. 顶点 v 的出度

C. 顶点 v 的入度　　　　　　　　　　D. 依附于顶点 v 的边数

分析：该题目主要考查邻接表的定义,在有向图中,顶点 v 在链表中出现实际上意味着该顶点 v 是某个弧的弧尾,故顶点 v 在链表结点中出现的次数是顶点 v 的入度。答案选择 C。

6. 采用邻接表存储图的深度优先遍历算法类似于树的_____。

　　A. 中根遍历　　　B. 先根遍历　　　C. 后根遍历　　　D. 层次遍历

分析：该题目主要考查图的深度优先遍历和广度优先遍历算法,深度优先算法类似于树的先根遍历,而图的广度优先算法类似于树的层次遍历。答案选择 B。

7. 关键路径是指 AOE(Activity On Edge)网中_____。

　　A. 最长的回路

　　B. 最短的回路

　　C. 从源点到汇点(结束顶点)的最长路径

　　D. 从源点到汇点(结束顶点)的最短路径

分析：AOE 网是一个有向图,通常用来估算工程的完成时间,图中的顶点表示事件,有向边表示活动,边上的权表示完成这一活动所需的时间。AOE 网没有有向回路,存在唯一的入度为零的开始顶点,及唯一的出度为零的结束顶点。对 AOE 网最关心的两个问题:完成整个工程至少需要多少时间？哪些活动是影响工程进度的关键？这就引出两个概念:关键路径和关键活动。从开始顶点到结束顶点的最长路径是关键路径,路径的长度也是工程完成的最少时间。关键路径上的所有活动是关键活动,关键活动的最大特征是:该活动的最早开始时间等于该活动所允许的最迟开始时间。关键活动拖延时间,整个工程也要拖延时间。求关键路径只需求出起点到终点的最长路径即可,注意关键路径不是唯一的。答案选择 C。

8. 已知 AOE 网中顶点 $v_1 \sim v_7$ 分别表示 7 个事件,弧 $a_1 \sim a_{10}$ 分别表示 10 个活动,弧上的数值表示每个活动花费的时间,如图 7.3 所示。那么,该网关键路径的长度为 ___(1)___ ,活动 a_6 的松弛时间(活动的最迟开始时间-活动的最早开始时间)为 ___(2)___ 。

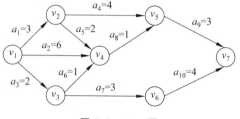

(1) A. 7　　　　　　　B. 9

　　C. 10　　　　　　D. 11

(2) A. 3　　　　　　　B. 2

　　C. 1　　　　　　　D. 0

图 7.3　AOE 网

分析：该题目主要考查关键路径所涉及的参量及其计算方法。(1)关键路径就是从起点到终点最长的路径。直接从图 7.3 中发现,$v_1 v_4 v_5 v_7$ 就是一条,长度为 10。(2)从关键路径中可以看出,v_1 到 v_4 需要花费的时间为 6,活动 a_6 至少要在经过时间 2 后才能开始,最晚开始时间为:$6-2=4$,则活动 a_6 的松弛时间是 $4-2=2$。答案选择(1)C、(2)A。

9. 判断有向图是否存在回路,除了可以利用拓扑排序方法外,还可以利用_____。

　　A. 求关键路径的方法　　　　　　　B. 求最短路径的 Dijkstra 算法

C. 深度优先遍历算法   D. 广度优先遍历算法

分析：该题目主要考查有向图的回路问题,判断有向图是否存在可直接利用拓扑排序方法外,也可以利用深度优先遍历算法。因为从顶点 v 出发,如果能够搜索到顶点 v 则表示从顶点 v 到顶点 v 之间存在一条简单回路。Dijkstra 算法主要用来计算从某个源点到其余顶点的最短路径问题,而不涉及回路计算的问题。对关键路径而言,必须保证 AOE 网没有回路。答案选择 C。

10. 在有向图 G 的拓扑序列中,若顶点 v_i 在顶点 v_j 之前,则下列情形不可能出现的是_____。

    A. G 中有弧 $<v_i,v_j>$ B. G 中有一条从 v_i 到 v_j 的路径
    C. G 中没有弧 $<v_i,v_j>$ D. G 中有一条从 v_j 到 v_i 的路径

分析：该题目主要考查拓扑序列的概念。在给出有向图 $G=(V,E)$,对于 V 中顶点的线性序列 $(v_{i1}, v_{i2}, \cdots, v_{in})$,如果满足如下条件:若在 G 中顶点 v_i 到 v_j 有一条路径,则在序列中顶点 v_i 必在顶点 v_j 之前,则该序列称为 G 的一个拓扑序列。根据定义可知,顶点 v_i 在顶点 v_j 之前,并不能说明顶点 v_i 和顶点 v_j 之间邻接关系,但不可能存在一条从 v_j 到 v_i 的路径。因为存在从 v_j 到 v_i 的路径则说明顶点 v_j 必须在顶点 v_i 之前,这与题目产生矛盾,因此答案选择 D。

11. 以下说法错误的是_____。

    A. 用邻接矩阵法存储一个图时,在不考虑压缩存储的情况下,所占用的存储空间大小只与图中结点个数有关,而与图的边数无关
    B. 邻接表法只能用于有向图的存储,而邻接矩阵法对于有向图和无向图的存储都适用
    C. 存储无向图的邻接矩阵是对称的,因此只要存储邻接矩阵的下(或上)三角部分就可以了
    D. 用邻接矩阵 A 表示图,判定任意两个结点 v_i 和 v_j 之间是否由长度为 m 的路径相连,则只要检查 A 的第 i 行第 j 列的元素是否为 0 即可

分析：该题目主要考查邻接表和邻接矩阵两种存储结构的特点。邻接矩阵存储图时,在不考虑压缩存储的情况下,所占用的存储空间大小只与图中结点个数 n 有关,而与图的边数 e 无关,因此其存储空间为 $O(n^2)$。对无向图而言,其邻接矩阵是对称的,在考虑存储压缩时,只要存储其邻接矩阵的下(或上)三角部分即可。对邻接矩阵 A 而言,A 的第 i 行第 j 列的元素是否为 0 只能判断顶点 v_i 和 v_j 之间是否存在边(邻接关系),并不能说明其之间存在长度为 m 的路径。对邻接表而言,无向图和有向图都可以利用邻接表进行存储,只不过无向图的边信息需要在邻接表中出现两次,存储效率不是很高。答案选择 B 和 D。

12. 强连通分量是_____的极大连通子图。

    A. 无向图   B. 有向图   C. 树   D. 图

分析：该题目考查强连通分量的定义,强连通图是对有向图而言的,其图中任何两点间是相互可达的。因此强连通分量是有向图的极大强连通子图。答案选择 B。

13. 在图的存储结构表示中,表示形式唯一的是_____。

　　A. 邻接矩阵表示法　　　　　　　　B. 邻接表表示法

　　C. 逆邻接表表示法　　　　　　　　D. 邻接表和逆邻接表表示法

分析:该题目主要考查邻接表和邻接矩阵的特点,一个图的邻接矩阵表示是唯一的,而邻接表和逆邻接表表示不唯一。因为在邻接表表示中,各顶点的链接次序取决于建立邻接表的算法以及边的输入次序,即在邻接表的每个顶点的单链表中,各顶点的顺序是任意的。而对于无向图其邻接矩阵是对称的。答案选择 A。

14. 用 DFS 遍历一个有向无环图,并在 DFS 算法退栈返回时打印出相应顶点,则输出的顶点序列是_____。

　　A. 逆拓扑有序的　　B. 拓扑有序的　　C. 无序的　　D. DFS 遍历序列

分析:该题目主要考查深度遍历算法的具体实现算法过程。当有向图无环时,则由图中某点出发进行深度优先遍历,最先退出 DFS 函数的顶点即出度为零的顶点,是拓扑有序序列中最后一个顶点。因此按 DFS 函数的先后记录下来的顶点序列即为逆向的拓扑有序序列。答案选择 A。

15. 对于含有 n 个顶点 e 条边的无向连通图,利用 Kruskal 算法生成最小生成树,其时间复杂度为_____。

　　A. $O(e\log_2 e)$　　　　B. $O(e×n)$　　　　C. $O(e\log_2 n)$　　D. $O(n\log_2 n)$

分析:该题目主要考查两种最小生成树的算法时间复杂度。Kruskal 算法的时间复杂度为 $O(e\log e)$;Prim 算法的时间复杂度为 $O(n^2)$。因此 Prim 算法与网中边数无关,适合求稠密网的最小生成树;Kruskal 算法的时间复杂度与图的边数有关,适合求稀疏网的最小生成树。因此答案选择 A。

16. 对含有 n 条边的无向图而言,其邻接表中边数为_____。

　　A. n　　　　　　　B. $2n$　　　　　　C. $n/2$　　　　　D. $n×n$

分析:该题目主要考查无向图的存储结构——邻接表的特点。由于无向图的每一条边可以认为是两条有向边(弧)构成的,因此在邻接表中该边会出现两次,故含 n 条边的无向图的邻接表中,边的个数为 $2n$ 个。答案选择 B。

17. 在图结构中,每个结点的前驱结点数和后继结点数可以有_____。

　　A. 1个　　　　　　　B. 2个　　　　　　C. 任意多个　　D. 0个

分析:该题目主要考查图逻辑结构的关系。图结构是一种非线性结构,每个结点的前驱和后继结点是多对多的关系;树的前驱结点和后继结点是一对多的关系;而线性表则是一对一的关系。答案选择 C。

18. 下面的叙述中,不正确的是_____。

　　A. 任何关键活动不按期完成就会影响整个工程的完成时间

　　B. 任何一个关键活动提前完成,将使整个工程提前完成

　　C. 所有关键活动都提前完成,将使整个工程提前完成

　　D. 所有关键活动不按期完成就会影响整个工程的完成时间

分析:该题目主要考查关键路径和关键活动的概念。关键路径是从开始顶点到结束顶点的最长路径,路径的长度也是工程完成的最少时间。关键路径上的所有活动是关键

活动,关键活动的最大特征是:该活动的最早开始时间等于该活动所允许的最迟开始时间。关键活动拖延时间,整个工程也要拖延时间。由于关键路径并不是唯一的,因此任何一个关键活动提前完成,都不一定使整个工程提前完成。因此选项 B 的说法有问题,没有考虑到关键路径并不唯一,答案选择 B。

二、判断题

1. 对任意一个图,从它的某个顶点出发,进行一次深度优先或广度优先搜索,即可访问图的每个顶点。

答案:错误。

分析:该题目主要考查连通图与非连通图的定义。对于连通图而言,从它的某个顶点出发,进行一次深度优先或广度优先搜索,即可访问图的每个顶点;对于非连通图而言,从某个顶点出发,进行一次深度优先或广度优先搜索,只能访问连通分量内的每个顶点,若要访问图的所有顶点,还需从余下的连通分量中选择一顶点出发进行遍历。

2. 一个有向图的邻接表和逆邻接表中表结点的个数一定相等。

答案:正确。

分析:该题目主要考查邻接表和逆邻接表的区别。对有向图而言,每条弧 $<v_i,v_j>$ 分别对应顶点 v_i 的出度和顶点 v_j 的入度,故邻接表和逆邻接表中表结点的个数一定是弧的个数。

3. 有 n 个顶点的无向图,采用邻接矩阵表示,图中的边数等于邻接矩阵中非零元素之和的一半。

答案:正确。

分析:该题目主要考查无向图的邻接矩阵表示。无向图的邻接矩阵是对称阵,因此图中的边数等于邻接矩阵中非零元素之和的一半。

4. 树的先根遍历算法可以理解为深度优先遍历算法的一种特殊形式。

答案:正确。

分析:该题目主要考查图的深度优先遍历算法理解。遍历深度优先搜索遍历类似于树的先根遍历,是树的先根遍历的推广。从逻辑结构上说,树可以理解为图的一种特殊形式。

5. 连通图上各边权值均不相同,则该图的最小生成树是唯一的。

答案:正确。

分析:该题目主要考查图的最小生成树的概念。对连通图而言,边上的权值均不相同,又因为最小生成树的权值之和是最小的,故该最小生成树一定是唯一的。若图中有相同权值的边则所对应的生成树则可能不唯一。

6. Prim 算法的时间主要取决于边数,因此,它比较适合于稀疏图。

答案:错误。

分析:该题目主要考查读者对 Prim 算法和 Kruskal 算法的时间复杂度的掌握。Prim 算法的时间复杂度为 $O(n^2)$,Kruskal 算法的时间复杂度为 $O(eloge)$,其中 n 为图的顶点个数,e 为图的边数。因此从时间复杂度上看,Prim 算法适用于顶点较少的稠密图,而 Kruskal 算法适用于边较少的稀疏图。

7. 任何有向图的结点都可以排成拓扑排序,而且拓扑序列不唯一。

答案:错误。

分析:该题目主要考查拓扑排序的概念,对具有回路的有向图而言,它将无法完成拓扑排序。

8. 在 n 个顶点的无向图中,若边数大于 $n-1$,则该图必是连通图。

答案:错误。

分析:该题目主要考查连通图的定义,对非连通图而言,如图 7.4 所示,图中有五个顶点,其中边为 6 大于 $4(n-1)$,满足命题条件,但该图是非连通图。

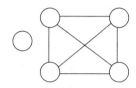

图 7.4 非连通图

9. 图的深度优先遍历序列和广度优先遍历序列不是唯一的。

答案:正确。

分析:该题目主要考查图的两种遍历算法,从图的逻辑结构出发考查其遍历过程,这两种遍历过程得到的序列不唯一。从图的存储结构而出发,图的深度优先遍历序列和广度优先遍历序列是唯一的。

10. 缩短关键路径上活动的工期一定能够缩短整个工程的工期。

答案:错误。

分析:该题目主要考查关键路径的定义和应用关键路径的目的。计算关键路径的目的就是列出哪些活动是关键活动。其中某些关键活动的提前完成,则有可能使得整个工程的工期缩短,但是并不是绝对的。应该说缩短关键路径上活动的工期能够缩短整个工程的工期,并不是绝对的。

三、填空题

1. 有向图中的结点前驱后继关系的特征是_____。

答案:多对多关系

分析:此题目主要考查图的逻辑结构的特点,对图而言,结点的前驱后继关系是多对多的关系。

2. 假定一个无向图,有 n 个顶点和 e 条边,则用邻接矩阵存储时,求任何顶点度数的时间复杂度为_____;用邻接表存储时,求任何顶点度数的时间复杂度为_____。

答案:$O(n)$、$O(e)$

分析:此题目主要考查无向图的存储结构特点,对无向图的邻接矩阵而言,求任何顶点度数只需要统计该顶点所对应的列或行非零个数即可,因此其时间复杂度为 $O(n)$;对无向图的邻接表而言,访问图中某个顶点的度数就是统计以该顶点为表头结点的单链表,故其时间复杂度为 $O(e)$。

3. 已知一个有向图的邻接矩阵表示,删除所有从第 i 个结点出发的边的方法是_____。

答案:将邻接矩阵的第 i 行全部置 0

分析:此题目主要考查邻接矩阵的存储特点,对有向图而言,邻接矩阵的第 i 行对应的是顶点 v_i 的所有出度边,因此删除所有从第 i 个结点出发的边只需要将邻接矩阵的第

i 行全部置 0 即可。

4. n 个顶点的连通图用邻接矩阵表示时,该矩阵至少有_____个非零元素。

答案:$2(n-1)$

分析:此题目考查连通图的性质(见本节判断题中的第 8 题),对 n 个顶点的连通图而言,至少存在 $n-1$ 条边。因此该矩阵至少有 $2(n-1)$ 个非零元素。

5. 图的邻接表如图 7.5 所示。

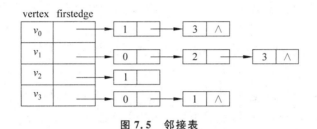

图 7.5 邻接表

(1) 从顶点 v_0 出发进行深度优先搜索,遍历的顶点顺序为_____。

(2) 从顶点 v_0 出发进行广度优先搜索,遍历的顶点顺序为_____。

答案:$v_0 \rightarrow v_1 \rightarrow v_2 \rightarrow v_3$、$v_0 \rightarrow v_1 \rightarrow v_3 \rightarrow v_2$

分析:此题目主要考查图的遍历算法的具体实现,按照深度优先搜索算法,其遍历的顶点顺序为 $v_0 \rightarrow v_1 \rightarrow v_2 \rightarrow v_3$;按照广度优先搜索算法,其遍历的顶点顺序为 $v_0 \rightarrow v_1 \rightarrow v_3 \rightarrow v_2$。需要注意:对于图,当对图的存储结构进行遍历算法时得到的遍历序列一定是唯一的,但是对逻辑结构进行遍历时,得到的遍历序列并不唯一。

6. 当从某源点到其余各个顶点的 Dijkstra 算法,当图的顶点数为 10,用邻接矩阵表示图时计算时间约 10ms,则当图的顶点数为 40 时,计算时间约为_____ms。

答案:160

分析:此题目主要考查 Dijkstra 算法的时间复杂度。因为 Dijkstra 算法的时间复杂度为 $O(n^2)$,计算时间与图的顶点数的平方成正比关系。因此当图的顶点数为 40 时,计算时间约为 160ms。

7. 写出如图 7.6 所示的三个拓扑序列_____。

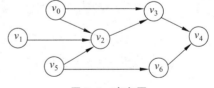

图 7.6 有向图

答案:$v_0 v_1 v_5 v_2 v_6 v_3 v_4$、$v_5 v_1 v_0 v_6 v_2 v_3 v_4$、$v_0 v_1 v_5 v_2 v_3 v_6 v_4$

分析:该题目主要考查拓扑排序的算法,对有向无环图的逻辑结构而言,其拓扑排序序列有很多。这里仅列出三个拓扑序列:$v_0 \rightarrow v_1 \rightarrow v_5 \rightarrow v_2 \rightarrow v_6 \rightarrow v_3 \rightarrow v_4$、$v_5 \rightarrow v_1 \rightarrow v_0 \rightarrow v_6 \rightarrow v_2 \rightarrow v_3 \rightarrow v_4$、$v_0 \rightarrow v_1 \rightarrow v_5 \rightarrow v_2 \rightarrow v_3 \rightarrow v_6 \rightarrow v_4$。

8. 一个有向图 G 中若有弧 $<v_i,v_j>$、$<v_j,v_k>$ 和 $<v_i,v_k>$,则在图 G 的拓扑序列中,顶点 v_i、v_j 和 v_k 的相对位置为_____。

答案:$v_i \rightarrow v_j \rightarrow v_k$

分析:该题目主要考查拓扑排序的定义和性质。有向图 G 中存在弧 $<v_i,v_j>$、

$<v_j,v_k>$和$<v_i,v_k>$,其逻辑结构同图 7.7 类似。在拓扑排序过程中,其相对位置应该为 $v_i \rightarrow v_j \rightarrow v_k$。因为 v_i 必须最先遍历,v_k 最后遍历。

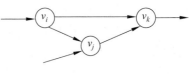

图 7.7　有向图

9. 当一个 AOV 网用邻接表表示时,可按下列方法进行拓扑排序。

(1) 查邻接表中入度为_____的顶点,并进栈。

(2) 若栈不空,则①输出栈顶元素 v_j,并退栈;②查 v_j 的直接后继 v_k,对 v_k 入度处理,处理方法是_____。

(3) 若栈空时,输出"顶点数小于图的顶点数",说明有_____,否则拓扑排序完成。

答案:0、v_k 的入度值-1、回路

分析:该题目主要考查拓扑排序的具体算法。按照拓扑排序算法:(1)查找图中入度为 0 的顶点;(2)若栈非空,输出栈顶元素 v_j,接着处理 v_j 的后继结点 v_k,将 v_k 的入度减 1;(3)最后,若栈空,输出的顶点数小于图的顶点数,则说明该图含有回路。

四、应用题

1. 已知一个无向图及对应的邻接表如图 7.8 所示。

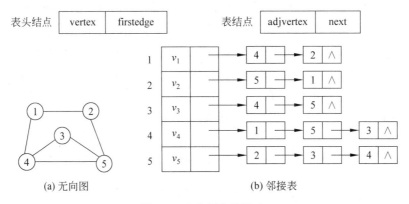

(a) 无向图　　　　(b) 邻接表

图 7.8　无向图和邻接表

相应的深度优先遍历算法如下:

```
DFS(ALGraph g  int v)
{ EdgeNode * p;                          /* 定义指向表结点的指针 */
    printf("%d",g.adjlist[v].vertex);    /* 输出表头结点值 */
    visited[v]=1;                        /* 对该结点置已访问过标志 */
    p=g.adjlist[v].firstedge;            /* 使 p 指向与该结点相邻的下一个结点 */
    while(p!=NULL)                       /* 该结点存在 */
    {
        If(!visited[p->adjvertex])  DFS(g,p->adjvertex);
        /* 若该相邻结点的下一个结点未被访问过则继续深度优先搜索 */
        p=p->next;                       /* 使 p 顺序后移,指向与该结点相邻的另一个结点 */
```

```
        }
    }
```

试对图 7.8(b)所示的邻接表分析该算法执行时深度优先遍历的过程,由此写出其遍历序列并给出其深度优先搜索树。

分析与答案:本题主要考查 DFS 具体算法实现细节以及对递归函数的理解。在 DFS 算法中,一个顶点调用 DFS 的次数是不确定的,是由其相邻顶点的个数以及位置确定。递归调用 DFS 算法的过程如图 7.9 所示。其中,①、②、③、④分别为递归调用 DFS 的顺序。

根据图 7.9 所示的示意图,可知深度优先遍历序列为: v_1、v_4,v_5,v_2,v_3;因此相对应的深度优先搜索树(由递归层次可知,在表头结点 v_5 这一层上调用了两次递归,即结点 v_5 的孩子分别是结点 v_2 和结点 v_3)如图 7.10 所示。

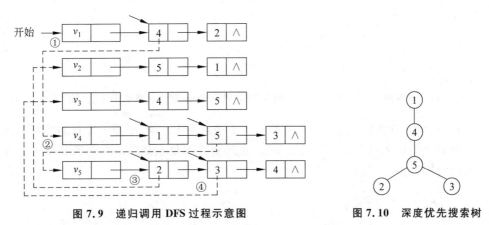

图 7.9 递归调用 DFS 过程示意图   **图 7.10   深度优先搜索树**

注意:*对于图的逻辑结构而言,从图中的某个顶点出发进行深度优先或广度优先遍历时,得到的遍历序列不唯一。但对图的存储结构来说,其先后次序是确定的,这样得到的深度优先和广度优先遍历序列是唯一的,因此得到的深度优先和广度优先生成树也是唯一的。*

2. DFS 和 BFS 遍历各采用什么样的数据结构来暂存顶点? 当要求连通图的生成树的高度最小,应采用何种遍历? 当要求连通图的生成树的高度最大时,应采用何种遍历?

分析与答案:该题目主要考查对深度遍历(DFS)和广度遍历(BFS)算法基本思想的理解。当进行 DFS 遍历算法时,需要利用栈来存储顶点信息,因为 DFS 算法无论是递归实现还是非递归实现,都需要利用栈保存临时信息。当进行 BFS 遍历算法时,则要利用队列保存顶点的临时信息。

若要求得连通图中一个以某个给定顶点为根且高度最小的生成树,应从所给定的顶点开始进行广度优先遍历。因为广度优先搜索的特点是从初始顶点开始,由近及远,依次访问与初始顶点有路径相连通且路径长度为 1、2、3、…的顶点,因此由广度优先搜索过程所得到的生成树一定是一个高度最小的生成树。

若要求一个高度最大的生成树,应从所给定的顶点开始进行深度优先遍历,深度优先搜索总是沿当前顶点向纵深方向发展。因此,对于连通图,由深度优先搜索得到的生成树一定是一个高度最大的生成树。

3. 对于图 7.11 所示的连通图,请分别用 Prim 和 Kruskal 算法构造其最小生成树。

分析与答案:该题目主要考查对最小生成树算法过程。

(1) Prim 算法的基本思想:从某个顶点集(初始时只有一个顶点)开始,通过加入与其中顶点相关联的最小代价的边,来扩大顶点集合,直至将所有的顶点包含其中。其最小生成树的构造过程如图 7.12 所示(假设从顶点 v_1 开始)。

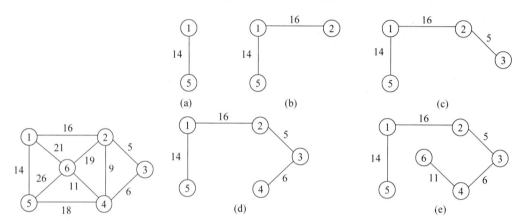

图 7.11 连通图

图 7.12 利用 Prim 算法生成最小生成树过程

(2) Kruskal 算法的基本思想:初始时 n 个顶点互不连通,形成 n 个连通分量。通过添加代价最小的边来减少连通分量的个数,直到所有的顶点都在一个连通分量中。其最小生成树的构造过程如图 7.13 所示。

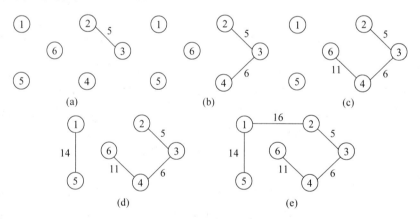

图 7.13 利用 Kruskal 算法生成最小生成树过程

4. 对如图 7.14 所示的有向图,试利用 Dijkstra 算法求源点 1 到其他各顶点的最短路径,要求给出相应的求解步骤。

分析与答案:该题目主要考查 Dijkstra 算法的具体实现。Dijkstra 算法的思想起源于:若按长度递增次序生成从源点到其他顶点的最短路径,则当前正在生成的最短路径除终点之外,其余顶点的最短路径均已生成。其算法

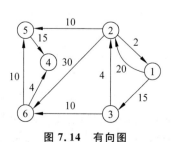

图 7.14 有向图

思想见《数据结构（C 语言版）》教材第 7.5.1 节中最短路径（Dijkstra 算法）部分。在此算法中需要引进一个辅助量 D，它的每个分量 D$[i]$ 表示当前所找到的从始点 v 到每个终点 v_i 的最短路径的长度。它的初态为：若从 v 到 v_i 有弧，则 D$[i]$ 为弧上的权值；否则置 D$[i]$ 为∞。然后根据一定的规则确定下一条路径。

对于图 7.14 而言，从源点 v_1 到其余各顶点的最短路径及其长度的变化情况如表 7.1 所示。

表 7-1 从 v_1 到其余各顶点的最短路径及长度变化

步骤 \ 顶点		v_2	v_3	v_4	v_5	v_6	所求最短路径
初态	长度 最短路径	20 (v_1,v_2)	15 (v_1,v_3)	∞ (v_1,v_4)	∞ (v_1,v_5)	∞ (v_1,v_6)	15 (v_1,v_3)
1	长度 最短路径	19 (v_1,v_3,v_2)		∞ (v_1,v_4)	∞ (v_1,v_5)	25 (v_1,v_3,v_6)	19 (v_1,v_3,v_2)
2	长度 最短路径			∞ (v_1,v_4)	29 (v_1,v_3,v_2,v_5)	25 (v_1,v_3,v_6)	25 (v_1,v_3,v_6)
3	长度 最短路径			29 (v_1,v_3,v_6,v_4)	29 (v_1,v_3,v_2,v_5)		29 (v_1,v_3,v_6,v_4)
4	长度 最短路径				29 (v_1,v_3,v_2,v_5)		29 (v_1,v_3,v_2,v_5)

因此，利用 Dijkstra 算法求得从 v_1 到其余各个顶点的最终的最短路径及其长度表示如下：

$v_1 \rightarrow v_2$：路径为 (v_1,v_3,v_2)，长度为 19。

$v_1 \rightarrow v_3$：路径为 (v_1,v_3)，长度为 15。

$v_1 \rightarrow v_4$：路径为 (v_1,v_3,v_6,v_4)，长度为 29。

$v_1 \rightarrow v_5$：路径为 (v_1,v_3,v_2,v_5)，长度为 29。

$v_1 \rightarrow v_6$：路径为 (v_1,v_3,v_6)，长度为 25。

5. 什么是 AOE 网？求图 7.15 所示 AOE 网中的关键路径（要求标明每个顶点的最早发生时间和最迟发生时间，以及每个活动的最早开始时间和最晚开始时间，并画出关键路径）。

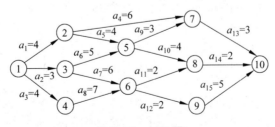

图 7.15　AOE 图

分析与答案：本题主要考查 AOE 网的基本概念以及求关键路径的基本思想和具体算法过程。实际上求关键路径时，仅仅知道每个顶点的最早发生时间和最迟发生时间即可(在本题中同样给出了每个活动的最早开始时间和最晚开始时间),其目的使读者能够详细了解关键路径的详细求解过程。

AOE 网是一个带权的有向无环图,其中:顶点表示事件(Event),边表示活动,权表示活动持续的时间。在实际应用中,利用 AOE 网来表示任务之间先后关系以及时间上的约束关系。

当 AOE 网表示一个工程时,在正常情况下不存在回路。在图 7.15 中,只存在一个源点和一个终点,故该图存在一条从源点到终点的最大路径长度(关键路径)。在计算关键路径时,首先要计算每个事件的最早发生时间和最晚发生时间(见表 7.2),其次要计算每个活动的最早开始时间和最迟开始时间(见表 7.3),最后则根据各个活动的最早开始时间和最迟开始时间得到关键活动(最早开始时间等于最迟开始时间的活动)。

表 7.2　AOE 网中每个事件的最早发生时间和最晚发生时间

事　件	v_1	v_2	v_3	v_4	v_5	v_6	v_7	v_8	v_9	v_{10}
最早发生时间	0	4	3	4	8	11	11	13	13	18
最迟发生时间	0	8	5	4	12	11	15	16	13	18

表 7.3　AOE 网中每个活动的最早开始时间和最迟开始时间

活　　动	a_1	a_2	a_3	a_4	a_5	a_6	a_7	a_8	a_9	a_{10}	a_{11}	a_{12}	a_{13}	a_{14}	a_{15}
最早开始时间	0	0	0	4	4	3	3	4	8	8	11	11	11	13	13
最晚开始时间	4	2	0	9	8	7	5	4	12	12	14	11	13	16	13
松弛时间	4	2	0	5	4	4	2	0	4	4	3	0	2	3	0

根据各个活动的最早开始时间和最迟开始时间可以看出 a_3,a_8,a_{12},a_{15} 为关键活动,因此关键路径为(v_1,v_4,v_6,v_9,v_{10})。

6. 已知图的邻接矩阵为:

	v_1	v_2	v_3	v_4	v_5	v_6	v_7	v_8	v_9	v_{10}
v_1	0	1	1	1	0	0	0	0	0	0
v_2	0	0	0	1	1	0	0	0	0	0
v_3	0	0	0	1	0	1	0	0	0	0
v_4	0	0	0	0	0	1	1	0	1	0
v_5	0	0	0	0	0	0	1	0	0	0
v_6	0	0	0	0	0	0	1	1	0	0
v_7	0	0	0	0	0	0	0	1	0	0
v_8	0	0	0	0	0	0	0	0	0	1
v_9	0	0	0	0	0	0	0	0	0	1
v_{10}	0	0	0	0	0	0	0	0	0	0

当用邻接表作为图的存储结构,且邻接表都按序号从小到大排序时,试用教材中的

BFS 算法和拓扑排序算法写出：

(1) 以顶点 v_1 为出发点的唯一的广度优先遍历序列。

(2) 该图的唯一的拓扑有序序列。

分析与答案：该题目主要考查对图的具体存储结构（邻接矩阵）、图的遍历和拓扑排序结果（序列）是唯一的 。

(1) 以顶点 v_1 为出发点的广度优先遍历顺序为：$v_1 \rightarrow v_2 \rightarrow v_3 \rightarrow v_4 \rightarrow v_5 \rightarrow v_6 \rightarrow v_7 \rightarrow v_9 \rightarrow v_8 \rightarrow v_{10}$。因为从 v_1 出发，首先访问 v_1，然后访问与 v_1 关联的顶点 v_2、v_3、v_4（从邻接矩阵中 v_1 所对应的行），然后依次访问与顶点 v_2、v_3、v_4 相关联的顶点 v_5、v_6 和 v_7，最后依次访问 v_9、v_8、v_{10}。

(2) 该图的拓扑排序过程为：首先计算出各个顶点的入度值(0,1,1,3,1,2,2,1,3,2)，将入度为 0 的顶点进栈，只要当前栈不空一直做。

退栈并访问入度为 0 的顶点 v_1，然后将与顶点 v_1 相关联的顶点 v_2、v_3、v_4 的入度值减 1，得到各个顶点的入度值(0,0,0,2,1,2,2,1,3,2)，0 表示此顶点已经出栈。由于入度为 0 的顶点依次进栈，从栈顶弹出 v_3 并访问同时将与顶点 v_3 相关联的顶点 v_4、v_6 的入度值减 1，得到各个顶点的入度值(0,0,0,1,1,1,2,1,3,2)，从栈中弹出 v_2 并访问同时将与顶点 v_2 相关联的顶点 v_4、v_5 的入度值减 1，得到各个顶点的入度值(0,0,0,0,0,1,2,1,3,2)，弹出 v_5……按照上述过程依次进行，得到的拓扑排序序列为：$v_1 \rightarrow v_3 \rightarrow v_2 \rightarrow v_5 \rightarrow v_4 \rightarrow v_7 \rightarrow v_6 \rightarrow v_9 \rightarrow v_8 \rightarrow v_{10}$。

7. 什么样的 DAG 的拓扑排序是唯一的？

分析与答案：本题主要考查 DAG 图的定义和拓扑排序的主要思想。有向无环图是一个无环的有向图，简称 DAG 图。DAG 图是一类较有向树更一般的特殊有向图。若要其拓扑排序唯一，则该图必须具备如下条件：初始无前驱的顶点只有一个，然后输出一个顶点后只有一个顶点无前驱。这意味着 DAG 图只有一个度入度为零的顶点，在顶点输出后得到的后继顶点的入度为 0 的顶点个数为 1，这样得到的拓扑排序是唯一的。

8. 给定五个乡镇之间的交通图如图 7.16 所示，乡镇之间道路的长度如图 7.16 所示。现在要在这五个乡镇中选择一个乡镇建立一个消防站，问这个消防站应建在哪个乡镇，才能使所有的乡镇到消防站的总路程最短。试回答解决上述问题应采用什么算法，并写出应用该算法解答上述问题的每一步计算结果。

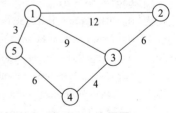

图 7.16 交通图

分析与答案：本题主要考查 Floyd 算法的主要思想和主要步骤，同时要求能够合理地运用求最短路径的不同算法。根据该问题的要求，需要求出任何两个顶点之间地路径长度。根据 Floyd 算法求解，其具体求解如下。

$$\boldsymbol{A}^{(0)} = \begin{bmatrix} 0 & 12 & 9 & \infty & 3 \\ 12 & 0 & 6 & \infty & \infty \\ 9 & 6 & 0 & 4 & \infty \\ \infty & \infty & 4 & 0 & 6 \\ 3 & \infty & \infty & 6 & 0 \end{bmatrix} \quad \boldsymbol{A}^{(1)} = \begin{bmatrix} 0 & 12 & 9 & \infty & 3 \\ 12 & 0 & 6 & \infty & 15 \\ 9 & 6 & 0 & 4 & 12 \\ \infty & \infty & 4 & 0 & 6 \\ 3 & 15 & 12 & 6 & 0 \end{bmatrix}$$

$$
\boldsymbol{A}^{(2)} = \begin{bmatrix} 0 & 12 & 9 & \infty & 3 \\ 12 & 0 & 6 & \infty & 15 \\ 9 & 6 & 0 & 4 & 12 \\ \infty & \infty & 4 & 0 & 6 \\ 3 & 15 & 12 & 6 & 0 \end{bmatrix} \quad \boldsymbol{A}^{(3)} = \begin{bmatrix} 0 & 12 & 9 & 13 & 3 \\ 12 & 0 & 6 & 10 & 15 \\ 9 & 6 & 0 & 4 & 12 \\ 13 & 10 & 4 & 0 & 6 \\ 3 & 15 & 12 & 6 & 0 \end{bmatrix}
$$

$$
\boldsymbol{A}^{(4)} = \begin{bmatrix} 0 & 12 & 9 & 13 & 3 \\ 12 & 0 & 6 & 10 & 15 \\ 9 & 6 & 0 & 4 & 10 \\ 13 & 10 & 4 & 0 & 6 \\ 3 & 15 & 10 & 6 & 0 \end{bmatrix} \quad \boldsymbol{A}^{(5)} = \begin{bmatrix} 0 & 12 & 9 & 9 & 3 \\ 12 & 0 & 6 & 10 & 15 \\ 9 & 6 & 0 & 4 & 10 \\ 9 & 10 & 4 & 0 & 6 \\ 3 & 15 & 10 & 6 & 0 \end{bmatrix}
$$

从 $\boldsymbol{A}^{(5)}$ 中的第 3 列或 4 列中可以看出,到其余村庄的距离之和为 $29(9+6+4+10)$。因此消防站应该设置在第 3 个或第 4 个庄村上,才能使所有的乡镇到消防站的总路程最短。

五、算法设计题

1. 设计一个算法,将一个有 n 个顶点无向图的邻接表结构转换成邻接矩阵结构。设邻接表头指针为 head。

分析:首先建立含有 n 个顶点的邻接矩阵(初始时数据元素为 0),从邻接表头指针开始依次访问各个表头结点 v_i,访问与结点所相邻的顶点 v_j,获得边信息 $v_i \rightarrow v_j$,将邻接矩阵的 $A[i][j]$ 置为 1(若无向图为网络,则将 $A[i][j]$ 置为权值)。

算法描述如下:

```
MGraph * ListToMatrixt(ALGraph * head)      /*入口参数为邻接表,返回值为邻接矩阵*/
{   int i,j;
    MGraph * mg;
    VertexNode * p;
    EdgeNode * q;
    mg=(MGraph *)malloc(size of(MGraph));           /*申请邻接矩阵空间*/
    mg->vertexNum=head->vertexNum;                  /*初始化邻接矩阵的顶点数*/
    mg->edgeNum=head->edgeNum;
    for(i=0;i<mg->vertexNum;i++)          /*初始化邻接矩阵,数据元素全部置为 0*/
    {   mg->vertexs[i]=head->adjlist[i].vertex;
        for(j=0;j<mg->vertexs[i];j++)
            mg->edges[i][j]=0;
    }
    for(i=0;i<head->vertexNum;i++)          /*依次访问图的邻接表表头*/
    {   p=head->adjlist[i];
        for(q=p.firstedge;q!=NULL;q=q->next)    /*访问与该顶点相关联的顶点*/
            mg->edges[i][q->adjvertex]=1;      /*将边 vi→vj 信息存入邻接矩阵中*/
    }
    return mg;
}
```

　　同样将邻接矩阵转化为邻接表的算法与上面类似,所不同的是首先要建立邻接表,
然后将邻接矩阵的非零元素分解为 $v_i \rightarrow v_j$,插入到顶点 v_i 所建立的单链表中。

　　2. 设计一个算法,从具有 n 个顶点的无向图中删除一条边 (u,v)。已知无向图采用
邻接表方法存储,u 和 v 分别是一条边对应的两个顶点的序号。

　　分析:无向图中的一条边 (u,v),在邻接表中对应着两个表结点,因此删除边 (u,v)
时,要首先找到顶点 u 和顶点 v 的表头顶点,然后从表头找到表结点 v 和 u,将其删除即可。

　　算法描述如下:

```
int DelEdge(ALGraph * G, VertexType u, VertexType v)
                                    /* 在无向图的邻接表中删除边 (u,v) * /
{    int i,j,k;
     i=-1;j=-1;
     for(k=0;k<G->vertexNum;k++)       /* 查找 u 和 v 的编号 * /
     {    if(G->adjlist[k].vertex==u) i=k;
          if(G->adjlist[k].vertex==v) j=k;
     }
     if(i==-1||j==-1)   {printf("结点不存在"); return 0;}
     if(DeleteArc(G,i,j)&&DeleteArc(G,j,i))
     {    G->edgeNum--;
          return 1;
     }
     else return 0;
}
int DeleteArc(ALGraph G, int i,int j)
/* 在 adjlist[i].firstedge 为头指针的链表中删除值为 j 的边表结点 * /
{     EdgeNode * s,* p;
      s=G->adjlist[i].firstedge;
      if (s)&&(s->adjvertex==j)        /* 顶点 j 为顶点 i 的第一个邻接顶点 * /
      {    G->adjlist[i].firstedge=s->next;
           free(s);
           return 1;
      }
      else
      { /* 顶点 j 不是顶点 i 的第一个邻接点,则在边表中查找顶点 j 的位置,将其删除 * /
           while((s)&&(s->next)&&(s->next->adjvertex!=j))
                          s=s->next;
      if ((s->next==NULL)||(s==NULL))
      {   printf("无此边");
          return 0;
      }
      else
      {    p=s->next;
           s->next=p->next;
```

```
                    free(p);
                    return 1;
              }
         }
    }
```

上面的算法思想同样适用于在邻接表中增加一条边的操作。若在邻接矩阵中删除边(u,v)，只要将矩阵$A[u][v]$和$A[v][u]$值设置为 0 即可。如果u、v不是序号，需要利用函数 LocateVertex(G,w)分别求u、v的序号。

3. 以邻接表为存储结构，利用 DFS 算法编写一个算法，求图中从顶点u到v的一条简单路径，并输出该路径。

分析：从顶点u开始，进行深度优先搜索，如果能够搜索到顶点v，则表明从顶点u到顶点v有一条路径。由于在搜索过程中，每个顶点只访问一次，所以这条路径必定是一条简单路径。因此，只要在搜索过程中，把当前的搜索线路记录下来，并在搜索到顶点v时退出搜索过程，这样就可得到从u到v的一条简单路径。为了记录当前的搜索线路，设立一个 path$[n]$，当从某个顶点v_i找到其邻接顶点v_j进行访问时，将 path$[i]$置为j，即 path$[i]=j$。这样，当退出搜索后，就能根据 path 数组输出这条从u到v的简单路径。

算法描述：根据以上思路，对深度优先搜索算法进行修改，算法如下所示：

```
typedef enum{FALSE=0, TRUE=1} Boolean;
Boolean visited[MaxVertexNum],Found;        /* Found 为是否找到路径标志 */
int path[MaxVertexNum];
void find_path(ALGraph  * G,  int u,int v)      /* 找一条 u 到 v 的简单路径 */
{   int i;
    for(i=0;i<G->vertexNum;i++)
       visited[i]=FALSE;
    Found=FASLE;
    if(u>=0&&u<G->vertexNum&&v>=0&&v<G->vertexNum)
           DFSPath(G,u,v);       /* 利用深度优先搜索找一条从 u 到 v 的简单路径 */
    else
        {
           printf("\n 结点 u 或 v 不存在,请检查");
           return;
        }
}
void DFS_path(ALGraph * G, int u, int v)
                              /* 从顶点 u 开始深度遍历图,直到找到顶点 v 为止 */
{   int  j;
    EdgeNode * p;
    visited[u]=TRUE;
    for(p=G->adjlist[u].firstedge;p;p=p->next)
        if(p->adjvertex==v)    /* 若顶点 u 的邻接顶点为 v,找到,将 Found 置为 TRUE */
        {   path[u]=v;
```

```
            Found=TRUE;
            print_path(u,v);        /*输出路径*/
            return;
        }
        else            /*若顶点 u 的邻接顶点不是顶点 v,记录路径,继续深度遍历过程*/
            if(!visited[p->adjvertex])
            {
                path[u]=p->adjvertex;
                DFS_path(G,p->adjvertex,v);
            }
}
void print_path(int u, int v)              /*输出顶点 u 到顶点 v 的简单路径信息*/
{       int k;
        printf("%d",u);
        for(k=path[u];k!=v; k=path[k])
            printf("%d,"k);
        printf("%d",v);
}
```

注意：本题中没有列出顶点 u 和 v 的合法性检查。

4. 设计一个非递归算法,实现图的深度遍历。

分析：根据图的深度遍历的算法思想可知,图的深度遍历与树的先根遍历算法思想是一致的,因此图的深度遍历算法的非递归思想同树(二叉树)类似。通常图的存储结构为邻接表和邻接矩阵,这里分别给出基于邻接表和邻接矩阵存储方式的非递归深度遍历算法。

方法一：基于邻接表的深度优先遍历的非递归算法。

算法描述如下：

```
void DFS(AlGraph G,int v)                 /*基于邻接表的深度优先遍历的非递归算法*/
{
    PseqStack   s;                        /*定义顺序栈,参见第 3 章*/
    s=Init_Seqstack();                    /*初始化栈*/
    Visit(v);                             /*访问顶点 v*/
    visited[v]=True;                      /*标志顶点 v 已被访问*/
    p=G.adjlist[v].firstedge;             /*顶点 v 的第一个邻接顶点指针为 p*/
    while(p||!Empty_SeqStack(s))          /*栈非空或 p 不为空*/
    {   if (p)                            /*p 不为空,则访问 p 指向的顶点 w*/
        {   w=p->adjvertex;               /*顶点 w 未被访问,则访问该顶点*/
            if (visited[w]==False)
            {   Visit(w);                               /*访问顶点 w*/
                visited[w]=True;                        /*标志顶点 w 已被访问*/
                Push_SeqStack(s,p);                     /*指针 p 入栈*/
                p=G.adjlist[w].firstedge;               /*访问顶点 w 的邻接顶点*/
            }
            else p=p->next;              /*顶点 w 被访问,则继续访问下一个邻接顶点*/
        }
```

```
        else
        {    Pop_SeqStack(s,&p);                    /*出栈,返回上层邻接顶点*/
             p=p->next;
        }
    }
}
```

方法二：基于邻接矩阵的深度优先遍历的非递归算法。

```
void DFS(MGraph G, int v)
{    PseqStack  s;                                 /*定义顺序栈,见第3章*/
     s=Init_SeqStack();                            /*初始化栈*/
     Visit(v);                                     /*访问顶点v*/
     visited[v]=True;                              /*标志顶点v已被访问*/
     j=0;                                          /*j表示顶点v的下一个邻接点*/
     while(j<G.n||!Empty_SeqStack(s))              /*栈非空或j小于G.n*/
     {    if(j<G.n && G->edges[v][j]==1)
          {    if (visit[j]==False)                /*顶点j未被访问,则访问该顶点*/
               {    Visit(j);                      /*访问顶点j*/
                    visited[j]=True;               /*标志顶点j已被访问*/
                    Push_SeqStack(s,v,j);          /*将v和j同时压入栈*/
                    v=j;
                    j=0;
               }
               else    j++;                        /*顶点w被访问,则继续访问下一个邻接顶点*/
          }
          else
          {    if (G->edges[v][j]==1)
                    Pop_SeqStack(s,&v,&j);         /*两个数据同时出栈并赋予v和j*/
               j++;
          }
     }
}
```

5. 存在一无向连通图,试以邻接矩阵为存储结构,设计算法求顶点 v_i 到其余各个顶点的最短路径。

分析：此题可以用 Dijkstra 算法实现,这里给出另外一种设计思路。对于如图 7.17 所示的无向连通图,求顶点 v_1 到其余各个顶点的最短路径可以直接转化为以顶点 v_1 为根结点的 BFS 生成树(见图 7.18),从生成树的根结点 v_1 到每个结点的路径长度为最短路径,即包含最少边数的路径。该问题可利用 BFS 算法进行改进,加入生成树边 (v_i,v_j) 的操作即可。生成树的存储结构可用双亲表示法,利用辅助数组 tree[] 来实现。图 7.18 所示的生成树结构对应的辅助数组 tree[] 的结构如图 7.19 所示,其中顶点 v_1 是根,没有双亲,其值为 -1。例如,求顶点 v_1 到顶点 v_5 的最短路径,顶点 v_5 的值是 3(表示顶点 v_4 为其双亲),则其路径值为 2(顶点 v_1 到顶点 v_4 的路径值 $+1$)。

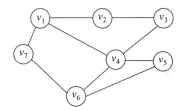

图 7.17 无向连通图

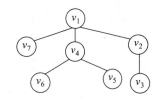

图 7.18 BFS 生成树

下标	0	1	2	3	4	5	6
顶点信息	v_1	v_2	v_3	v_4	v_5	v_6	v_7
双亲	-1	0	1	0	3	3	0

图 7.19 辅助数组 tree[]

数据结构：

```
#define TRUE 1
#define FALSE 0
#define MaxVertexNum  100
int visited[MaxVertexNum];              /* 是否访问标志 */
int tree[MaxVertexNum];                 /* 生成树的双亲表示法存储结构 */
int pathvalue[MaxVertexNum];            /* 树根到各个顶点的路径长度 */
```

算法描述：

```
void shortpath(MGraph * G, int i)       /* 顶点 vi 到其余各顶点的最短路径 */
{   PSeqQueue queue;                     /* 定义顺序队列,见第 3 章 */
    queue=Init_SeqQueue();               /* 初始化队列 */
    In_SeqQueue(queue,i);                /* 顶点 i 入队 */
    tree[i]=-1;                          /* 顶点 i 的双亲域值置为-1,表明为根结点 */
    visited[i]=TRUE;                     /* 顶点 i 被访问 */
    while(!Empty_SeqQueue(queue))        /* 队列是否为空 */
    {
        Out_SeqQueue(queue,&u);          /* 将队头元素赋值给 u,并出队 */
        for(v=0;v<G->vertexNum;v++)      /* 访问顶点 u 的所有邻接顶点 */
            if(G->edges[u][v]==1 && !visited[v])    /* 存在边,则访问 */
            {   visited[v]=TRUE;
                tree[v]=u;               /* 将访问的顶点加入到生成树中 */
                In_SeqQueue(queue,v);
            }
    }
    for(i=0;i<G->vertexNum;i++)          /* 一次计算顶点 vi 到各个顶点的最短路径 */
    {   j=i;
        while(tree[j]!=-1)
        {   pathvalue[i]++;              /* 分别统计各个顶点的路径值 */
            j=tree[j];                   /* 访问 j 的双亲顶点 */
        }
```

```
        }
    }
```

7.3   课后习题解答

一、选择题

1. 无向图 G＝(V,E),其中 V＝{a,b,c,d,e,f},E＝{(a,b),(a,e),(a,c),(b,e),(c,f),(f,d),(e,d)},对该图进行深度优先遍历,得到的顶点序列正确的是_____。

    A. a,b,e,c,d,f   B. a,c,f,e,b,d   C. a,e,b,c,f,d   D. a,e,d,f,c,b

2. 一个 n 个顶点的连通无向图,其边的个数至少为_____。

    A. $n-1$ B. n C. $n+1$ D. $n\log_2 n$

3. 在图采用邻接表存储时,最小生成树的 Prim 算法的时间复杂度为_____。

    A. $O(n)$ B. $O(n+e)$ C. $O(n^2)$ D. $O(n^3)$

4. G 是一个非连通的无向图,共有 28 条边,则该图至少有_____个顶点。

    A. 6   B. 7   C. 8   D. 9

5. 图的广度优先搜索类似于树的_____遍历。

    A. 先序   B. 中序   C. 后序   D. 层次

6. 一个有 n 个顶点的无向图,最少有_____个连通分量,最多有_____个连通分量。

    A. 0   B. 1   C. $n-1$ D. n

7. 在一个无向图中,所有顶点的度数之和等于所有边数_____倍,在一个有向图中,所有顶点的入度之和等于所有顶点出度之和的_____倍。

    A. 1/2   B. 2   C. 1   D. 4

8. _____方法可以判断出一个有向图是否有环(回路)。

    A. 深度优先遍历   B. 拓扑排序   C. 求最短路径   D. 求关键路径

9. 在有向图 G 的拓扑序列中,若顶点 v_i 在顶点 v_j 之前,则下列情形不可能出现的是_____。

    A. G 中有弧 $<v_i,v_j>$ B. G 中有一条从 v_i 到 v_j 的路径

    C. G 中没有弧 $<v_i,v_j>$ D. G 中有一条从 v_j 到 v_i 的路径

10. 下列关于 AOE 网的叙述中,不正确的是_____。

    A. 关键活动不按期完成就会影响整个工程的完成时间

    B. 任何一个关键活动提前完成,整个工程将会提前完成

    C. 所有的关键活动提前完成,整个工程将会提前完成

    D. 某些关键活动提前完成,整个工程将会提前完成

参考答案:

1	2	3	4	5	6	7	8	9	10
D	A	C	D	D	A,D	B,C	A,B	D	B

二、填空题

1. Kruskal 算法的时间复杂度为_____,它对_____图较为适合。

2. 为了实现图的广度优先搜索,除了一个标志数组标志已访问的图的结点外,还需_____存放被访问的结点以实现遍历。

3. 具有 n 个顶点 e 条边的有向图和无向图用邻接表表示,则邻接表的边结点个数分别为_____和_____条。

4. 在有向图的邻接矩阵表示中,计算第 i 个顶点入度的方法是_____。

5. 若 n 个顶点的连通图是一个环,则它有_____棵生成树。

6. n 个顶点的连通图用邻接矩阵表示时,该矩阵至少有_____个非零元素。

7. 有 n 个顶点的有向图,至少需要_____条弧才能保证是连通的。

8. 有向图 G 可拓扑排序的判别条件是_____。

9. 若要求一个稠密图的最小生成树,最好用_____算法求解。

10. AOV 网中,顶点表示_____,边表示_____。AOE 网中,顶点表示_____,边表示_____。

参考答案:

1. $O(eloge)$、稀疏图

2. 队列

3. e、$2e$

4. 求邻接矩阵第 i 列中非零元素个数

5. n

6. $2(n-1)$

7. n

8. 有向图中有无回路

9. Prim

10. 活动、活动之间的优先关系、事件、活动

三、判断题

1. 当改变 AOE 网上某一关键路径上任一关键活动后,必将产生不同的关键路径。

2. 在 n 个结点的无向图中,若边数大于 $n-1$,则该图必是连通图。

3. 在 AOE 网中,关键路径上某个活动的时间缩短,整个工程的时间也就必定缩短。

4. 若一个有向图的邻接矩阵对角线以下元素均为零,则该图的拓扑有序序列必定存在。

5. 一个有向图的邻接表和逆邻接表中结点的个数可能不等。

6. 强连通图的各顶点间均可达。

7. 带权的连通无向图的最小代价生成树是唯一的。

8. 广度遍历生成树描述了从起点到各顶点的最短路径。

9. 邻接多重表是无向图和有向图的链式存储结构。

10. 连通图上各边权值均不相同,则该图的最小生成树是唯一的。

参考答案:

1	2	3	4	5	6	7	8	9	10
错误	错误	错误	正确	错误	正确	错误	错误	错误	正确

四、应用题

1. 设一有向图为 G=(V,E),其中 V={a,b,c,d,e},E={<a,b>,<b,a>,<c,d>,<d,e>,<e,a>,<e,c>},请画出该有向图,并求各个顶点的入度和出度。

2. 对 n 个顶点的无向图 G,采用邻接矩阵表示,回答下列有关问题:

(1) 图中有多少条边?

(2) 任意两个顶点 i 和 j 是否有边相连?

(3) 任意一个顶点的度是多少?

3. 如图 7.20 所示为一个有向图,试给出:

(1) 每个顶点的入度和出度。

(2) 邻接矩阵。

(3) 邻接表。

(4) 逆邻接表。

(5) 强连通分量。

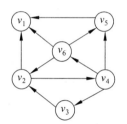

图 7.20　第 3 题的图

4. 如图 7.21 所示,按照下列条件分别写出从顶点 0 出发按深度优先搜索遍历得到的顶点序列和按广度优先搜索遍历得到的顶点序列。

(1) 假定它们采用邻接矩阵表示。

(2) 假定它们采用邻接表表示且每个顶点邻接表中的结点是按顶点序号从大到小的次序链接的。

5. 对于下图(见图 7.22),画出最小生成树。

(1) 从顶点 0 出发,按照 Prim 算法求出最小生成树。

(2) 按照 Kruskal 算法求出最小生成树。

(3) 求从顶点 0 出发到其他各顶点的最短路径。

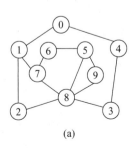

(a)

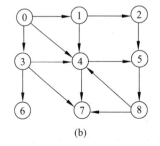

(b)

图 7.21　第 4 题的图

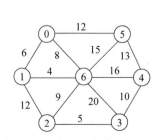

图 7.22　第 5 题的图

6. 写出图(见图 7.23)的全部不同的拓扑排序序列。

参考答案

1. 有向图 G 如图 7.24 所示。

顶点 a 的入度为 2,出度为 1。

顶点 b 的入度为 1,出度为 1。

顶点 c 的入度为 1,出度为 1。

顶点 d 的入度为 1,出度为 1。

顶点 e 的入度为 1,出度为 2。

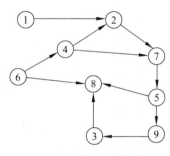

图 7.23 第 6 题的图

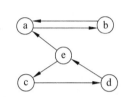

图 7.24 第 1 题的解答图

2. (1) 图中的边数为邻接矩阵中非零元素的个数的一半。

(2) 判断任意两个顶点 i 和 j 是否相连只需判断顶点 i 所对应的行与顶点 j 所对应的列的值是否为 0,若为 0 则表明顶点 i 和 j 之间没有边相连;否则表明顶点 i 和 j 之间相连。

(3) 判断任意一个顶点的度就是该顶点所对应行的非零元素个数。

3. 本题目主要考查有向图具体的存储结构:邻接矩阵、邻接表(见图 7.25)、逆邻接表(见图 7.26),以及强连通分量的定义。

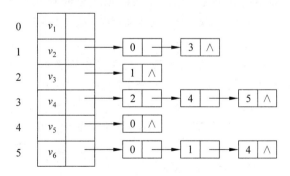

图 7.25 图 7.20 所对应的邻接表

(1) 顶点 v_1 的入度为 3,出度为 0;顶点 v_2 的入度为 2,出度为 2;顶点 v_3 的入度为 1,出度为 1;顶点 v_4 的入度为 1,出度为 3;顶点 v_5 的入度为 2,出度为 1;顶点 v_6 的入度为 1,出度为 3。

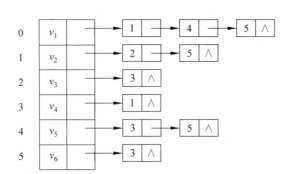

图 7.26   图 7.20 所对应的逆邻接表

（2）邻接矩阵为：

$$
\begin{array}{c}
\begin{array}{cccccc}
v_1 & v_2 & v_3 & v_4 & v_5 & v_6
\end{array} \\
\begin{array}{c}
v_1 \\ v_2 \\ v_3 \\ v_4 \\ v_5 \\ v_6
\end{array}
\left[
\begin{array}{cccccc}
0 & 0 & 0 & 0 & 0 & 0 \\
1 & 0 & 0 & 1 & 0 & 0 \\
0 & 1 & 0 & 0 & 0 & 0 \\
0 & 0 & 1 & 0 & 1 & 1 \\
1 & 0 & 0 & 0 & 0 & 0 \\
1 & 1 & 0 & 0 & 1 & 0
\end{array}
\right]
\begin{array}{c}
0 \\ 1 \\ 2 \\ 3 \\ 4 \\ 5
\end{array}
\end{array}
$$

（3）邻接表如图 7.25 所示。

（4）逆邻接表如图 7.26 所示。

（5）强连通分量

强连通分量是指有向图中最大的强连通子图,强连通子图是指任何两个顶点之间必然存在一条相互可达的路径,即 $v_i \rightarrow v_j$ 和 $v_j \rightarrow v_i$。对顶点 v_1 而言,顶点 v_1 的出度为 0,则顶点 v_1 和其他顶点之间没有路径。顶点 v_1 除外,要考查图中剩余顶点所构成的子图是否为强连通子图(任何两顶点之间存在路径),显然当顶点 v_1 排除之后,顶点 v_5 的出度为 0,故所以强连通分量如图 7.27 所示。

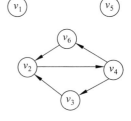

图 7.27   强连通分量

4.（1）对图 7.21(a)而言,其存储结构采用邻接矩阵表示,则其深度优先搜索遍历的顶点序列为:$0 \rightarrow 1 \rightarrow 2 \rightarrow 8 \rightarrow 3 \rightarrow 4 \rightarrow 5 \rightarrow 6 \rightarrow 7 \rightarrow 9$;其广度优先搜索遍历的顶点序列为:$0 \rightarrow 1 \rightarrow 4 \rightarrow 2 \rightarrow 7 \rightarrow 3 \rightarrow 8 \rightarrow 6 \rightarrow 5 \rightarrow 9$;其存储结构采用邻接表表示,则其深度优先搜索遍历的顶点序列:$0 \rightarrow 4 \rightarrow 3 \rightarrow 8 \rightarrow 9 \rightarrow 5 \rightarrow 6 \rightarrow 7 \rightarrow 1 \rightarrow 2$;其广度优先搜索遍历的顶点序列为:$0 \rightarrow 4 \rightarrow 1 \rightarrow 3 \rightarrow 7 \rightarrow 2 \rightarrow 8 \rightarrow 6 \rightarrow 9 \rightarrow 5$。

（2）对图 7.21(b)而言,其存储结构采用邻接矩阵表示,则其深度优先搜索遍历的顶点序列为:$0 \rightarrow 1 \rightarrow 2 \rightarrow 5 \rightarrow 8 \rightarrow 4 \rightarrow 7 \rightarrow 3 \rightarrow 6$;其广度优先搜索遍历的顶点序列为:$0 \rightarrow 1 \rightarrow 3 \rightarrow 4 \rightarrow 2 \rightarrow 5 \rightarrow 7 \rightarrow 6 \rightarrow 8$;其存储结构采用邻接表表示,则其深度优先搜索遍历的顶点序列为:$0 \rightarrow 4 \rightarrow 7 \rightarrow 5 \rightarrow 8 \rightarrow 4 \rightarrow 6 \rightarrow 1 \rightarrow 2$;其广度优先搜索遍历的顶点序列为:$0 \rightarrow 4 \rightarrow 3 \rightarrow 1 \rightarrow 7 \rightarrow 5 \rightarrow 6 \rightarrow 2 \rightarrow 8$。

5. (1) Prim 算法的基本思想:从某个顶点集(初始时只有一个顶点)开始,通过加入与其中顶点相关联的最小代价的边,来扩大顶点集合,直至将所有的顶点包含其中。其最小生成树的构造过程如图 7.28 所示(假设从顶点 v_1 开始)。

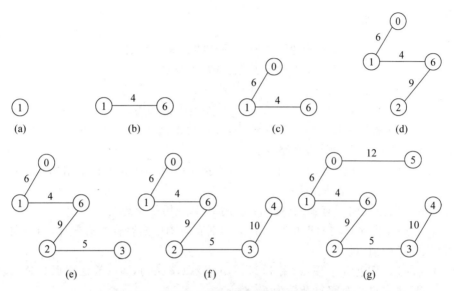

图 7.28 利用 Prim 算法生成最小生成树过程

(2) Kruskal 算法的基本思想:初始时 n 个顶点互不连通,形成 n 个连通分量。通过添加代价最小的边来减少连通分量的个数,直到所有的顶点都在一个连通分量中。其最小生成树的构造过程如图 7.29 所示。

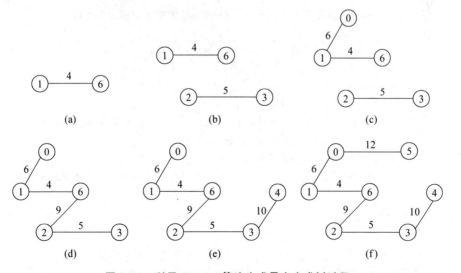

图 7.29 利用 Kruskal 算法生成最小生成树过程

(3) 略。

6. 拓扑排序序列为:

（1）1→6→4→2→7→5→9→3→8

（2）6→1→4→2→7→5→9→3→8

（3）6→4→1→2→7→5→9→3→8

五、算法设计题

1. 求出一个邻接矩阵表示的图中所有顶点的最大出度数。

2. 在无向图的邻接表上实现如下操作，试写出算法。

（1）往图中插入一个顶点。　　　（2）往图中插入一条边。

（3）删去图中某顶点。　　　　　（4）删除图中某条边。

3. 试以邻接表和邻接矩阵为存储结构，分别写出基于 DFS 和 BFS 遍历的算法来判别顶点 v_i 和 $v_j (i \neq j)$ 之间是否有路径。

4. 设图中各边的权值都相等，试分别以邻接矩阵和邻接表为存储结构写出算法：求顶点 v_i 到顶点 $v_j (i \neq j)$ 的最短路径。

要求输出路径上的所有顶点（提示：利用 BFS 遍历的思想）。

5. 利用拓扑排序算法的思想写一算法判别有向图中是否存在有向环，当有向环存在时，输出构成环的顶点。

6. 设有向 G 图有 n 个顶点（用 $1, 2, \cdots, n$ 表示），e 条边，写一算法根据其邻接表生成其逆邻接表，要求算法时间复杂性为 $O(n+e)$。

提示与解答：

1. **分析**：对邻接矩阵而言，第 i 个顶点的出度数为邻接矩阵所对应的第 i 行的非零元素个数，因此求邻接矩阵表示的图中所有顶点的最大出度数要首先统计出每个顶点的出度数，然后求其最大值即可。

```
int MaxOutdegree(MGraph * G)           /* 求邻接矩阵 G 的最大出度数 */
{   int i,j,outdegree,max=0;
    for (i=0;i<G->vertexNum;i++)       /* 遍历每个顶点 */
    {
        outdegree=0;
        for (j=0;j<G->vertexNum; j++)
                /* 统计第 i 行中非零元素个数,outdegree 表示该顶点出度数 */
            if(G->edges[i][j]!=0) outdegree++;
        if (max<outdegree) max=outdegree;
                                /* 在统计比较过程中记录出度数最大的顶点 */
    }
    return max;
}
```

2.

（1）往图中插入一个顶点。

```
int AddVertex(ALGrahp * G, VertexType x)        /* 往无向图的邻接表中插入一个顶点 */
{    if (G->vertexNum>=MaxVertexNum)  { printf("顶点数太多"); return 0; }
    G->adjlist[G->vertexNum].vertex=x;              /* 将新顶点输入顶点表 */
```

```
        G->adjlist[G->vertexNum].firstedge=NULL;        /*边表置为空表*/
        G->vertexNum++;                                 /*顶点数加1*/
        return 1;
}
```

（2）往图中插入一条边。

```
int AddArc(ALGrahp * G, VertexType x, VertexType y)
                                        /*往无向图的邻接表中插入边(x,y)*/
{    int i,j,k;
     EdgeNode * s;
     i=-1;j=-1;
     for(k=0;k<G->vertexNum;k++)              /*查找x,y的编号*/
     {    if(G->adjlist[k].vertex==x)   i=k;
          if(G->adjlist[k].vertex==y)   j=k;
     }
     if (i==-1||j==-1)   { printf("结点不存在"); return 0; }
     else
     {    s=G->adjlist[i].firstedge;
          while((s)&&(s->adjvertex!=j))    /*查看邻接表中有无(x,y)*/
             s=s->next;
          if(!s)                            /*当邻接表中无边(x,y),插入边(x,y)*/
          {  p=(EdgeNode * )malloc(sizeof(EdgeNode));    /*生成边表结点*/
             p->adjvertex=j;                              /*邻接点序号为j*/
             p->next=G->adjlist[i].firstedge;
             G->adjlist[i].firstedge=p;       /*将新结点*s插入顶点x的边表头部*/
             p=(EdgeNode * )malloc(sizeof(EdgeNode));    /*生成边表结点*/
             p->adjvertex=i;                              /*邻接点序号为i*/
             p->next=G->adjlist[j].firstedge;
             G->adjlist[j].firstedge=p;       /*将新结点*s插入顶点x的边表头部*/
             G->edgeNum++;                     /*边数加1*/
             return 1;
          }/* end if */
          else return 0;                       /*边已经存在,不要插入*/
     }/* end else */
}/* end */
```

（3）删除图中某顶点。

```
int DelVertex(ALGrahp * G,VertexType x)        /*无向图的邻接表中删除顶点x*/
{    int i,k,j;
     EdgeNode * s,* p,* q;
     i=-1;
     for(k=0;k<G->vertexNum;k++)              /*查找x的编号*/
          if (G->adjlist[k].vertex==x)   i=k;
     if (i==-1)   { printf("结点不存在"); return 0; }
```

```
        else
        {   /*删除与 x 相关联的边*/
            s=G->adjlist[i].firstedge;
            while(s)
            {   /*删除与 i 相关联的其他结点边表中表结点*/
                p=G->adjlist[s->adjvertex].firstedge;
                if(p->adjvertex==i)              /*是第一个边表结点,修改头指针*/
                {   G->adjlist[s->adjvertex].firstedge=p->next;
                    free(p);
                }
                else                             /*不是第一个边表结点,查找并删除*/
                {   while(p->next->adjvertex!=i)
                        p=p->next;
                    q=p->next;
                    p->next=q->next;free(q);
                }
                q=s;s=s->next;free(q);           /*在 i 结点的边表中删除表结点*/
                G->edgeNum--;
            }
                                                 /*调整顶点表*/
            for(j=i;j<G->vertexNum-1;j++)
            {   G->adjlist[j].firstedge=G->adjlist[j+1].firstedge;
                G->adjlist[j].vertex=G->adjlist[j+1].vertex;
            }
            G->vertexNum--;
                                        /*对所有 adjvertex 域>i 的边表结点进行修改*/
            for(j=0;j<G->vertexNum;j++)
            {   p=G->adjlist[j].firstedge;
                while(p)
                {   if((p->adjvertex)>i)
                        p->adjvertex=p->adjvertex-1;
                    p=p->next;
                }
            }
            return 1;
        }
}
```

(4)删除图中某条边,参见第 7.2 节算法设计题中的第 2 题。

3. 判断顶点 v_i 和 v_j 之间是否存在路径,只需对深度遍历算法或者广度遍历算法进行局部改进即可。

(1)利用深度遍历算法(采用邻接矩阵为存储结构)。

```
typedef enum{False, True} boolean;
```

```
boolean visited[MaxVertexNum];                    /* 数组 visited[]为全局变量 */
int IsPath_DFS(MGraph * G, int i, int j)
/* 以邻接矩阵为存储结构,判断 vi 和 vj 之间是否有路径,若有返回 1,否则返回 0 */
{ int k;
   visited[i]=True;                               /* 标记 vi 已被访问 */
   for(k=0;k<G->vertexNum;k++)                     /* 依次搜索 vi 的邻接点 */
   if(G->edges[i][k]==1 && !visited[k])
      if (k==j)   return 1;                        /* i 和 j 之间相通,存在一条路径 */
      else   return  IsPath_DFS(G,k,j);
   return 0;                                       /* i 和 j 之间不相通,无路径 */
}
```

（2）解题思路可参见第 7.2 节算法设计题第 3 题,利用深度遍历算法（采用邻接表为存储结构）。

```
int IsPath_DFS(ALGraph * G, int i, int j)
/* 以邻接表为存储结构,判断 vi 和 vj 之间是否有路径,若有返回 1,否则返回 0 */
{ EdgeNode * p;
   Visited[i]=True;                               /* 标记 vi 已被访问 */
   p=G->adjlist[i].firstedge;                     /* 访问顶点 vi 的第一个邻接点 */
   while(p)                                        /* 依次访问顶点 vi 的邻接点 vk */
   { if(!visited[p->adjvertex])                    /* 顶点 vk 未被访问过 */
      {
         if(p->adjvertex==j)
            return 1;                              /* 顶点 vk 为 vj,则返回 */
         else                                      /* 否则,继续向 vk 的深度方向搜索 */
            return IsPath_DFS(G,p->adjvertex,j)
      }
      p=p->next;                                   /* 访问顶点 vi 的下一个邻接点 */
   }
   return 0;
}
```

（3）利用广度优先遍历算法（采用邻接矩阵为存储结构）。

```
int IsPath_BFS(MGraph * G, int i, int j)
/* 以邻接矩阵为存储结构,判断 vi 和 vj 之间是否有路径,若有返回 1,否则返回 0 */
{ int k;
   PSeqQueue Q;
   Q=Init_SeqQueue();                             /* 初始化队列 Q */
   visited[i]=True;                               /* 标记 vi 已被访问 */
   In_SeqQueue(Q,i);                              /* 顶点 vi 入队 */
   while(!Empty_SeqQueue(Q))
   {
   Out_SeqQueue(Q,&i);                            /* 顶点 vi 出队 */
      for(k=0;k<G->vertexNum;k++)                  /* 依次搜索 vi 的邻接点 vk */
```

```
            if(G->edges[i][k]==1 && !visited[k])      /*顶点 v_k 未被访问过*/
            { if(k==j) return 1;       /*若顶点 v_k 为顶点 v_j,表明 i 和 j 之间存在路径*/
                visited[k]=True;
                In_SeqQueue(Q,k);                        /*访问过的顶点 v_k 入队列*/
            }
        }
    return 0;
}
```

（4）利用广度优先遍历算法（采用邻接表为存储结构）。

```
int IsPath_BFS(ALGraph * G, int i, int j)
/*以邻接表为存储结构,判断 v_i 和 v_j 之间是否有路径,若有返回 1,否则返回 0*/
{ EdgeNode * p;
  PSeqQueue Q;
  Q=Init_SeqQueue();                       /*初始化队列 Q*/
  visited[i]=True;                         /*标记 v_i 已被访问*/
  In_SeqQueue(Q,i);                        /*顶点 v_i 入队*/
  while(!Empty_SeqQueue(Q))
  { Out_SeqQueue(Q,&i);                    /*顶点 v_i 出队*/
    p=G->adjlist[i].firstedge;             /*访问顶点 v_i 的第一个邻接点*/
    for(;p!=NULL;p=p->next)                /*依次搜索 v_i 的邻接点 v_k*/
        if(!visited[p->adjvertex])         /*顶点 v_k 未被访问过*/
        { if(p->adjvertex==j)        /*若顶点 v_k 为顶点 v_j,表明 i 和 j 之间存在路径*/
              return 1;
            visited[p->adjvertex]=True;
            In_SeqQueue(Q,p->adjvertex);    /*访问过的顶点 v_k 入队列*/
        }
  }
  return 0;
}
```

4. **分析**：在图中各边的权值都相等，求顶点 v_i 到顶点 $v_j(i \neq j)$ 的最短路径，可以利用最短路径的 Dijkstra 算法。而本题仅仅是求顶点 v_i 到顶点 v_j 的最短路径，没有采用 Dijkstra 算法，本题的设计思想同第 7.2 节算法设计题第 5 题。

（1）以邻接矩阵为存储结构，求顶点 v_i 到顶点 v_j 的最短路径，算法同第 7.2 节算法设计题第 5 题。

（2）以邻接表为存储结构，求顶点 v_i 到顶点 v_j 的最短路径。

```
int visited[MAXNUM];                       /*是否访问标志*/
int tree[MAXNUM];                          /*生成树的双亲表示法存储结构*/
int pathvalue[MAXNUM];                     /*最短路径长度*/
```

算法描述如下：

```
int  ShortPath(ALGraph * G, int i, int j)      /*顶点 v_i 到顶点 v_j 的最短路径*/
```

```
{   int k;
    PSeqQueue Q;
    EdgeNode * p;
    Q=Init_SeqQueue();                      /*初始化队列 Q*/
    tree[i]=-1;                             /*顶点 i 的双亲域值置为-1,表明为根结点*/
    visited[i]=1;                          /* visited[i]=1 表示顶点 i 已被访问*/
    In_SeqQueue(Q,i);                      /*顶点 vi 入队*/
    while(!Empty_SeqQueue(Q))
    {
        Out_SeqQueue(Q,&i);                /*顶点 vi 出队*/
        p=G->adjlist[i].firstedge;         /*访问顶点 vi 的第一个邻接点*/
        for(;p!=NULL;p=p->next)            /*依次搜索 vi 的邻接点 vk*/
            if(!visited[p->adjvertex])     /*顶点 vk 未被访问过*/
            {   visited[p->adjvertex]=1;
                tree[p->adjvertex]=i;      /*将访问的顶点加入到生成树中*/
                if(p->adjvertex==j)
                {   Outpath(i,j);          /*输出最短路径*/
                    return 1;              /*找到最短路径*/
                }
        In_SeqQueue(Q,p->adjvertex);       /*访问过的顶点 vk 入队列*/
            }
    }
    return 0;                              /*找不到最短路径*/
}
void Outpath(int i,int j)                   /*输出 vi 到 vj 的最短路径,打印时方向相反*/
{   printf("终点%d",j);                     /*打印路径上的终点*/
    while (tree[j]!=i)
    {   printf("%d", tree[j]);             /*打印路径上的每个顶点*/
        pathvalue[i]++;                    /*统计最短路径值*/
        j=tree[j];                         /*访问 j 的双亲顶点*/
    }
    printf("起始点%d",i);                   /*打印路径上的起始点*/
}
```

5. **分析**：利用教材中的拓扑排序算法思想。

```
#define MaxVertexNum 30
typedef enum{False, True} boolean;
boolean visited[MaxVertexNum];              /*数组 visited[]为全局变量*/
void IsCircle(ALGraph * G)                  /*利用拓扑排序算法判断有向图 G 是否存在环*/
{
    int i, j,count=0;
    int indegree[MaxVertexNum];             /*入度向量 indegree[]*/
    PSeqStack S;                            /*栈 S*/
    EdgeNode * p;
```

```
for(i=0;i<G->vertexNum;i++)
{   indegree[i]=0;                    /*初始化入度向量 indegree[] */
    visited[i]=False;                 /*初始化访问标志向量 visited[] */
}
for(i=0;i<G->vertexNum;i++)
    for(p=G->adjlist[i].firstedge;p!=NULL;p=p->next)
                                      /*扫描以顶点 vᵢ 为弧尾的边 */
        indegree[p->adjvertex]++;     /*将顶点 vⱼ 的入度加 1 */
S=Init_SeqStack();
for(i=0;i<G->vertexNum;i++)
    if(indegree[i]==0)
        Push_SeqStack(S,i);           /*入度为 0 的顶点入栈 */
while(!Empty_SeqStack(S))
{
    Pop_SeqStack(S,&i);
    visited[i]=True;                  /*标志顶点 vᵢ 已被访问 */
    count++;                          /*统计已访问过的顶点数 */
    for(p=G->adjlist[i].firstedge;p!=NULL;p=p->next)
                                      /*扫描以顶点 vᵢ 为弧尾的边 */
    {   j=p->adjvertex;               /*顶点 vᵢ 的下一个邻接点是顶点 vⱼ */
        indegree[j]--;                /*将邻接顶点 vⱼ 的入度值减 1 */
        if(indegree[j]==0)            /*顶点 vⱼ 的入度为 0 则将其入栈 */
            Push_SeqStack(S,j);
    }
}
if(count<G->vertexNum)
                 /*判断 count 是否小于 G->vertexNum,若小于则说明图中存在环 */
{   printf("有向图 G 中存在有向环");
    for(i=0;i<G->vertexNum;i++)
                 /*输出图中尚未被访问的顶点,这些顶点将构成环 */
        if (visited[i]==False)
            printf("%c",G->adjlist[i].vertex);
}
else
    printf("有向图 G 中不存在有向环");
}
```

6. **分析**：邻接表与逆邻接表的数据结构定义一样,所不同的是邻接表的表结点是以表头结点为弧尾的弧头结点,而逆邻接表正好相反。

```
ALGrpah * Convert(ALGraph * G)
{   int i;
    EdgeNode * p, * q;
    ALGraph * G1;                              /*定义逆邻接表指针变量 G1 */
    G1=(ALGraph * )malloc(sizeof(ALGraph));    /*申请逆邻接表结点空间 */
```

```
    G1->vertexNum=G->vertexNum;                    /*逆邻接表 G1 的顶点数*/
    G1->edgeNum=G->edgeNum;                        /*逆邻接表 G1 的边数*/
    for(i=0;i<G->vertexNum;i++)
    {   /*将邻接表 G 的顶点表信息复制给逆邻接表 G1*/
        G1->adjlist[i].vertex=G1->adjlist[i].vertex;
        G1->adjlist[i].firstedge=NULL;             /*顶点的边表头指针为空*/
    }
    for(i=0;i<G->vertexNum; i++)                   /*依次访问顶点表*/
    {
        for(p=G->adjlist[i].firstedge;p!=NULL;p=p->next)
                                    /*依次访问顶点 v_i 的边表*/
        {
            j=p->adjvertex;        /*顶点 v_j 为顶点 v_i 的邻接顶点,即 v_i→v_j*/
            q=(EdgeNode*)malloc(siezeof(EdgeNode));    /*生成新的边表结点 q*/
            q->adjvertex=i;        /*在逆邻接表中边表结点 q 的序号为 i*/
            q->next=G1->adjlist[j].firstedge;
                                    /*将新边表结点 q 插入到顶点 v_j 的链表头部*/
            G1->adjlist[j].firstedge=q;
        }
    }
    return G1;
}
```

第8章

chapter 8

查　找

在程序设计中,查找是一种常用的基本运算。如 Internet 上的搜索、编译程序中符号表的查找、信息处理系统中信息的查找等,都是在一个含有大量的数据元素(记录)的表中查找一个"特定"的数据元素(记录)。

查找分为三大类:静态查找、动态查找和哈希查找。本章的主要内容是掌握这三大类查找算法的基本思想,掌握顺序查找、折半查找、分块查找、二叉排序树、平衡二叉树、B—树以及哈希查找等算法设计思路和具体实现及应用,并学会运用数学知识对其性能进行综合分析。

8.1　知识点串讲

8.1.1　知识结构图

本章主要知识点的关系结构如图 8.1 所示。

8.1.2　相关术语

（1）查找表、关键字。
（2）静态查找、动态查找。
（3）查找成功、查找不成功。
（4）平均查找长度 ASL。
（5）顺序查找、折半查找、分块查找。
（6）二叉排序树、平衡二叉树、平衡因子。
（7）B—树、B+树。
（8）哈希表查找。

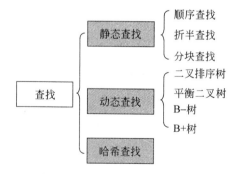

图 8.1　查找知识结构图

8.1.3　顺序查找

基本思想:从第一个(或最后一个)记录开始顺序扫描记录表,若关键字等于 K,则查找成功;否则比较下一个记录,直到查找成功,或者查完整个记录表而没有找到关键字为

K 的记录为止。

注意监视哨的使用：把要查找的关键字放在 $R[0]$ 中或 $R[n]$ 中，可以免去对是否出界的判断，这样可节省大量时间。

设查找每个记录的概率是相等的，则顺序查找查找成功时的平均查找长度为：

$$\mathrm{ASL_{succ}} = (1 + 2 + \cdots + n)/n = (n+1)/2$$

即大约是表长的一半。

特点：优点是算法简洁，对表的结构无任何要求，既可以是顺序存储也可以是链式存储，不要求关键字有序；缺点是平均查找长度大，特别是当 n 很大时，查找效率较低。

8.1.4　折半查找

一般地，反复查找的文件是已知的，所以可以把该文件按某个关键字由小到大（或由大到小）排列起来，使之成为有序表。这样在有序表中查找关键字为 K 的记录时，就可以使用折半查找，而不必使用顺序查找。

首先设置两个指针 low 和 high，分别指向查找区间的第一个元素（下界）和最后一个元素（上界）。在查找过程中，每次比较的对象都是查找区间的"中间"元素。这样，每比较一次，查找区间的长度就缩小为原来区间的二分之一，所以查找成功时的最大查找长度为折半查找判定树的深度 $\lfloor \log_2 n \rfloor + 1$，查找不成功时的最大查找长度也为折半查找判定树的深度 $\lfloor \log_2 n \rfloor + 1$。其查找成功时的平均查找长度 $\mathrm{ASL_{succ}} = \log_2(n+1) - 1$。

该算法只适用于有序表，且顺序存储，不能用于链接存储。

8.1.5　分块查找

在分块查找中，除记录表本身外，还要建一个索引表。

索引表按关键字有序排列，记录表不要求有序，但必须"块间有序"。所谓"块间有序"是指第二块中所有元素的关键字都大于（或小于）第一块中的最大关键字，第三块中所有元素的关键字都大于（或小于）第二块中的最大关键字，……，以此类推。

因此，分块查找过程需两步进行：先确定记录所在的块，然后在该块中查找。确定记录所在块时可以用折半查找，而在块中查找时则只能用顺序查找。

算法分析：设有 n 个记录，均匀地分成 b 块，每块含有 s 个记录，即 $b = n/s$，又设每个记录的查找概率相等，则每块的查找概率为 $1/b$，块中每个记录的查找概率为 $1/s$。

若用顺序查找确定记录所在的块，则分块查找的平均查找长度为：

$$\mathrm{ASL_{succ}} = (b+1)/2 + (s+1)/2 = (n/s + s)/2 + 1$$

容易证明，当 s 取 $n^{1/2}$ 时，$\mathrm{ASL_{succ}}$ 取得最小值 $n^{1/2} + 1$。

若用折半查找确定记录所在的块，则分块查找的平均查找长度为：

$$\mathrm{ASL_{succ}} \approx \log_2(n/s + 1) + s/2$$

可以看出，分块查找的平均查找长度不仅与表长有关，还与块的大小有关。其时间效率介于顺序查找与折半查找之间。

8.1.6　二叉排序树与平衡二叉树

前面三种查找都属于静态查找,即在查找过程中不对表记录进行插入和删除。

当要经常对记录进行增删时,就要采用二叉排序树这类动态查找方法。

对一给定的关键字 K 进行查找时,首先把 K 与其根结点比较,若 K 小于根结点,则应到左子树中查找;否则,到右子树中查找。若要查找的子树为空,则查找失败。

那么,怎样在一棵二叉排序树中插入结点呢? 与查找类似,若树为空,则要把插入的关键字作为树根;否则把关键字与根结点比较,若 K 小于根结点,则应插入到左子树中;否则,应插入到右子树中;重复上述工作,直到找到合适的位置为止。

反复调用插入过程,就可构造一棵二叉排序树。

在二叉排序树中删除结点比较麻烦,应分两种情况处理:若要删除的结点是叶子结点,则删除即可;若是内部结点,删除结点后还要把它的后代结点连到相应的结点上,以保证删除后的二叉树仍是一棵二叉排序树。

可以看出,在二叉排序树中插入和删除结点时,无需移动结点,这也是动态查找与静态查找的不同之处。

在二叉排序树上查找类似于折半查找,所以其最大查找长度为二叉树的深度。然而,在表长为 n 的有序表上的折半查找的判定树是唯一的,而含有 n 个结点的二叉排序树是不唯一的。当对 n 个元素的有序序列构造一棵二叉排序树时,得到的二叉排序树的深度也为 n,在该二叉排序树上的查找就演变成顺序查找。所以二叉排序树的左右子树要尽可能地"平衡",以提高查找的效率。

在二叉排序树上查找的查找长度最理想时与折半查找相同,此时的最大查找长度为 $\lfloor \log_2 n \rfloor + 1$;最坏时等同于顺序查找,此时的最大查找长度为 n;在"随机"情况下,平均查找长度为 $1 + 4\log_2 n$。

当二叉排序树的左右子树的深度相差较大时,查找效率较低。为了提高查找效率,应把二叉排序树构造成平衡二叉树。当构造二叉排序树时,或向二叉排序树中插入结点后,出现不平衡时,就要对二叉排序树进行调整,使之平衡。

有 4 种平衡旋转方法:LL 型平衡旋转、LR 型平衡旋转、RL 型平衡旋转、RR 型平衡旋转。LL 型做顺时针旋转;RR 型做逆时针旋转;LR 型先做逆时针旋转,后做顺时针旋转;RL 型先做顺时针旋转,后做逆时针旋转。

二叉树失去平衡后,只对失去平衡的最小子树进行调整。

8.1.7　B−树与 B+ 树

B−树是一种多路查找树,与二叉排序树不同,它的每个结点中有多个排列有序的关键字,关键字左侧的指针指向小于该关键字的结点,右侧的指针指向大于该关键字的结点。

查找时,类似于二叉排序树,首先根据关键字的大小找到关键字所在的结点,再在结点中查找。

插入关键字时,根据 B-树的定义,m 阶 B-树中的每个结点中的关键字个数在 $\lceil m/2\rceil - 1$ 和 $m-1$ 之间。所以,当一个关键字插入到树的最下层的某个结点后,若其关键字个数大于 $m-1$ 时,就要由下向上"分裂"。

删除关键字时,当被删除结点的关键字个数小于 $\lceil m/2\rceil - 1$ 时,要合并相关结点。

B+树是在 B-树的基础上修改而成的。其特点是:一个结点的关键字个数和它的子树个数相同;B+树所有的关键字都出现在末端结点上,内部结点只存放其子树上的最大(或最小)关键字。

二叉排序树、平衡二叉树、B-树以及 B+树查找都属于动态查找。

8.1.8　哈希查找

以上介绍的查找方法都是建立在"比较"的基础之上,查找的效率取决于比较的次数。理想的情况是不经过任何比较,通过对关键字 K 作某种运算,得到该记录的地址。这就要在关键字和存储地址之间建立一个对应关系 f,这个对应关系称为哈希(也称散列)函数。

常用的哈希函数的构造方法:直接定址法、数字分析法、平方取中法、折叠法、除留余数法以及随机数法。

一般来说,哈希函数不是一一对应的,也就是说,两个不同的记录可能得到相同的哈希地址,这种现象称为冲突。所以,必须有一种处理冲突的方法。

常用的处理冲突的方法有开放定址法、再哈希法、链地址法、建立公共溢出区。

哈希方法查找效率主要取决于所采用的哈希函数和处理冲突的方法。

注意:为保证操作的正确进行,对每一个记录单元应增设一个标志,以标记该单元的使用情况。例如,在删除记录时,应标记该单元的记录已被删除;在查找时,若求出的哈希地址 H(K)所对应的单元的记录已被删除时,要根据该系统处理冲突的方法,求出下一个地址,继续查找。

8.1.9　各种查找算法的比较

静态查找表主要采用顺序存储方式,主要的查找方法包括顺序查找、折半查找和分块查找。顺序查找对查找表无任何要求,既适用无序表,又适用有序表,查找成功的平均查找长度为 $(n+1)/2$,时间复杂度为 $O(n)$;折半查找要求表中元素必须按关键字有序,其平均查找长度近似为 $(\log_2(n+1)-1)$,时间复杂度为 $O(\log_2 n)$;分块查找每块内的元素可以无序,但要求块与块之间必须有序,并建立索引表。静态查找表不便于元素的插入和删除。

动态查找表使用链式存储,存储空间能动态分配,它便于插入、删除等操作。主要的查找方法包括二叉排序树、平衡二叉树树、B-树、B+树。二叉排序树和平衡二叉排序树是一种有序树,对它的查找类似于折半查找,其查找性能介于折半查找和顺序查找之间;当二叉排序树是平衡二叉树时,其查找性能最优。B-树、B+树的查找主要适用于外查找,即查找适用于数据保存在外存储器的较大文件中,查找过程需要访问外存的查找。

哈希查找是通过构造哈希函数来计算关键字存储地址的一种查找方法,由于在查找过程中不需要进行比较(在不冲突的情况下),其查找时间与表中记录的个数无关。但实际上,由于不可避免地会发生冲突,而使查找时间增加。哈希法的查找效率主要取决于发生冲突的概率和处理冲突的方法。

8.2 典型例题详解

一、选择题

1. 若查找每个元素的概率相等,则在长度为 n 的顺序表上查找到表中任一元素的平均查找长度为_____。

    A. n B. $n+1$ C. $(n-1)/2$ D. $(n+1)/2$

分析:本题主要考查顺序表的平均查长度的计算,在等概率下,$ASL_{succ}=nP_1+(n-1)P_2+\cdots+2P_{n-1}+P_n=[n+(n-1)+\cdots+1]/n=(n+1)/2$,其中:$P_i$ 为查找第 i 个元素的概率。所以答案为 D。

2. 折半查找的时间复杂度_____。

    A. $O(n\times n)$ B. $O(n)$ C. $O(n\log_2 n)$ D. $O(\log_2 n)$

分析:本题考查折半查找的基本思想和对应的判定树。因为对 n 个结点的线性表进行折半查找,对应的判定树的深度是 $\lfloor \log_2 n \rfloor +1$,折半查找的过程就是走了一条从判定树的根到末端结点的路径,所以答案为 D。

3. 采用分块查找时,数据的组织方式为_____。

    A. 把数据分成若干块,每块内数据有序

    B. 把数据分成若干块,块内数据不必有序,但块间必须有序,每块内最大(或最小)的数据组成索引表

    C. 把数据分成若干块,每块内数据有序,每块内最大(或最小)的数据组成索引表

    D. 把数据分成若干块,每块(除最后一块外)中的数据个数相等

分析:本题主要考查分块查找的数据组织方式特点。在分块查找时,要求块间有序,块内或者有序或者无序。这样,在查找记录所在的块时,可以采用折半查找。所以答案为 B。

4. 二叉排序树的查找效率与二叉排序树的 ___(1)___ 有关,当 ___(2)___ 时,查找效率最低,其查找长度为 n。

    (1) A. 高度   B. 结点的个数   C. 形状   D. 结点的位置

    (2) A. 结点太多   B. 完全二叉树   C. 呈单叉树   D. 结点的结构太复杂

分析:本题主要考查二叉排序树的查找效率与二叉排序树形存在一定的关系。当二叉排序树的前 $\lfloor \log_2 n \rfloor$ 层是满二叉树时,其查找效率最高,其查找长度最大为 $\lfloor \log_2 n \rfloor +1$;当二叉排序树呈单叉树时,其查找效率最低,其查找长度最大为 n,此时相当于顺序查找。所以答案为(1)C、(2)C。

5. 在一棵 AVL 树(平衡二叉树)中,每个结点的平衡因子的取值范围是_____。

　　A. −1∼1　　　B. −2∼2　　　C. 1∼2　　　D. 0∼1

分析:本题主要考查 AVL 树中的平衡因子定义,平衡二叉树中的每个结点的平衡因子的取值为−1、0、1。所以答案为 A。

6. 向一棵 AVL 树(平衡二叉树)插入元素时,可能要对最小不平衡子树进行调整,此调整分为_____种旋转类型。

　　A. 2　　　　　B. 3　　　　　C. 4　　　　　D. 5

分析:本题主要考查 AVL 树的平衡旋转操作,其操作具体分为 LL 型平衡旋转、LR 型平衡旋转、RL 型平衡旋转和 RR 型平衡旋转四种类型。所以答案为 C。

7. 关于 m 阶 B−树的说法正确的是_____。

　　① 每个结点至少有两棵非空子树。

　　② 每个结点至多有 $m-1$ 个关键字。

　　③ 所有叶子结点都在同一层上。

　　④ 当插入一个元素引起一个结点分裂后,树的高度将增加一层。

　　A. ①②③　　　　　B. ②③　　　　　C. ②③④　　　　　D. ③

分析:本题主要考查 m 阶 B−树的定义。当根为叶子结点时,它就没有非空子树;m 阶 B−树的每个结点中的关键字个数在 $\lceil m/2 \rceil -1$ 和 $m-1$ 之间;所有叶子结点都在同一层上,并且不带信息;当插入一个元素引起一个结点分裂后,树的高度可能增加,也可能不增加。所以答案为 B。

8. 5 阶 B−树中,每个结点最多有_____个关键字。

　　A. 2　　　　　B. 3　　　　　C. 4　　　　　D. 5

分析:本题主要考查 B−树的定义。m 阶 B−树的每个结点中的关键字个数最多为 $m-1$,最少为 $\lceil m/2 \rceil -1$。对 5 阶 B−树而言,结点最多为 5−1=4 个。所以答案为 C。

9. 在一棵高度为 h 的 B−树中,插入一个新关键字时,为查找插入位置需访问_____个结点。

　　A. $h-1$　　　B. h　　　　C. $h+1$　　　D. $h+2$

分析:本题主要考查 B−树的查找运算。因为插入关键字总是在树的末端结点进行,因此从 B−树的树根开始到达树的末端结点共需访问 h 个,所以答案为 B。

10. 设哈希地址空间为 $0 \sim m-1$,k 为记录的关键字,哈希函数采用除留余数法,即 Hash$(k)=k\%p$,为了减少发生冲突的频率,一般取 p 为_____。

　　A. m

　　B. 小于或等于 m 的最大质数

　　C. 大于 m 的最小质数

　　D. 小于等于 m 的最大合数

分析:在除留余数法中,从理论分析和试验结果证明 p 应取小于存储区容量的质数,因此答案为 B。

11. 对包含 n 个元素的哈希表进行查找,平均查找长度_____。

　　A. 为 $O(\log_2 n)$　　B. 为 $O(n)$　　C. 与 n 无关　　D. 与 α(装填因子)有关

分析:本题主要考查哈希查找的特点。在静态和动态查找中,平均查找长度与 n 有关。而对哈希表而言,一旦确定了哈希函数和处理冲突的方法,其平均查找长度只与装

填因子 α 有关。所以答案为 D。

12. 关于哈希查找的说法正确的是_____。

A. 除留余数法是最好的

B. 哈希函数的好坏要根据具体情况而定

C. 删除一个元素后,不管用哪种方法处理冲突,都只需简单地把该元素删除即可

D. 因为冲突是不可避免的,所以装填因子越小越好

分析:本题主要考查哈希查找的基本思想。不存在最好的哈希函数,哈希函数的好坏要根据具体情况而定;删除一个元素后,都要对该单元进行标记,以免在查找与该关键字同义词的记录时引起查找错误;装填因子越小,平均查找长度越小,但系统的开销越大。答案为 B。

13. 设哈希表长 12,哈希函数为 $H(key)=key\%11$,用二次探测法处理冲突,表中已有元素的关键字为 15、38、61、84,现要把关键字为 49 的元素插入表中,其插入位置是_____。

A. 8   B. 3   C. 5   D. 9

分析:本题主要考查哈希函数的二次探测处理冲突的方法。因为 15、38、61、84 已依次存放在第 4、5、6、7 的位置上了,又 $H(49)=49\%11=5$,冲突,加 1 或减 1 后仍然冲突,加 4 后为 9,不冲突,所以答案为 D。

14. 若有 m 个关键字互为同义词,若用线性探测法处理冲突,把这 m 个元素存入哈希表中,至少要进行_____次探测。

A. $m-1$ B. m C. $m+1$ D. $m(m+1)/2$

分析:本题主要考查哈希函数的冲突解决方法。第 1 个元素要探测 1 次,第 2 个元素要探测 2 次,……,第 m 个元素要探测 m 次,m 个元素则共要探测 $1+2+\cdots+m=m(m+1)/2$ 次。所以答案为 D。

二、判断题

1. 进行折半查找的表必须是顺序存储的有序表。

答案:正确。

分析:本题考查折半查找的基本思想。只有符合有序的特点,才能根据比较的结果判断要查找的记录所在的区间;只有符合顺序存储的特点,才便于修改查找区间的上、下界。

2. 折半查找所对应的判定树是一棵平衡二叉树。

答案:正确。

分析:本题考查折半查找的基本思想和平衡二叉树的定义。折半查找所对应的判定树上的任何结点,其左子树和右子树的深度差最大为 1,所以是一棵平衡二叉树。

3. 对二叉排序树进行先序遍历得到的结点的值的序列是一个有序序列。

答案:错误。

分析:本题考查二叉排序树的定义和二叉树的遍历。由二叉排序树的定义可知,左

子树上任何结点的值都小于其根结点的值,右子树上任何结点的值都大于或等于其根结点的值,所以中序遍历得到的结点的值的序列才是一个有序序列,先序遍历得到的结点的值的序列不是一个有序序列。

4. 在由 n 个元素组成的有序表上进行折半查找时,对任一个元素进行查找的长度都不会大于 $\log_2 n + 1$。

答案:正确。

分析:本题考查折半查找的判定树。因为其判定树的深度为 $\lfloor \log_2 n \rfloor + 1$,所以对任一个元素进行查找的长度都不会大于 $\log_2 n + 1$。

5. 对于同一组记录,若生成二叉排序树时插入记录的次序不同,则可得到不同结构的二叉排序树。

答案:正确。

分析:本题考查二叉排序树的定义和构造方法。因为在构造二叉排序树时,首先把第 1 个元素作为根,以后再插入时,把小于根结点的元素插入到左子树上,把大于或等于根结点的元素插入到右子树上。可以看出:对同一组记录,以不同元素为根构造的二叉排序树其结构是不同的。

6. 在分块查找中,在等概率情况下,其平均查找长度不仅与查找表的长度有关,而且与每块中的记录个数有关。

答案:正确。

分析:本题考查分块查找的平均查找长度。若用顺序查找确定记录所在的块,则分块查找的平均查找长度为 $\mathrm{ASL} = (n/S + S)/2 + 1$;若用折半查找确定记录所在的块,则分块查找的平均查找长度为 $\mathrm{ASL} \approx \log_2(n/S + 1) + S/2$(其中:$n$ 为线性表的长度,S 为一块中的元素个数)。

7. 哈希函数越复杂,随机性越好,冲突的概率越小。

答案:错误。

分析:本题考查哈希函数的优劣。不能一概而论,哈希函数应根据不同的问题作出不同的选择。

8. 在二叉排序树中插入的结点,总是叶子结点。

答案:正确。

分析:本题考查二叉排序树的插入操作方法。在二叉排序树中插入的结点,总是叶子结点,这是二叉排序树最大的优点。

9. 在一棵非空二叉排序树中,删除一个结点后,又将其插入,所得到的二叉排序树与原树形状相同。

答案:错误。

分析:本题考查从二叉排序树中删除结点的基本思想。在删除一个结点后,剩余部分要保证仍是一棵二叉排序树,可能要对其进行调整,所以再将其插入后,其树的结构就可能发生变化。

10. 向一棵平衡二叉树插入一个结点后,必然引起树的不平衡。

答案:错误。

分析：本题考查平衡二叉树的定义和在平衡二叉排序树中插入结点的基本思想。对一棵平衡二叉树而言,若一个结点 S 的平衡因子为 1,把一个结点插入到 S 的右子树中,此时 S 的平衡因子为 0,该树仍然是平衡的。

三、填空题

1. 在 n 个元素的线性表中顺序查找,若查找成功,则关键字的比较次数最多为_____次;使用监视哨时,若查找失败,则关键字的比较次数为_____次。

答案：n、$n+1$

分析：这里只讨论关键字的比较,在算法的具体实现中,前者比较不止 n 次,因为每次还必须检查下标是否正确。

2. 在线性表(5,12,19,21,37,56,65,75,80,88,92)中,用折半查找法查找关键字为 85 的记录,关键字的比较次数为_____次,所比较的元素依次为_____。

答案：3、56,80,88

分析：本题考查折半查找的基本思想。对折半查找而言,从它的判定树可以知道关键字的比较次数以及所比较的元素,如图 8.2 所示。

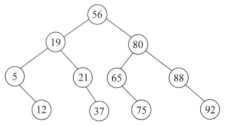

图 8.2　判定树

3. 假定对长度 $n=100$ 的线性表进行分块查找,并假定每块的长度均为 10,每个记录的查找概率相等。若索引表和块内都采用顺序查找,则平均查找长度为_____;若索引表采用折半查找,块内采用顺序查找,则平均查找长度约为_____。

答案：11、9

分析：本题主要考查分块查找的平均查找长度。当索引表和块内都采用顺序查找时,平均查找长度 $ASL=(n/S+S)/2+1=(100/10+10)/2+1=11$;当索引表采用折半查找,块内采用顺序查找时,平均查找长度 $ASL \approx \log_2(n/S+1)+S/2=\log_2(100/10+1)+10/2 \approx 9$(其中 n 为线性表的长度,S 为每块中的元素个数)。

4. 在哈希查找中,装填因子为 α,若用 m 表示哈希表的长度,n 表示哈希存储的元素个数,则 α 等于_____。

答案：n/m

分析：本题主要考查装填因子的概念。设哈希表的空间大小为 m,存储的结点总数为 n,则称 $\alpha=n/m$ 为哈希表的装填因子。

5. 在一棵 m 阶 B-树中,若在某结点中插入一个关键字而引起该结点分裂,则该结点中原有关键字个数为_____;若删除一个关键字后引起结点合并,则该结点中原有关键字个数为_____。

答案：$m-1$、$\lceil m/2 \rceil-1$

分析：本题主要考查 B-树的定义。因为 m 阶 B-树中每个结点中的关键字个数在 $\lceil m/2 \rceil-1$ 与 $m-1$ 之间,所以,在插入一个关键字而引起该结点分裂时,该结点中原有的关键字个数应为 $m-1$,在删除一个关键字而引起结点合并时,该结点中原有的关键字个

数应为 $\lceil m/2 \rceil - 1$。

6. 动态查找和静态查找的主要区别在于前者包含有_____和_____运算,而后者不包含这两种运算。

答案:插入、删除

分析:本题主要考查动态查找与静态查找的主要区别。

7. 顺序查找时,存储方式应是_____;折半查找时,要求线性表是_____;分块查找时,要求线性表_____;哈希查找时,要求线性表的存储方式是_____。

答案:顺序存储或链式存储、顺序存储且有序、顺序存储且块间有序、哈希存储

8. 下面是二叉排序树的查找算法描述,请在划线处填上适当的句子。

```
Typedef struct node {
      Keytype key;
      Itemtype otherinfo;
      struct node * lchild, * rchild;
}bstnode, * BSTree;
BSTree BSTSearch(BSTree BST, KeyType  k)        /* 在二叉排序树 BST 中查找 */
{   BSTree  p;                                  /* 关键字为 K 的记录 */
    P=BST;
    while (   (1)   )
    {   if ( k<p->key )
            (2)  ;
        else
            p=p->rchild;
    }
    return(p);
}
```

答案:(1)p!=NULL && p->key!=k　(2)p=p->lchild;

分析:(1)处为控制条件,所以应填 p!=NULL && p->key!=k;(2)搜索 p 的左孩子,所以应填 p=p->lchild。

本函数返回空表示查找失败,否则返回的是关键字 K 所在结点的地址。

四、应用题

1. 在哈希方法中,用线性探测法处理冲突时,删除一个记录后,应做哪些后继工作,为什么?

分析与解答:删除一个记录后,把该记录对应的标志位置"删除",以便在访问与该记录有同义词的记录时能正常进行。

2. 若对有 n 个元素的有序表和无序表进行顺序查找,试就下列三种情况分别讨论,两者在相等的查找概率时的平均查找长度是否相同?

(1) 查找失败。

(2) 当表中无相同的关键字时,查找成功。

(3) 当表中有若干个相同的关键字时,要求一次查找,找出所有满足条件的记录,查找成功。

分析与解答:

(1) 不同。在有序表查找中,当找到比要查找关键字大(或小)的记录时就停止查找,不必查找到表尾;而无序表必须查找到表尾才能断定查找是否失败。因此在无序表中的查找长度大。

(2) 相同。查找到表中记录的关键字等于给定值时就停止查找,其平均查找长度都是$(n+1)/2$。

(3) 不同。设表长为n,关键字为K的记录有m个。在有序表中,关键字相等的记录相继排列在一起,只要查找到第一个就可以连续查找到其他关键字相同的记录,所以当要查找所有关键字为K的记录时,其查找长度为$(n+1)/2+(m-1)$。一般地,$m \ll n$,所以$(n+1)/2+(m-1) \approx n/2$;而在无序表中,必须查完整个表中记录,所以此时的查找长度为n。

3. 假定一个线性序列为$(30,25,40,18,27,36,50,10,32,45)$,按此序列中的元素顺序生成一棵二叉排序树,并求出在该二叉排序树上查找成功时的平均查找长度。

分析与解答: 二叉树的建立过程则是不断执行元素插入操作的过程,直到序列中的元素插完为止。该二叉排序树建树过程如图8.3所示。

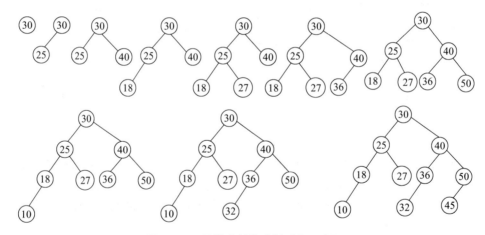

图8.3　二叉排序树的建树过程示意图

查找成功时的平均查找长度 $\text{ASL}_{succ} = (1+2\times2+3\times4+4\times3)/10 = 29/10 = 2.9$。

4. 设有序顺序表中的元素依次为$(017,094,154,170,275,503,509,512,553,612,677,765,897,908)$。

(1) 试画出对其进行折半查找的判定树,并计算查找成功时的平均查找长度和查找不成功的平均查找长度。

(2) 要查找元素553,需依次比较哪几个元素?

(3) 要查找元素480,需依次比较哪几个元素?

分析与解答：

（1）折半查找的判定树如图 8.4 所示。

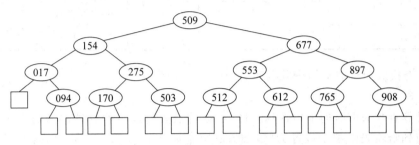

图 8.4　判定树

查找成功时的平均查找长度：$\text{ASL}_{succ}=(1\times1+2\times2+3\times4+4\times7)/14=45/14$

查找不成功时的平均查找长度：$\text{ASL}_{unsucc}=(3\times1+4\times14)/15=59/15$

（2）由图 8.4 所示的判定树可知，查找 553 则需要与关键字 509、677、553 比较，需比较 3 次。

（3）由图 8.4 所示的判定树可知，查找 480 则需要与关键字 509、154、275、553 比较，需比较 4 次。

5. 对下面的关键字集合 $\{30,15,21,40,25,26,24,20,31\}$，若哈希表的装填因子为 0.75，采用除留余数法和线性探测法处理冲突。

（1）设计哈希函数。

（2）画出哈希表。

（3）计算查找成功和查找失败时的平均查找长度。

分析与解答：由于装填因子 $\alpha=0.75$，元素个数 $n=9$，则表长 $m=9/0.75=12$。

（1）用除留余数法，取哈希函数为 $H(\text{key})=\text{key}\%11$。

（2）首先计算出各个关键字的哈希地址，然后填入哈希表（见表 8.1）中。

$H(30)=30\%11=8$

$H(15)=15\%11=4$

$H(21)=21\%11=10$

$H(40)=40\%11=7$

$H(25)=25\%11=3$

$H(26)=26\%11=4$　（冲突）

$H_1(26)=((26\%11)+1)\%12=5$

$H(24)=24\%11=2$

$H(20)=20\%11=9$

$H(31)=31\%11=9$　（冲突）

$H_1(31)=((31\%11)+1)\%12=10$　（还冲突）

$H_2(31)=((31\%11)+2)\%12=11$

表8.1　哈希表

哈希地址	0	1	2	3	4	5	6	7	8	9	10	11
关键字			24	25	15	26		40	30	20	21	31
比较次数			1	1	1	2		1	1	1	1	3

（3）查找成功时的平均查找长度：$ASL_{succ} = (1+1+1+2+1+1+1+1+3)/9 = 12/9 = 4/3$

要计算查找失败时的平均查找长度，根据构造表时设定的处理冲突的方法找"下一地址"，直到哈希表中某个位置为"零"时，其哈希地址为 $i(0 \le i \le m-1)$ 时的比较次数。本例中 $m=12$，当哈希地址 $i=0,1,6$ 时，其单元为空，故查找失败时的平均查找长度：

$$ASL_{unsucc} = (1+1+5+4+3+2+1+6+5+4+3+2)/12 = 37/12$$

6. 设哈希函数为 $H(key) = key \% 11$，处理冲突的方法为链接法，试将下列关键字集合 $\{35,67,42,21,29,86,95,47,50,36,91\}$ 依次插入到哈希表中（画出哈希表的示意图），并计算查找成功和查找失败的平均查找长度。

分析与解答： 首先计算出各个关键字的哈希地址，然后填入哈希表中（见图8.5）。

$H(35) = 35\%11 = 2$　　　$H(67) = 67\%11 = 1$

$H(42) = 42\%11 = 9$　　　$H(21) = 21\%11 = 10$

$H(29) = 29\%11 = 7$　　　$H(86) = 86\%11 = 9$

$H(95) = 95\%11 = 7$　　　$H(47) = 47\%11 = 3$

$H(50) = 50\%11 = 6$　　　$H(36) = 36\%11 = 3$

$H(91) = 91\%11 = 3$

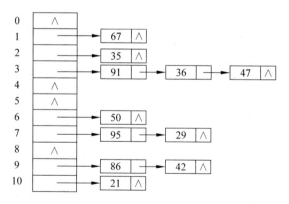

图8.5　用链地址法处理冲突的哈希表

查找成功时的平均查找长度：$ASL_{succ} = (1 \times 7 + 2 \times 3 + 3 \times 1)/11 = 16/11$。

查找不成功时的平均查找长度（假设空指针比较也算一次）：$ASL_{unsucc} = (1 \times 4 + 2 \times 4 + 3 \times 2 + 4 \times 1)/11 = 22/11 = 2$。

7. 设有一个关键字的输入序列 $\{55, 31, 11, 37, 46, 73, 63, 02, 07\}$。

（1）从空树开始构造平衡二叉树，画出每加入一个新结点时二叉树的形态。若发生不平衡，则指出需做的平衡旋转的类型及平衡旋转的结果。

（2）计算该平衡二叉树在等概率下的查找成功和查找不成功的平均查找长度。

分析与解答：平衡二叉树的建树过程如图 8.6 所示。

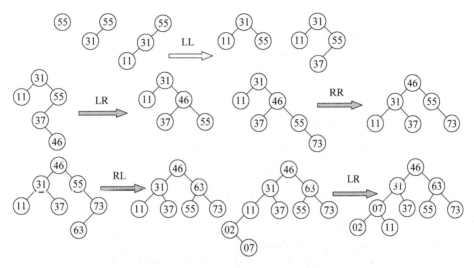

图 8.6 二叉平衡树的建树过程示意图

查找成功时的平均查找长度：$ASL_{succ}=(1\times1+2\times2+3\times4+4\times2)/9=25/9$。

查找不成功时的平均查找长度：$ASL_{unsucc}=(4\times4+3\times6)/10=34/10$。

8. 图 8.7 是一个 3 阶 B—树。试分别画出在插入 65、15、40、30 之后 B—树的变化情况。

  分析与解答：B—树的插入操作首先是查找待插入的结点，再把关键字插入到该结点中，具体可分为两种情况。（1）若该结点中关键字的个数小于 $m-1$，则插入即可。（2）若该结点中关键字的个数大于或等于 $m-1$，则插入后将引起结点的分裂。这时需把结点分裂为两个，并把中间的一个关键字取出来放到该结点双亲结点中去。若双亲结点中原来关键字的个数也是 $m-1$，则需要再分裂。如果一直分裂到根结点，则需建立一个新的根结点，整个 B—树增加一层。具体解答过程如图 8.8 所示。

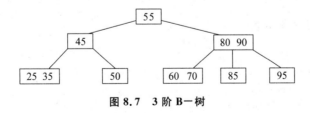

图 8.7 3 阶 B—树

五、算法设计题

  1. 若把二叉排序树的定义修改成：二叉排序树或是一棵空树，或是一棵具有下列性质的二叉树：若左子树不空，则左子树结点的值都小于根结点的值；若右子树不空，则右子树结点的值都大于或等于根结点的值；它的左右子树也分别是二叉排序树。即允许树中有相同关键字的结点存在。编程求出二叉排序树中关键字等于 k 的结点个数。

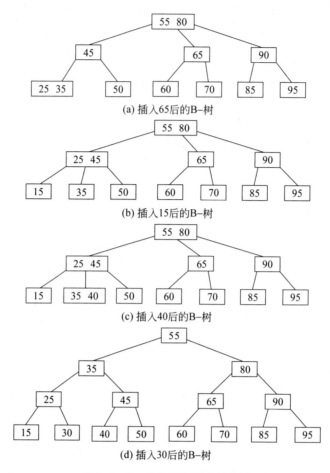

(a) 插入65后的B-树

(b) 插入15后的B-树

(c) 插入40后的B-树

(d) 插入30后的B-树

图 8.8　B一树的插入过程示意图

分析：首先找到第一个等于 k 的结点 p，由定义可知，其他等于 k 的结点都应在 p 的右子树上，所以在继续查找的过程中，若当前结点等于 k，则向右查找，否则向左查找，直到末端结点为止。

设结点的结构定义如下：

```
typedef struct node {
    KeyType key;
    Itemtype otherinfo;
    struct node * lchild, * rchild;
}BSTnode;
typedef BSTnode * BSTree;
```

非递归算法描述如下：

```
int BSTsearch(BSTree BST, KeyType k)            / * 返回等于 k 的元素个数 * /
{   BSTree  p;
    int count=0;
```

```
        p=BST;
        while(p!=NULL && p->key!=k )
        {   if(k<p->key )
                p=p->lchild;        /*查找左子树*/
            else
                p=p->rchild;        /*查找右子树*/
        }
        if(p==NULL)
            return (count);         /*当 p 为 NULL 时,查找失败,返回 0*/
        else
        {   count=count+1;
            p=p->rchild;            /*查到第一个等于 k 的结点*/
        }
        while(p!=NULL)
            if(p->key==k)
            {   count=count+1;
                p=p->rchild;        /*继续向右查找*/
            }
            else    p=p->lchild;    /*p->key≠k,意味着 k<p->key,所以应继续查找左子树*/
        return (count);             /*结束,返回关键字为 k 的结点的个数*/
}
```

2. 在双向链表的有序表中实现顺序查找。链表的头指针为 head,p 是搜索指针,可以从 p 指示的结点出发沿任一方向进行。试编写一个函数 search(head,p,k),查找具有关键字 k 的结点。

分析：假设有如图 8.9 所示的双向链表。在双向有序表中进行顺序查找,从 p 结点开始和给定的关键字 k 比较,若 k>p->data,则应向右查找,反之应向左查找;当搜索到头部或尾部时,查找失败。向右查找出现 k<p->data 时或者向左查找出现 k>p->data 时也失败。在此算法中链表的头指针 head 没有用到。

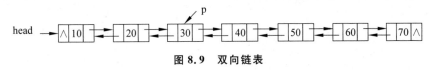

图 8.9 双向链表

结点定义如下：

```
typedef struct dbnode{
    DataType data;
    struct dbnode * prior:
    struct dbnode * next;
}Dblinklist;
```

算法描述如下：

```
Dblinklist * Search(Dblinklist * p, DataType k)
```

```
/* 在双向链表(非循环)中查找 k,找不到返回 NULL,否则返回关键字为 k 的结点指针 */
{   Dblinklist * q;
    q=p;                                        /* q 为搜索指针 */
    if(k<q->data )
    {   while((q!=NULL) && (k<q->data))
            q=q->prior;                         /* 向左搜索 */
    }
    else
    {   while((q!=NULL) && (k>q->data))
            q=q->next;                          /* 向右搜索 */
    }
    if((q!=NULL) && (q->data==k))
        return (q);
    else  return (NULL);
}
```

3. 写一算法,判断一棵二叉树是否是一棵二叉排序树。

分析: 由二叉排序树的定义知,若按中序遍历二叉排序树,必得到一个非递减序列。因此本题的设计思想是按中序遍历二叉树,若得到的是一个非递减序列,则该二叉树一定是二叉排序树。所以,只要在二叉树中序遍历算法的基础上修改一下即可。

其结点定义同算法设计题1,有关栈的定义和操作可参见第3章。

算法一: 用非递归描述。

```
typedef int KeyType;
int Is_bst(BTree t)
{   BTree p=t;
    KeyType pre=minval;                         /* minval 为计算机所能表示的最小值 */
    PSeqStack s;
    s=Init_SeqStack();                          /* 栈初始化 */
    while(p||!Empty_SeqStack(s))
    {   if(p)
        {       Push_SeqStack(s,p);             /* p 进栈,并搜索其左子树 */
                p=p->lchild;
        }
        else
        {   Pop_SeqStack(s,&p);                 /* 退栈 */
            if(p->key<pre)   return (0);        /* 不是二叉排序树 */
            else
            {   pre=p->key;
                p=p->rchild;                    /* 搜索其右子树 */
            }
        }
    }
    return(1);                                  /* 是二叉排序树 */
```

```
}
```

算法二：用递归描述。

```
typedef int KeyType;
KeyType pre;
        /* pre 表示当前结点的前驱关键字,是全局变量,初始值为计算机所能表示的最小值 */
int Is_bst(BTree t)
  { pre=minval;                            /* minval 为计算机所能表示的最小值 */
    if (!t) return 1;                      /* 空树为排序树 */
    if (Is_bst(t->lchild)                  /* 如果左子树是排序树 */
    if (t->key>pre)              /* 如果当前结点的关键字大于左子树最后遍历到的关键字 */
    { pre=t->key
        return (Is_bst(t->rchild));
    }
    return 0;
}
```

4. 试用递归方法写一个在二叉排序树中插入结点的算法。假设其根结点的指针为 bst,插入结点的指针为 s。

分析：设其根结点的指针为 bst,插入结点的指针为 s。若 bst 为空树,则 s 作为根结点插入,算法结束。否则,若 s 等于根结点,说明结点已存在,无需插入,算法结束。若 s 小于根结点,则插入到左子树中;若 s 大于根结点,则插入到右子树中。插入左子树或插入右子树的方法与插入整个二叉排序树的方法相同。

递归算法如下：

```
void InsertBST(BSTree * bst, BSTree s)
{ if (* bst==NULL)
    { s->lchild=NULL;                              /* s 作为根结点插入 */
      s->rchild=NULL;
      * bst=s;
      return ;
    }
    else
    { if((* bst)->key==s->key) return;
      else if(s->key<(* bst)->key )
                insertBST(&((* bst)->lchild),s);        /* 插入左子树 */
            else  insertBST(&((* bst)->rchild),s);      /* 插入右子树 */
    }
}
```

5. 设用线性探测法处理冲突,每个单元设有一标志位 flag,当 flag＝＝empty 时,表示单元为空;当 flag＝＝used 时,表示单元在使用;当 flag＝＝deleted 时,表示记录已被删除。写出在哈希表中查找、插入、删除运算的算法。

分析：在哈希表中查找时,首先要根据给定的关键字 K 计算出哈希地址 i,若该单元为空,即 HT[i]. flag==empty,则查找失败;若 HT[i]. key==K,则查找成功;若该单元的记录已被删除(即 HT[i]. flag==deleted)或 flag==used 并且 HT[i]. key≠K,则要把 i 加 1,继续比较,直到查找成功或找到一个空单元(即查找失败)为止。

插入记录时,首先要根据给定的关键字 K 计算出哈希地址 i,对每一个地址 i,做下列工作:若 HT[i]. flag==empty,则把记录放置在单元 HT[i]中,并置标志位为 used;若 HT[i]. flag==used,则要判断该记录是否是要插入的记录,若是,无需插入;若 HT[i]. flag==deleted,则要记住第一次碰到的标志为 deleted 的单元地址,以备在循环结束后插入用。经 n 次循环后,若仍找不到标志为 empty 或 deleted 的单元,则插入失败。

删除记录时,首先要根据给定的关键字 K 计算出哈希地址 i,若 HT[i]. flag==empty,则没有要删除的记录;若 HT[i]. flag==used,且 HT[i]. key==K,则删除该记录,并置标志位为 deleted;若 HT[i]. flag==used,且 HT[i]. key≠K 或 HT[i]. flag==deleted,则 i 加 1,继续比较,直到找到要删除的记录或找到一个标志为 empty 的单元为止。

为了便于阅读,在以下三个算法中,关于标志 flag 的语句并非严格的 C 语言语句。若读者上机实验则需做相应修改。

记录类型定义如下:

```
typedef struct{
    KeyType key;
    OtherType otherinfo;
    MarkType flag;
}RecType
```

查找算法描述如下:

```
int Hsearch(RecType HT[],int m, KeyType K)
                                        /*在长度为 m 的表中查找关键字为 K 的记录*/
{   i=Hash(K);                                      /*求哈希地址*/
    if(HT[i].flag==empty) return (-1);              /*查找失败*/
    else  if(HT[i].flag==used && HT[i].key==K) return (i);   /*查找成功*/
        else
        {   j=(i+1)%m;
            while((j!=i) && (HT[j].flag!=empty))     /*继续查找*/
            {   if((HT[j].flag==used) && (HT[j].key==K))
                    return (j);                      /*查找成功*/
                j=(j+1)%m;
            }
            return (-1);                             /*查找失败*/
        }
}
```

插入算法描述如下：

```
int Hinsert(RecType HT[],int m, KeyType K)
                          /* 在长度为 m 的表中插入关键字为 K 的记录 */
{   i=Hash(K);            /* 求哈希地址 */
    j=i;
    t=-1;                 /* t 记住第一次碰到的标志为 deleted 的单元的地址 */
    do
    {   if(HT[j].flag==used)
        {   if(HT[j].key==K)   return (-1);      /* 要插入的记录已存在 */
            else   j=(j+1)%m;
        }
        else   if(HT[j].flag==deleted)
          {   if(t<0)      t=j;
              j=(j+1)%m;
          }
          else
          {   HT[j].key=K;              /* 找到一个标志为 empty 的单元,插入 */
              HT[j].flag=used;
              return (j);
          }
    }while(i!=j);
    if(t>=0)
    {   HT[t].key=K;                  /* 插入到第一个标志为 deleted 的单元中 */
        HT[t].flag=used;
        return (t);
    }
    else  return (-1);                /* 哈希表已满,插入失败 */
}
```

删除算法如下：

```
int hdelete(RecType HT[],int m, KeyType K)
                              /* 在长度为 m 的表中删除关键字为 K 的记录 */
{   i=Hash(K);                        /* 求哈希地址 */
    if(HT[i].flag==empty)
        return(-1);                   /* 无要删除的记录 */
    if((HT[i].flag==used) && (HT[i].key==K))
    {   HT[i].flag=deleted;           /* 删除 */
        return (i);
    }
    else
    {   j=(i+1)%m;
        while((j!=i) && (HT[j].flag!=empty))    /* 继续查找 */
        {   if((HT[j].flag==used) && (HT[j].key==K))
```

```
        {   HT[j].flag=deleted;                          /* 删除 */
            return(j);
        }
        j=(j+1)%m;
    }
    return (-1);                                         /* 无要删除的记录 */
    }
}
```

8.3 课后习题解答

一、选择题

1. 若查找每个记录的概率相等,则在具有 n 个的连续顺序文件中采用顺序查找法查找一个记录,其平均查找长度 ASL 为_____。

    A. $(n-1)/2$ B. $n/2$ C. $(n+1)/2$ D. n

2. 具有 12 个关键字的有序表,折半查找的平均查找长度为_____。

    A. 3.1   B. 4   C. 2.5   D. 5

3. 当采用分块查找时,数据的组织方式为_____。

    A. 数据分成若干块,每块内数据有序

    B. 数据分成若干块,每块内数据不必有序,但块间必须有序,每块内最大(或最小)的数据组成索引块

    C. 数据分成若干块,每块内数据有序,每块内最大(或最小)的数据组成索引块

    D. 数据分成若干块,每块(除最后一块外)中数据个数需相同

4. 在平衡二叉树中插入一个结点后造成了不平衡,设最低的不平衡结点为 A,并已知 A 的左孩子的平衡因子为 0,右孩子的平衡因子为 1,则应作_____型调整以使其平衡。

    A. LL   B. LR   C. RL   D. RR

5. 下面关于折半查找的叙述正确的是_____。

    A. 表必须有序,表可以顺序方式存储,也可以链表方式存储

    B. 表必须有序且表中数据必须是整型、实型或字符型

    C. 表必须有序,而且只能从小到大排列

    D. 表必须有序,且表只能以顺序方式存储

6. 从空二叉排序树开始,用下列序列中的_____,构造的二叉排序树的高度最小。

    A. 45,25,55,15,35,95,30   B. 35,25,15,30,55,45,95

    C. 15,25,30,35,45,55,95   D. 30,25,15,35,45,95,55

7. 具有五层结点的 AVL 树至少有_____个结点。

    A. 10   B. 12   C. 15   D. 17

8. 在一棵平衡二叉树中,每个结点的平衡因子取值范围是_____。

    A. $-1\sim1$ B. $-2\sim2$ C. $1\sim2$ D. $0\sim1$

9. 下列关于 m 阶 B—树的说法错误的是_____。

    A. 根结点至多有 m 棵子树

    B. 所有叶子都在同一层次上

    C. 非叶结点至少有 $m/2$(m 为偶数)或 $m/2+1$(m 为奇数)棵子树

    D. 根结点中的数据是有序的

10. 假定有 k 个关键字互为同义词,若用线性探测法把这 k 个关键字存入哈希表中,至少要进行_____次探测。

    A. $k-1$ B. k C. $k+1$ D. $k(k+1)/2$

11. 下面关于哈希查找的说法正确的是_____。

    A. 哈希函数构造的越复杂越好,因为这样随机性好、冲突小

    B. 除留余数法是所有哈希函数中最好的

    C. 不存在特别好与坏的哈希函数,要视情况而定

    D. 若需在哈希表中删去一个元素,不管用何种方法解决冲突都只要简单地将该元素删去即可

12. 将 10 个元素哈希到 100 000 个单元的哈希表中,则_____产生冲突。

    A. 一定会   B. 一定不会   C. 仍可能会

参考答案:

1	2	3	4	5	6	7	8	9	10	11	12
C	A	B	C	D	B	B	A	D	D	C	C

二、填空题

1. 顺序查找 n 个元素的顺序表,若查找成功,则比较关键字的次数最多为_____次;当使用监视哨时,若查找失败,则比较关键字的次数为_____。

2. 在顺序表(8,11,15,19,25,26,30,33,42,48,50)中,用折半法查找关键字值 20,需做的关键字比较次数为_____。

3. 对于具有 144 个记录的文件,若采用分块查找法,且每块长度为 8,则平均查找长度为_____。

4. 已知二叉排序树的左右子树均不为空,则_____上所有结点的值均小于它的根结点值,_____上所有结点的值均大于它的根结点的值。

5. 高度为 4 的 3 阶 B—树中,最多有_____个关键字。

6. 二叉排序树的查找效率与树的形态有关。当二叉排序树退化成成单支树时,查找算法退化为_____查找,其平均查找长度上升为_____。当二叉排序树是一棵平衡二叉树时,其平均查找长度为_____。

7. 在一棵 m 阶 B—树中,若在某结点中插入一个新关键字而引起该结点分裂,则此结点中原有的关键字的个数是_____;若在某结点中删除一个关键字而导致结点合

并,则该结点中原有的关键字的个数是_____。

8. 用_____法构造的哈希函数肯定不会发生冲突。

参考答案：

1. n、$n+1$

2. 4

3. 8.25(折半查找所在块)、14(顺序查找所在块)

4. 左子树、右子树

5. 26

6. 顺序、$(n+1)/2$、$O(\log_2 n)$

7. $m-1$、$\lceil m/2\rceil-1$

8. 直接定址

三、判断题

1. 折半查找法的查找速度一定比顺序查找快。

2. 就平均查找长度而言,分块查找最小,折半查找次之,顺序查找最大。

3. 对一棵二叉排序树按先序遍历得出的结点序列是从小到大的序列。

4. 哈希查找不需要任何比较。

5. 将线性表中的信息组织成平衡二叉树,其优点之一是无论线性表中数据如何排列总能保证平均查找长度均为 $\log_2 n$ 量级(n 为线性表中的结点数目)。

6. 在平衡二叉树中,向某个平衡因子不为零的结点的树中插入一新结点,必引起平衡旋转。

7. 有序的线性表无论如何存储,都能采用折半查找。

8. B+树既能索引查找也能顺序查找。

9. Hash 表的平均查找长度与处理冲突的方法无关。

10. 装填因子是哈希表的一个重要参数,它反映了哈希表的装满程度。

参考答案：

1	2	3	4	5	6	7	8	9	10
错误	错误	错误	错误	正确	错误	错误	正确	错误	正确

四、应用题

1. 试比较折半查找和二叉排序树查找的性能。

2. 简要叙述 B-树与 B+树的区别?

3. 如何衡量哈希函数的优劣?简要叙述哈希表技术中的冲突概念,并指出三种解决冲突的方法。

4. 依次输入表(30,15,28,20,24,10,12,68,35,50,46,55)中的元素,生成一棵二叉排序树。

(1)试画出生成之后的二叉排序树。

（2）对该二叉排序树作中序遍历,试写出遍历序列。

（3）假定每个元素的查找概率相等,试计算该二叉排序树的平均查找长度。

5. 已知长度为 11 的表(xal,wan,wil,zol,yo,xul,yum,wen,wim,zi,yon),按表中元素顺序依次插入一棵初始为空的平衡二叉排序树,画出插入完成后的平衡二叉排序树,并求其在等概率的情况下查找成功的平均查找长度。

6. 对图 8.10 所示的 3 阶 B－树,依次执行下列操作,画出各步操作的结果。

（1）插入 90；（2）插入 25；（3）插入 45；（4）删除 60；（5）删除 80

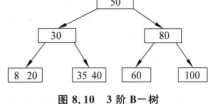

图 8.10　3 阶 B－树

7. 给定关键字序列(26,25,20,33,21,24,45,204,42,38,29,31),要用哈希法进行存储,规定负载因子 $\alpha=0.6$。

（1）请给出除余法的哈希函数。

（2）用开放地址线性探测法解决冲突,请画出插入所有的关键字后得到的哈希表,并指出发生冲突的次数。

8. 设哈希函数为 $H(K)=K \text{ MOD } 11$,解决冲突的方法为链地址法,试将下列关键字集合{35,67,42,21,29,86,95,47,50,36,91}依次插入到哈希表中(画出哈希表的示意图)。并计算平均查找长度 ASL。

参考答案:

1. 进行折半查找时,判定树是唯一的,折半查找过程是走了一条从根结点到末端结点的路径,所以其最大查找长度为判定树的深度 $\lfloor \log_2 n \rfloor + 1$,其平均查找长度约为 $\log_2(n+1)-1$。在二叉排序树上查找时,其最大查找长度也是二叉树的深度,但是含有 n 个结点的二叉排序树是不唯一的,当对 n 个元素的有序序列构造一棵二叉排序树时,得到的二叉排序树的深度也为 n,在该二叉排序树上查找就演变成顺序查找,此时的最大查找长度为 n；在随机情况下,二叉排序树的平均查找长度约为 $1+4\log_2 n$。

因此,就查找效率而言,折半查找的效率优于二叉排序树查找,但是二叉排序树便于插入和删除,在该方面它优于折半查找。

2. B－树和 B＋树的主要区别。

（1）在 B－树中,若一个结点有 n 个关键字,则它有 $n+1$ 棵子树；在 B＋树中,若一个结点有 n 个关键字,则它有 n 棵子树。

（2）在 B－树中,所有的非叶子结点都含有不同的信息,查找时从根向下查找；在 B＋树中,所有的信息都放在叶子结点上,内部结点只放其子树中最大(或最小)的关键字,是叶子结点的索引。

（3）在 B＋树中,所有的叶子结点都链在一起,所以即可以顺序查找,也可以索引查找；而 B－树中,不能顺序查找。

（4）m 阶 B－树中的每个结点中的关键字个数在 $\lceil m/2 \rceil-1$ 和 $m-1$ 之间,m 阶 B＋树中的每个叶子结点中的关键字个数在 $\lceil m/2 \rceil$ 和 m 之间。

3. 评价哈希函数优劣的因素有:能否将关键字均匀影射到哈希表中,有无好的处理冲突的方法,哈希函数的计算是否简单等。

冲突的概念:若两个不同的关键字 K_i 和 K_j,其对应的哈希地址 $\text{Hash}(K_i)=\text{Hash}(K_j)$,则称为地址冲突,称 K_i 和 K_j 为同义词。

常用的处理冲突的方法如下所示。

(1) 开放定址法

$$H_i = (H(\text{key}) + d_i)\,\text{MOD}\;m \quad i = 1,2,\cdots,n$$

其中: $H(\text{key})$ 为哈希函数。

m 为哈希表的长度。

d_i 为增量序列,有下列三种取法:

$d_i=1,2,\cdots,n$ 称为线性探测再哈希。

$d_i=1^2,-1^2,2^2,-2^2,\cdots,\pm n^2$ 称为二次探测再哈希。

$d_i=$ 伪随机数序列 称为随机探测再哈希。

(2) 再哈希法

$$H_i = \text{RH}_i(\text{key}) \quad i = 1,2,\cdots,n$$

RH_i 是一组不同的哈希函数,即在产生冲突时,用另一个哈希函数计算哈希地址,直到不冲突为止。该方法不易产生"聚集",但增加了计算时间。

(3) 链地址法

将关键字为同义词的记录存储在同一链表中。

4. (1) 构造的二叉排序树,如图 8.11 所示。

(2) 中序遍历结果如下:

10,12,15,20,24,28,30,35,46,50,55,68

(3) 平均查找长度如下:

$$\text{ASL}_{\text{succ}} = (1\times1 + 2\times2 + 3\times3 + 4\times3 + 5\times3)/12 = 41/12$$

图 8.11 二叉排序树

5. 平衡二叉树的构造过程如图 8.12 所示。

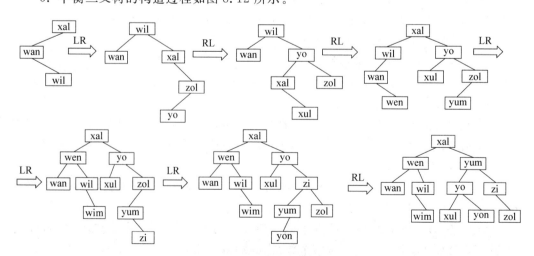

图 8.12 平衡二叉树的构造过程

平均查找长度为：$ASL_{succ}=(1\times1+2\times2+4\times3+4\times4)/11=33/11$。

6. 在 3 阶 B－树上的插入和删除的结果如图 8.13 所示。

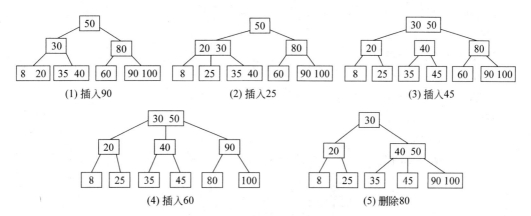

图 8.13 3 阶 B－树的插入与删除

7. 表长 $m=n/\alpha=12/0.6=20$

(1) 取哈希函数：$H(key)=key\%19$

(2) $H(26)=26\%19=7$

$H(25)=25\%19=6$

$H(20)=20\%19=1$

$H(33)=33\%19=14$

$H(21)=21\%19=2$

$H(24)=24\%19=5$

$H(45)=45\%19=7(冲突)$

$H_1(45)=((45\%19)+1)\%20=8$

$H(204)=204\%19=14（冲突）$

$H_1(204)=((204\%19)+1)\%20=15$

$H(42)=42\%19=4$

$H(38)=38\%19=0$

$H(29)=29\%19=10$

$H(31)=31\%19=12$

地址	0	1	2	3	4	5	6	7	8	9	10	11	12	13	14	15	16	17	18	19
关键字	38	20	21		42	24	25	26	45		29		31		33	204				
比较次数	1	1	1		1	1	1	1	2		1		1		1	2				

发生冲突两次。

8. 哈希地址如下：

$H(35)=35\%11=2$

$H(67)=67\%11=1$

$$H(42)=42\%11=9$$
$$H(21)=21\%11=10$$
$$H(29)=29\%11=7$$
$$H(86)=86\%11=9$$
$$H(95)=95\%11=7$$
$$H(47)=47\%11=3$$
$$H(50)=50\%11=6$$
$$H(36)=36\%11=3$$
$$H(91)=91\%11=3$$

哈希表如图 8.14 所示。

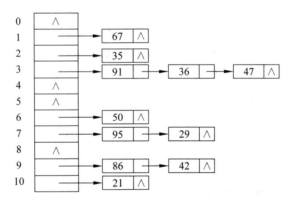

图 8.14　利用链地址法处理冲突的哈希表

平均查找长度：$ASL_{suss}=(7\times1+3\times2+1\times3)/11=16/11$。

五、算法设计题

1. 给出折半查找的递归算法,并给出算法时间复杂度性分析。

2. 试编写一算法求出给定关键字在二叉排序树中所在的层数。

3. 在二叉排序树中,有些数据元素值可能是相同的 ,设计一个算法实现按递增有序打印结点的关键字域,要求相同的元素仅输出一个。

4. 设 f 是二叉排序树中的一个结点,其右孩子为 p。删除结点 p,使其仍为二叉排序树。

5. 假设一棵平衡二叉树的每个结点都标明了平衡因子 b,试设计一个算法,求平衡二叉树的高度。

6. 设二叉排序树的各元素值均不相同,采用二叉链表作为存储结构,试分别设计递归和非递归算法按递减序打印所有左子树为空,右子树非空的结点的数据域的值。

7. 试编写一算法,在给定的二叉排序树上,找出任意两个不同结点最近的公共祖先(若在两结点 A 和 B 中,A 是 B 的祖先,则认为 A 和 B 最近的公共祖先就是 A)。

提示与解答：

1. **分析**：不妨将数据结构定义如下：

```
typedef struct {
  KeyType    key;
    ⋮
}DataType;
int Binsearch(DataType r[],KeyType k,int low,int high)
                                    /* 在数组 r 中查找关键字为 k 的记录 */
{   int mid;
    if (low<=high)                  /* 若查找成功,返回 k 的位置,否则返回 0 */
    {   mid=(low+high)/2;
        if (r[mid].key==k) return(mid);
        else if (r[mid].key<k) return(Binsearch(r[],k,mid+1,high));
        else return(Binsearch(r[],k,low,mid-1));
    }
    else return (0);                /* 查找失败 */
}
```

对折半查找来说,查找成功时的最大查找长度为判定树的深度 $\lfloor \log_2 n \rfloor + 1$,查找不成功时的最大查找长度也为判定树的深度 $\lfloor \log_2 n \rfloor + 1$。其查找成功时的平均查找长度 $\text{ASL}_{\text{succ}} = \log_2(n+1) - 1$。

2. 分析：从二叉排序树的根结点开始,查找给定的关键字,同时对查找到的结点层数计数即可。

```
int Bstsearch (BSTree bst, KeyType k)
                                /* 求在二叉排序树中关键字为 k 的结点所在的层数 */
{   BSTree p;                   /* 返回 0 时,表示该结点不存在 */
    p=bst;
    d=0;                        /* d 记录结点的层数 */
    while(p!=NULL && p->key!=k)
    {   if (k<p->key)
            p=p->lchild;
        else
            p=p->rchild;
        d++;
    }
    if (p==NULL)  return(0);    /* 给定的关键字不存在 */
    return (d+1);
}
```

3. 分析：对二叉排序树进行中序遍历的同时,对当前扫描结点与其前驱结点进行比较,若相同,则不输出。利用中序遍历的递归算法即可实现,这里给出非递归算法。

```
void Incr_prt(BSTree  bt)       /* 递增打印根为 bt 的二叉排序树,相同的结点只打印一次 */
{   BSTree  p,s[maxsize];       /* 将 s 作为栈 */
    p=bt;                       /* p 指向当前结点 */
    top=0;
```

```
        pre=minval;   /* pre 为当前结点的前驱,初始赋为最小值,其类型同结点关键字的类型 */
        while((p!=NULL)||(top!=0))
        {  if (p!=NULL)
           {   s[top++]=p;
               p=p->lchild;
           }
           else
           {   p=s[--top];
               if(pre!=p->key)
               {  printf("关键字类型格式符",p->key);
                  pre=p->key;           /* pre 记录当前结点的前驱的关键字 */
               }
               p=p->rchild;
           }
        }
    }
```

4. **分析**：结点 f 是二叉排序树中的一个结点,其右孩子为 p,要删除结点 p。当结点 p 无左孩子时,用 p 的右孩子替代;当结点 p 有左孩子时,用其左子树中的最大结点替代 p。

算法描述如下：

```
void Delete(BSTree f)              /* 删除结点 f 的右孩子 p,假设 f 及 f 的右孩子均存在 */
{  p=f->rchild;
   if(p->lchild==NULL)
   {  f->rchild=p->rchild;        /* 若 p 无左孩子,其右孩子替代 p */
      free(p);
   }
   else
   {  q=p->lchild;
      while(q)                    /* 搜索 p 左子树中的最大元素 */
      {   s=q;
          q=q->rchild;
      }
      if(s==p->lchild)
      {  p->key=s->key;                      /* p 的左孩子无右孩子 */
         p->lchild=s->lchild;                /* p 的左孩子替代 P */
         free(s);
      }
      else
      {  p->key=q->key;                       /* p 的左孩子有右孩子 */
         s->rchild=q->lchild;
         free(q);
      }
```

```
        }
    }
```

5. **分析**：从根结点开始扫描，若当前结点的平衡因子为－1，则应扫描其右孩子；若为 1，则应扫描其左孩子；若为 0，扫描其左孩子或右孩子，……，直到末端结点为止。在扫描的过程中增设一个计数器 depth，对扫描的结点计数即可。

算法描述如下：

```
int AVL_Depth(AVLTree t)
            /*求根结点为 t 的平衡二叉树的深度，AVLTree 的定义参见教材中相关部分*/
{   int depth=0;
    AVLTree p=t;
    while(p!=NULL)
    {   depth++;
        if(p->bf<0)   p=p->rchild;              /*b 为 p 结点的平衡因子*/
        else  p=p->lchild;
    }
    return (depth);
}
```

6. **分析**：本题可转化为一个类似于二叉树的中序遍历问题。由二叉排序树的定义可知，若先遍历二叉排序树右子树，再遍历根，最后遍历左子树，那么可得到一个递减序列。在遍历二叉排序树的过程中只要判断一下当前结点的左右子树是否为空即可。

递归算法描述如下：

```
void Nest_dec_print(BSTree t)
{   if(t!=NULL)
    {   Nest_dec_print(t->rchild);
        if (t->lchild==NULL && t->rchild!=NULL)
        printf("数据域类型格式符", t->key);
        Nest_dec_print(t->lchild);
    }
}
```

非递归算法描述如下：

```
void dec_print(BSTree t)
{   BSTree s[maxsize];                      /*将 s 作为栈*/
    int top=0;
    while((t!=NULL)||(top!=0))
    {   if(t!=NULL)
        {   s[top++]=t;                     /*当前结点进栈，并搜索其右孩子*/
            t=t->rchild;
        }
        else
        {   t=s[--top];                     /*退栈*/
```

```
        if ((t->lchild==NULL) && (t->rchild!=NULL))
                printf("数据域类型格式符", t->key);
        t=t->lchild;                                      /*搜索其左孩子*/
        }
    }
}
```

7. **分析**：假设给定的两个关键字均在二叉排序树中。从根结点开始搜索二叉排序树，若给定的两个关键字都小于当前结点的关键字，则应向左子树搜索；若两个关键字都大于当前结点的关键字，则应向右子树搜索；若一个小于当前结点、一个大于当前结点，或者其中一个结点等于当前结点，则当前结点就是所求的结点。

算法描述如下：

```
BSTree Search_ancestor(BSTree bst,KeyType s,KeyType t)
{   BSTree p=bst;                    /*在二叉排序树 bst 中求关键字 s 和 t 的共同祖先*/
    do{
        if((s<p->key) && (t<p->key))  p=p->lchild;         /*搜索左子树*/
        else if((s>p->key) && (t>p->key))  p=p->rchild;    /*搜索右子树*/
        else   return (p);            /*算法结束,p 就是 s 和 t 公共祖先*/
    }while(1);
}
```

第 9 章

排　序

chapter 9

排序是数据处理中使用频率很高的一种运算,是数据查找前的一项基础工作,它的功能是把一个无序的序列调整成一个有序的序列。排序的方法有很多,按照排序的基本思想,可将内排序分为四类:插入类排序、交换类排序、选择类排序和归并类排序。本章主要内容是研究这几类排序算法的基本思想以及它们的具体实现方法,并学会运用数学知识对其性能进行综合分析。

9.1　知识点串讲

9.1.1　知识结构图

本章主要知识点的关系结构如图 9.1 所示。

9.1.2　相关术语

(1) 内排序、外排序、排序的稳定性。

(2) 插入排序、直接插入排序、折半插入排序、希尔排序。

(3) 交换排序、冒泡排序、快速排序。

(4) 选择排序、直接选择排序、堆排序。

(5) 归并排序、二路归并排序。

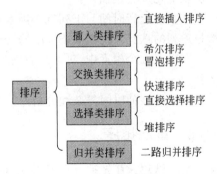

图 9.1　排序知识结构图

9.1.3　直接插入排序

直接插入排序属于插入类排序,其基本思想是:设记录表 $R[n]$ 中的前 $i-1$ 个元素已经有序,对 $R[n]$ 中的后 $n-i+1$ 个记录,从第 i 个记录 $R[i]$ 开始,与前 $i-1$ 个记录逐一比较,找到合适的位置并插入,以此类推,直到最后一个记录被插入为止。

比较次数:当初始文件已经递增有序(称之为"正序")时,对每个记录只进行了一次比较,所以共比较了 $n-1$ 次;当初始文件递减有序(称之为"反序")时,对任一记录 $R[i]$,要与前 $i-1$ 个记录及监视哨进行 i 次比较,所以共进行 $2+3+\cdots+n=(n+2)(n-1)/2$

次比较。

移动次数：当初始记录正序时，总的移动次数为 $2(n-1)$；当初始记录反序时，因为序列的反序个数为 $1+2+\cdots+(n-1)=n(n-1)/2$，再加上每次循环的两个赋值语句，因此总的移动次数为 $n(n-1)/2+2(n-1)=(n+4)(n-1)/2$。

所以，当文件正序时，直接插入排序移动和比较次数为 $2(n-1)$，复杂度为 $O(n)$；当文件反序时，直接插入排序移动和比较次数为 $(n+2)(n-1)/2$，复杂度为 $O(n^2)$。

假定初始序列是随机的，则可用其平均值作为算法的平均比较次数和平均移动次数，即约为 $n^2/4$，所以其时间复杂度为 $O(n^2)$。

从空间来看，它只需要一个记录的辅助空间，即空间复杂度是 $O(1)$。

优点：直接插入排序是稳定的排序；且排序方法简单，容易实现。

缺点：只适用于元素个数较少、且元素的关键字基本有序的排序；在排序结束前，不知道任何记录最终的位置。

9.1.4 希尔排序

基本思想：将整个记录表分成若干个子记录表，对每个子记录表分别进行直接插入排序，当记录表达到基本有序时，再对整个记录表进行一次直接插入排序。

注意：记录表的分割不是简单地"逐段分割"，而是将相隔某个"增量"的记录组成一个子记录表，这样就可以使元素跳跃式地移动；每个子文件中的元素个数不必相等，即可以允许最后一个子记录表的元素少于其他子记录表。

任何增量序列 $t_1, t_2, \cdots, t_k$ 都能使用，但必须保证 $t_k = 1$；当增量序列中的 $k=1$ 时，该算法就退化成直接插入排序了。

该算法运行时间与下列五个因素有关：文件的大小 n、扫描次数（即增量个数）$T=t$、增量序列的选择及增量和 $S=t_1+t_2+\cdots+t_t$、移动次数（序列的反序个数）、比较次数。

在以上五个因素中，对运行时间起支配作用的是移动次数，因此要想办法降低移动次数。

希尔排序的时间复杂性分析是一个比较复杂的问题。

9.1.5 冒泡排序

基本思想：首先把 n 个待排元素中的最大元素放到第 n 个元素的位置上，再把前 $n-1$ 个待排元素中的最大元素放到第 $n-1$ 个元素的位置上，重复以上过程，直到没有记录交换为止。

由此可以看出，该算法共扫描 $n-1$ 趟，比较了 $n(n-1)/2$ 次，移动记录最多达 $(n+4)(n-1)/2$ 次，所以其时间复杂度为 $O(n^2)$；但当初始序列已经有序时，只需进行了一趟扫描，共比较了 $n-1$ 次，0 次移动。所以，为了在序列有序后立即结束，在算法中应引进一个记录移动的标志。

9.1.6 快速排序

基本思想：取一个记录如 R[1]，并把它移到排了序的文件中应占据的位置上，比如

说位置 s。在确定 s 的同时,也对其他记录重新排列,使小于 R[1] 的记录都位于 s 的前边,使大于 R[1] 的记录都位于 s 的后边。这样该问题就变成了对子序列 R[1],…,R[$s-1$] 和 R[$s+1$],…,R[n] 排序的问题了。可采用同一技术对这些子序列排序,直到排序完成为止。

一趟快速排序完成了两项工作:一是找到了 R[1] 应处的位置 s;二是把小于 R[1] 的记录放在了 s 之前,大于 R[1] 的记录放在了 s 后。

该算法的优点是:记录大都是跳跃式移动,所以移动次数少;其次是所需的辅助空间少。特别适合用于记录数很大时的排序。

快速排序是目前最快的一种排序算法,其平均时间复杂度为 $O(n\log_2 n)$;若每一趟排序都能把文件分割成两个相等的部分,则需要 $\lfloor \log_2 n \rfloor + 1$ 个记录的栈空间,即空间复杂度为 $O(\log_2 n)$。

存在的问题:当初始序列已经有序时,则每次"分割"操作几乎都是无用的。因为它只使文件的大小减少了一个元素。在这种情况下,快速排序根本不快,运行时间为 $O(n^2)$。

解决的方法。其一:每次对序列进行分割时,选择一个随机元素作为比较对象;其二:选择待排序列的第一个元素、中间元素和最后一个元素的关键字的中间者作为比较对象,即所谓的"三者取中"。

9.1.7　直接选择排序

基本思想:第 1 趟,从 n 个元素中,找出最小的元素,并把它放在第 1 个位置上(与第 1 个元素交换);第 2 趟,从剩余的 $n-1$ 个待排元素中,找出最小的元素,并把它放在第 2 个位置上(与第 2 个元素交换);依此类推,经过 $n-1$ 趟,直到待排序列有序为止。

可以看出,直接选择排序要求在排序开始之前给出所有的记录,算法按记录的最终位置逐一输出,这正好与插入排序相反;正是由于在排序过程中,已经输出的记录是在最终正确的位置上,所以在以后的比较过程中就无需和它们比较了,从而提高了效率。

可以看出,该算法的移动次数较少,所做的移动仅仅是把 n 个元素放到了它们应处的位置上,其移动次数为 $O(n)$,但无论初始序列的状态如何,比较次数都为 $n(n-1)$,所以其时间复杂度仍为 $O(n^2)$。

9.1.8　堆排序

基本思想。堆排序要解决如下两个问题:如何由一个无序序列建成一个堆(建初始堆);输出堆顶元素后,如何把剩余的元素调整成一个新的堆(筛选)。

筛选:当堆顶元素输出后,把完全二叉树的最后一个元素移到堆顶上,再把这些元素从上到下调整成堆。

建初始堆:从最后一个内部结点(非叶子结点)开始,到根结点结束,执行以下操作——把以该结点为根的子树调整为堆。

性能分析:其运行时间主要消耗在建初始堆和进行反复的筛选上。对 n 个元素,树

的深度 $k=\lfloor \log_2 n \rfloor +1$，筛选算法中关键字的比较次数最多为 $2(k-1)$，共调用了 $n-1$ 次，所以总的比较次数小于 $2n \times \lfloor \log_2 n \rfloor$ 次；在建初始堆时，因为第 $h(1 \leqslant h \leqslant k-1)$ 层最多有 2^{h-1} 个元素，而每一个元素的最大调整次数为 $k-h$，故总的调整次数不大于 $4n$。因此，堆排序在最坏的情况下，其时间复杂度为 $O(n\log_2 n)$。此外，堆排序仅需一个记录的辅助空间。

堆排序的最大优点是：排序性能不受数据初始状态的影响，时间复杂度恒为 $O(n\log_2 n)$；辅助空间少。

9.1.9　归并排序

基本思想：把两个或两个以上的有序记录表合并成一个有序的记录表。假设有 n 个记录，则可看成 n 个有序的子记录表，每个子记录表的长度为 1，然后两两归并，得到 $\lceil n/2 \rceil$ 个长度为 2 的子记录表，再两两归并，……，如此重复，直到得到一个长度为 n 的有序记录表为止。

这种归并方法，每次都只把两个相邻的子序列合并，所以称为二路归并排序。

二路归并排序的时间复杂度为 $O(n\log_2 n)$，空间复杂度为 $O(n)$。

归并排序的时间复杂度也不受待排文件的初始状态的影响。

9.2　典型例题详解

一、选择题

1. 若待排序序列在排序前已按关键字递增排列，则采用_____方法比较次数最少。

　　A. 直接插入排序　　　B. 快速排序　　　　C. 归并排序　　　D. 直接选择排序

分析：本题主要考查各个算法在不同情况下的时间复杂度。因为序列已经有序，若用直接插入排序，当前记录只与其前面的记录比较一次，共比较 $n-1$ 次，是四种排序算法中比较次数最少的。所以答案应为 A。

2. 如果只想得到 1024 个元素的序列中的前 5 个最小元素，那么用_____方法最快。

　　A. 直接插入排序　　　　B. 快速排序　　　　C. 希尔排序　　　D. 堆排序

分析：本题主要考查选择类排序的基本思想。直接插入排序、快速排序和希尔排序都不能在排序完之前输出序列的最小元素，而选择类排序能在排序完之前输出序列的最小元素。题目中堆排序属于选择类排序，所以答案应为 D。

3. 下列排序算法中，_____算法是不稳定的。

　　A. 冒泡排序　　　　　　B. 直接插入排序　　C. 归并排序　　　　D. 快速排序

分析：本题主要考查排序算法的稳定性。冒泡排序、直接插入排序、归并排序是稳定的，快速排序是不稳定的，例如：对初始序列 (2,1,1,3)，经过快速排序之后得到序列为 (1,1,2,3)。所以答案应为 D。

4. 对数据序列(84,47,25,15,21)进行排序,在排序过程中每一趟的变化情况如下:

(1) 15,47,25,84,21　　　　　(2) 15,21,25,84,47

(3) 15,21,25,84,47　　　　　(4) 15,21,25,47,84

则可以断定采用的排序方法是_____。

　　　　A. 选择排序　　　　B. 冒泡排序　　　　C. 快速排序　　　　D. 插入排序

分析:本题主要考查以上四种排序算法的基本思想。因为冒泡排序每一趟是把最大的放大最后的位置上,所以可以看出不是冒泡排序;对四个序列观察,也不是快速排序;插入排序是对前面的 i 个元素排序,所以也不是插入排序;在序列(1)中,第一个元素 15 是最小的元素,在序列(2)中,15 是最小的,21 是次小的元素,在序列(3)中,15、21、25 是三个最小的元素且有序,在序列(4)中,15、21、25、47 是四个最小的元素且有序,所以答案为 A。

5. 数据序列(8,9,10,4,5,6,20,1,2)只能是下列排序算法中的_____两趟排序后的结果。

　　　　A. 选择排序　　　　B. 冒泡排序　　　　C. 直接插入排序　　D. 堆排序

分析:本题主要考查以上四种排序算法的基本思想。利用排除法,逐个进行排除。选择排序每次输出的是最小元素,而给定序列的最前面的两个元素不是最小的两个元素,所以不是选择排序;冒泡排序每次输出的是最大元素,而给定序列的最后面的两个元素不是最大的两个元素,所以也不是冒泡排序;序列的最后一个元素 2 既不是最大的元素,也不是最小的元素,所以也不是排序;因为前三个元素已经有序,所以只能是插入排序的两趟排序后的结果。所以答案应为 C。

6. 在下列排序算法中,排序一趟后不一定能选出一个元素放在其最终位置上的是_____。

　　　　A. 选择排序　　　　B. 冒泡排序　　　　C. 归并排序　　　　D. 堆排序

　　　　E. 快速排序　　　　F. 希尔排序

分析:本题主要考查各个排序算法具体实现。选择排序、冒泡排序、堆排序、快速排序,排序一趟后都能选出一个元素放在其最终位置上的。而归并排序和希尔排序都是首先对子序列排序,然后合并子序列后再排序,所以不能保证每趟至少选出一个元素放在最终位置上。答案应选择 C 和 F。

7. 就平均性能而言,最好的排序方法是_____。

　　　　A. 希尔排序　　　　B. 快速排序　　　　C. 直接插入排序　　D. 冒泡排序

分析:本题主要考查排序算法的复杂性。直接插入排序、冒泡排序都是"逐个"比较的排序算法,所以其时间复杂度为 $O(n^2)$;希尔排序在某些特定的条件下,其时间复杂度可达 $O(n^{1.3})$,快速排序的时间复杂度为 $O(n \times \log_2 n)$,所以应选择 B。

8. 用直接插入排序法对下列四个序列进行递增排序,比较次数最少的是_____。用快速排序法对下列四个序列进行排序,速度最快的是_____。

　　　　A. 94,90,40,80,69,46,21,32　　　　　　B. 46,40,80,94,21,32,90,69

　　　　C. 21,32,46,40,80,69,90,94　　　　　　D. 94,80,90,69,46,32,40,21

分析:观察题目序列的特点,因为序列 C 已基本有序,所以用直接插入排序法排序时,比较次数最少;又因为序列 A 和 D 已接近于"反序",C 已接近于"正序",而序列 B 元素分布相对"随机",所以用快速排序法排序时,速度最快的是 B。答案为 C 和 B。

9. 在下列排序算法中,占用辅助空间最多的是_____。

    A. 归并排序   B. 快速排序   C. 堆排序   D. 希尔排序

分析:本题考查排序算法所使用的辅助空间。归并排序使用的辅助空间数为 n;快速排序使用 1 个临时变量,和深度为 $\lfloor \log_2 n \rfloor + 1$ 的栈空间;堆排序使用的辅助空间为 1;希尔排序使用的辅助空间也为 1。所以应选 A。

10. 在以下四个序列中,_____是堆,_____不是堆。

    A. 75,65,30,15,25,45,20,10,5,18

    B. 75,65,45,15,30,25,20,10,12,18

    C. 10,20,15,25,45,65,30,75,35,50

    D. 10,20,45,25,15,65,30,75,35,50

分析:本题主要考查堆的定义。堆分为大根堆和小根堆,为了清楚起见,可画成一棵完全二叉树,根据堆的定义来判断。B、C 是堆,A、D 不是堆。

11. 在各种排序列算法中,__(1)__是从待排序的序列中依次取出元素与已排序的子序列进行比较,找出在已排序的子序列中的位置;__(2)__是从待排序的序列中挑选出最小的元素,并把它放在已排序的子序列的末端;__(3)__是类似于选择排序的一种排序方法,是完全二叉树的一种应用;__(4)__是选择一个元素为轴,其他元素按其大小分别放在轴的两边。

    A. 快速排序   B. 直接插入排序   C. 归并排序

    D. 直接选择排序 E. 堆排序   F. 希尔排序

分析:本题考查几种排序算法的基本思想。由排序算法的定义可知:(1)直接插入排序,(2)直接选择排序,(3)堆排序,(4)快速排序。

12. 对数据序列(10,9,15,20,5,7,18,6,12,8),若用堆排序的筛选方法建立的初始堆是 __(1)__;若用快速排序法,用第一个元素与其他元素比较,排序一趟后的结果是 __(2)__;冒泡排序排序一趟后的结果是 __(3)__;初始增量为 5 的希尔排序一趟后的结果是 __(4)__。

    A. 5,6,7,10,8,15,18,20,12,9   B. 9,10,15,5,7,18,12,6,8,20

    C. 5,9,6,8,7,10,18,15,20,12   D. 8,9,6,7,5,10,18,20,12,15

    E. 7,9,6,12,5,10,18,15,20,8   F. 9,10,15,5,7,18,6,12,8,20

    G. 以上都不对

分析:本题考查排序算法的具体实现过程。根据排序算法不难得到答案:(1)A;(2)D;(3)F;(4)E。

13. 下列排序算法中:

(1) 比较次数与序列初态无关的算法是 __(1)__。

(2) 不稳定的排序算法是 __(2)__。

(3) 在初始序列已基本有序的情况下,排序效率最高的算法是 __(3)__。

(4) 算法的平均时间复杂度为 $O(n\log_2 n)$ 的是　　(4)　　,为 $O(n^2)$ 的是　　(5)　　。

　　A. 快速排序　　B. 直接插入排序　　C. 二路归并排序　　D. 直接选择排序
　　E. 冒泡排序　　F. 堆排序

分析：考查排序算法的基本思想。二路归并排序、直接选择排序的比较次数与序列的初始状态无关;值得注意的是,无论数据的初始状态如何,堆排序的时间复杂度恒为 $O(n\log_2 n)$。但仔细分析可知,对不同初始状态的数据序列,堆排序的比较次数略有不同。快速排序、直接选择排序、堆排序是不稳定的;在初始序列已基本有序的情况下,直接插入排序比较的次数和移动的次数最少、效率最高;快速排序、二路归并排序、堆排序都是与"二叉树"有关的排序算法,所以其时间复杂度为 $O(n\log_2 n)$,而直接插入排序、直接选择排序、冒泡排序都是"逐个"比较的排序,所以其时间复杂度为 $O(n^2)$。答案为(1)C、D;(2)A、D、F;(3) B;(4) A、C、F;(5) B、D、E。

二、判断题

1. 直接选择排序是一种稳定的排序算法。

答：错误。

分析：考查直接选择排序算法的基本思想以及稳定性的概念。例如对序列(2,2,5,0)的排序就是不稳定的。

2. 在任何情况下,快速排序需要进行比较的次数都是 $O(n\log_2 n)$。

答：错误。

分析：考查当待排序列已经有序时的快速排序的复杂性。在一般情况下,快速排序算法的比较次数是最少的。但当输入序列已经有序时,快速排序需要进行比较的次数是 $O(n^2)$。

3. 堆排序是一种稳定的排序算法。

答：错误。

分析：考查堆排序算法的基本思想。例如：对序列(5,5,1,3)进行非递减排序就是不稳定的。

4. 如果输入序列已经有序,则快速排序算法无需移动任何数据对象就可以完成排序。

答：错误。

分析：考查快速排序算法的基本思想。在快速排序过程中,无论输入序列是否有序,都要对数据进行移动。

5. 堆排序采用的是顺序存储;小根堆的最大元素一定是末端结点;n 个元素组成堆的深度为 $\lfloor \log_2 n \rfloor + 1$。

答：正确。

分析：考查堆排序的基本思想。堆是一棵完全二叉树,所以可以顺序存储在一维数组中,其父与子之间就有一种确定的位置关系。堆的深度为完全二叉树的深度,即 $\lfloor \log_2 n \rfloor + 1$。

6. 在排序过程中,若某个元素朝着和最终位置相反的方向移动,则该算法是不稳定的。

答：错误。

分析：考查稳定性的概念。例如对序列(10,9,8,1,7,4,5,2)进行两路归并排序。第 1 趟排序时,10 和 9 应交换,即元素 9 朝着和最终位置相反的方向移动,但该算法是稳定的。

7. 折半插入排序的时间复杂度为 $O(n\log_2 n)$。

答：错误。

分析：考查折半插入排序的基本思想。折半插入排序仅在比较次数上比直接插入排序有所减少,移动次数仍与直接插入排序相同,所以其时间复杂度仍是 $O(n^2)$。插入类排序的时间复杂度均为 $O(n^2)$。

8. 在任何情况下,冒泡排序比快速排序的速度慢。

答：错误。

分析：考查冒泡排序最快的情况和快速排序最慢的情况。当输入序列已经有序时,快速排序需要进行的记录比较的次数是 $O(n^2)$,还要进行 $2(n-1)$ 次记录移动;而冒泡排序只进行 $n-1$ 次比较,无需移动记录,所以命题是否定的。

三、填空题

1. 采用快速排序、归并排序、冒泡排序和堆排序,对一个有序或基本有序的序列进行排序,最快的是_____,最慢的是_____。

答案：冒泡排序、快速排序

分析：考查以上四种排序算法对一个已经有序的序列进行排序的过程。如果给定的序列已经有序,快速排序的时间复杂度为 $O(n^2)$,归并排序的时间复杂度为 $O(n\log_2 n)$,冒泡排序的时间复杂度为 $O(n)$,堆排序的时间复杂度为 $O(n\log_2 n)$。

2. 除基数排序外的其他排序算法,主要的两种基本操作是_____和_____。

答案：记录的比较、移动

分析：排序算法大都是通过比较确定其大小,再把它放到适当的位置上的。这是排序算法的两个主要操作。

3. 排序算法的稳定性是指_____。

答案：任意两个关键字相同的记录 $R[i]$ 和 $R[j]$,其排序前后的相对位置不发生变化

4. 快速排序在_____情况下有利于发挥其长处,此时的时间复杂度为_____;在_____情况下不利于发挥其长处,此时的时间复杂度为_____。

答案：待排序文件随机排列的、$O(n\log_2 n)$、待排序的文件已有序或基本有序、$O(n^2)$

分析：考查快速排序的基本思想和排序方法。快速排序更偏爱一个"随机"的序列。当给定的序列为一个"随机"序列时,每一趟排序都把 n 个记录分成两个大小"相等"的子序列,此时就是与"二叉树"相关的排序算法,所以其时间复杂度为 $O(n\log_2 n)$;当给定的序列是一个有序序列时,每一趟排序都把 n 个记录分成大小为 $n-1$ 和 1 的两个子序列,也就是变成了"逐个"比较的排序算法了,所以其时间复杂度为 $O(n^2)$。

5. 希尔排序的增量序列有多种选择,但不管哪种选择,最后一个增量必须

为_____。

答案：1

分析：考查希尔排序的增量序列的选择限制。如果最后一个增量不为 1,那么,就有可能存在两个记录,它们的关键字之间无次序关系,即它们之间未直接或间接地比较过,当然也谈不上有序了。

6. 对快速排序和堆排序,平均情况下运行时间较快的是_____;需要辅助空间较少是_____。

答案：快速排序、堆排序

分析：考查快速排序和堆排序的时间复杂度和空间复杂度。快速排序和堆排序的时间复杂度同阶,都是 $O(n\log_2 n)$,但渐近线不同,理论证明快速排序的渐近线约为 $12.67n \times \ln n$,堆排序约为 $23.08n \times \ln n$;堆排序只需一个记录大小的临时变量,而快速排序除需要一个记录大小的临时变量外,还需要大约 $\lfloor \log_2 n \rfloor + 1$ 的栈空间。

7. 直接选择排序算法比较次数最少为_____,最多为_____;移动次数最少为_____,最多为_____。

答案：$n(n-1)/2$、$n(n-1)/2$、0、$3(n-1)$

分析：考查直接选择排序算法的性能。直接选择排序比较次数与初始序列无关,即最少为 $n(n-1)/2$ 次,最多也为 $n(n-1)/2$ 次;当待排序序列已经有序时,移动次数最少,为 0 次,当待排序序列"反序"时,移动次数最多,为 $3(n-1)$ 次。

8. 下面的算法是链式存储结构下的冒泡排序。设结点的数据域为 data,指针域为 next,链表的首地址为 head,链表无头结点。请在画线处填上适当的语句。

```
Bubsort(head)
{    s=NULL;                          /*s 为已排序的子序列的第一个结点的指针*/
     while (__(1)__)
     {    p=head;                     /*p、q 为两个搜索指针*/
          q=p->next;
          while (__(2)__)
          {   if (p->data>q->data)
              p->data<=>q->data;       /*p、q 两个结点交换数据*/
              __(3)__;
          }
          __(4)__;
     }
}
```

答案：(1)head!＝s (2)q!＝s (3)p＝q; q＝q－＞next (4)s＝p

分析：(1)处应填循环控制条件,即排序是否完成。所以应填 head!＝s;(2)处应填内层循环的控制条件,所以应填 q!＝s;(3)处应是搜索下一个元素,所以应填 p＝q 和 q＝q－＞next;(4)内层循环结束,把待排子序列中最大的元素放到已排序的子序列的前边,即 s 前移一个位置,所以应填 s＝p。

9. 对用链式存储结构存储的非空表进行直接选择排序。设结点的数据域为 data,指针域为 next,链表的首地址为 head,链表无头结点。请在画线出填上适当的语句。

```
Selectsort(head)
{    p=___(1)___                        /*p指向待排序部分的第一个元素*/
     while (p!=___(2)___)
     {   q=p;                           /*q指向待排序部分的最小元素,r是搜索指针*/
         r=p->next;
         while(r!=NULL)
         {   if (___(3)___) q=r;
             r=___(4)___
         }
         p->data<=>q->data;             /*交换*/
         p =___(5)___;
     }
}
```

答案:(1)head、(2)NULL、(3)r—>data ＜ q—>data、(4) r—>next、(5) p—>next

分析:首先应把指针指向链表的第 1 个元素,所以(1)处应填 head;(2)是循环的控制条件,所以应填 NULL;(3)处在寻找待排序列中最小的元素,所以应填 r—>data ＜ q—>data;(4)处应是搜索下一个元素,所以应填 r—>next;(5)待排子序列中的第 1 个元素已是待排子序列中的最小元素,所以指针后移一个位置,即应填 p—>next。

10. 下面是一个(小根)堆排序的算法,在画线处填上适当的语句。

```
void Sift(r[], L, m)
                    /*筛选算法。把r[L..m]看成完全二叉树,以 r[L+1]和 r[L+2]为根的左*/
{    i=L;           /*右子树均为堆,现要调整 r[L],使整个序列 r[L..m]成为一个堆*/
     j=2*i;
     x=r[i];
     while(___(1)___)
     {   if((j<m) && (___(2)___))       /*j为左右孩子中的较小者的下标*/
             j=j+1;
         if(x.key>r[j].key)             /*左右孩子中的较小者上移*/
         {
             ___(3)___;
         }
         else break;                    /*跳出循环 while*/
     }
     ___(4)___;
}
void heapsort(r[], n)                   /*n个待排元素存储在 r[1..n]中*/
{    int i;
     for(___(5)___;i>=1;i--)            /*建初始堆*/
         Sift(r,i,n);
     for(i=n;i>=2;i--)                  /*输出有序序列*/
```

```
    {   r[1]<=>r[i];                              /* r[1]和 r[i]交换 */
        Sift(r,1,i-1);
    }
}
```

答案：(1)j<＝m、(2)r[j]. key＞r[j＋1]. key、(3)r[i]＝r[j]; i＝j; j＝2 * i、(4)r[i]＝x、(5)i＝n/2

分析：

(1) 是循环控制条件,即由上到下的调整是否已调整到了末端结点,所以应填 j<＝m。

(2) 是要找左右孩子中的较小者,所以应填 r[j]. key＞r[j＋1]. key。

(3) 左右孩子中的较小者上移,同时,父、子结点的指针都下移一个位置,所以应填 r[i]＝r[j];i＝j; j＝2 * i。

(4) 一次筛选完毕,应把根结点的关键字放到正确的位置上,即应填 r[i]＝x。

(5) 应从第⌊$n/2$⌋个元素开始筛选建堆,所以应填 i＝n/2。

四、应用题

1. 设关键字序列：35,27,55,70,67,20,26,28。写出用直接插入排序法对该序列进行排序每一趟后的结果。

分析与解答(见图 9.2)：

```
初始序列:      [35]   27   55   70   67   20   26   28
第 1 趟排序后:  [27   35]  55   70   67   20   26   28
第 2 趟排序后:  [27   35   55 ]  70   67   20   26   28
第 3 趟排序后:  [27   35   55   70]  67   20   26   28
第 4 趟排序后:  [27   35   55   67   70]  20   26   28
第 5 趟排序后:  [20   27   35   55   67   70]  26   28
第 6 趟排序后:  [20   26   27   35   55   67   70]  28
第 7 趟排序后:  [20   26   27   28   35   55   67   70]
```

图 9.2　直接插入排序过程示例

2. 希尔排序、直接选择排序、快速排序和堆排序是不稳定的排序算法,试举例说明。

分析与解答：

(1) 希尔排序(见图 9.3)。

```
{5      2      2      0}      增量为 2
{2      0      5      2}      增量为 1
{0      2      2      5}      最终结果
```

图 9.3　一个不稳定的希尔排序示例

(2) 直接选择排序(见图 9.4)。

(3) 快速排序(见图 9.5)。

(4) 堆排序(见图 9.6)。

```
{2      2      5      0}      初始序列
{0      2      5      2}      第1趟排序后                    {5      2      2}      以5为轴元素
{0      2      5      2}      第2趟排序后                    {2      2      5}      最终结果
{0      2      2      5}      第3趟排序后
{0      2      2      5}      最终结果
```

图 9.4　一个不稳定的直接选择排序示例　　　**图 9.5　一个不稳定的快速排序示例**

```
{2      2      0      1}      已经是大根堆,交换2与1
{1      2      0      2}      对前3个调整
{2      1      0      2}      前3个是大根堆,交换2与0
{0      1      2      2}      对前2个调整
{1      0      2      2}      前2个是大根堆,交换1与0
{0      1      2      2}      最终结果
```

图 9.6　一个不稳定的堆排序示例

3. 设有关键字序列：35,27,55,70,67,20,26,28。写出用二路归并排序法对该序列进行排序每一趟后的结果。

分析与解答：考查归并排序的排序方法(见图 9.7)。首先,把初始序列看成 8 个长度为 1 的有序子序列,然后对其两两归并,得到 4 个长度为 2 的有序子序列,称为第一趟归并；再把 4 个长度为 2 的有序子序列归并成 2 个长度为 4 的有序子序列,称为第二趟归并；再把这 2 个长度为 4 的有序子序列归并成 1 个长度为 8 的有序序列,称为第三趟归并。

```
初始序列:    [35]   [27]   [55]   [70]   [67]   [20]   [26]   [28]
第1趟归并:   [27    35]   [55    70]   [20    67]   [26    28]
第2趟归并:   [27    35    55    70]   [20    26    28    67]
第3趟归并:   [20    26    27    28    35    55    67    70]
```

图 9.7　二路归并排序示例

4. 如果只想在一个有 n 个元素的序列中得到其中最小的第 $k(k<<n)$ 个元素之前的部分排序序列,那么最好采用什么排序方法？为什么？

分析与解答：一般来说,当 n 比较大且要选的元素个数 $k<<n$ 时,采用堆排序最好；但当 n 比较小时,采用锦标赛排序更好。

例如,对于序列{ 57,40,38,11,13,34,48,75,6,19,9,7},从中选出最小的四个元素：6、7、9、11。若采用堆排序,选最小的数据6,需构造初始堆(见图9.8),需进行 18 次比较；选次小的元素 7 时,需进行 4 次比较；再选元素 9 时,需进行 6 次比较；选元素 11 时,需进行 4 次比较；共进行了 32 次比较(见图9.8)。

但如果采用锦标赛排序,对于有 n 个元素的序列,选最小元素需进行 $n-1$ 次比较,以后每选一个元素,进行比较的次数均为 $\lfloor \log_2 n \rfloor$ 或 $\lceil \log_2 n \rceil$。例如,同样的 12 个元素,第一次选最小的元素 6 时,需进行 11 次比较；以后选 7 和 9 时,各需进行 3 次比较；选 11 时,需进行 4 次比较；共进行了 21 次比较。

所以,此时采用锦标赛排序较好。

图 9.8　初始堆

（以上分析是仅对特例而言，对堆排序来说，即使相同的集合，若给定的初始序列不同，比较次数也不同。）

5. 给定一组数据(12,5,16,28,8,25,4,10,20,6,18)，分别写出采用下列排序方法后的结果。

(1) 步长为 5，一趟希尔排序。

(2) 建立初始小根堆。

分析与解答：考查以上排序算法的排序方法。

(1) 12,4,10,20,6,18,5,16,28,8,25

(2) 4,5,12,10,6,25,16,28,20,8,18

6. 给定一组数据(38,35,50,65,60,13,24,38)，写出采用快速排序每一趟排序后的结果。

分析与解答：考查快速排序算法的执行过程（见图 9.9）。

初始关键字：	38	35	50	65	60	13	24	38
第 1 趟排序后：	[24	35	13]	38	[60	65	50	38]
第 2 趟排序后：	[13]	24	[35]	38	[38	50]	60	[65]
第 3 趟排序后：	13	24	35	38	38	[50]	60	65
输出的有序文件：	13	24	35	38	38	50	60	65

图 9.9　快速排序示例

7. 给定一个堆(12,36,24,85,47,30,53,91)，写出输出堆顶元素后，对剩余元素重新建成堆的调整过程。

分析与解答：设有 n 个元素的堆，输出堆顶元素后，剩下 $n-1$ 个元素。将堆底元素送入堆顶，堆结构被破坏，但仅仅是根结点不满足堆的性质。将根结点与左、右孩子中较小的结点进行交换。若与左孩子交换，则左子树堆被破坏，但仅左子树的根结点不满足堆的性质；若与右孩子交换，则右子树堆被破坏，但仅右子树的根结点不满足堆的性质。继续对不满足堆性质的子树进行上述交换操作，直到交换至叶子结点，堆被建成为止。具体过程如图 9.10 所示。

8. 对元素序列(53,36,30,91,47,12,24,85)初始建堆，并画出建堆过程。

分析与解答：对初始序列建堆的过程，就是一个反复筛选的过程。若有 n 个结点的完全二叉树，则最后一个结点是第 $\lfloor n/2 \rfloor$ 个结点的孩子，所以要从第 $\lfloor n/2 \rfloor$ 个结点开始，到根结点结束，对以该结点为根的子树进行筛选，使该子树成为堆，循环结束后，整个二叉树便是一个堆。

建堆过程如图 9.11 所示。

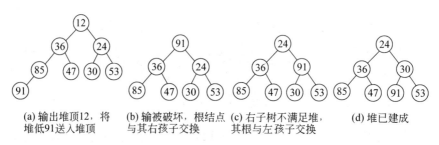

(a) 输出堆顶12，将　(b) 输被破坏，根结点　(c) 右子树不满足堆，　(d) 堆已建成
堆低91送入堆顶　　与其右孩子交换　　其根与左孩子交换

图 9.10　自堆顶到叶子的调整过程

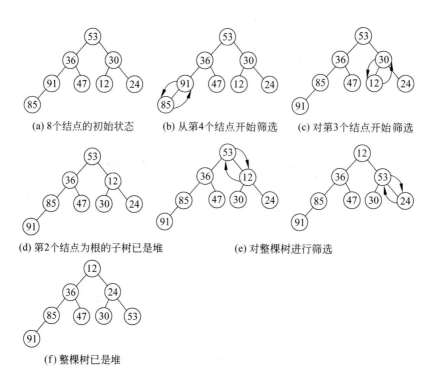

(a) 8个结点的初始状态　(b) 从第4个结点开始筛选　(c) 对第3个结点开始筛选

(d) 第2个结点为根的子树已是堆　　　(e) 对整棵树进行筛选

(f) 整棵树已是堆

图 9.11　建初始堆的过程示意图

五、算法设计题

1. 设 $R[n]$ 中的前 $n-2$ 个元素已经按非递减次序排序，设计一个算法并用 C 语言编程，以尽可能快的速度使所有 n 个元素有序；与直接插入算法比较有何优点？

分析：为讨论方便，待排序记录的定义为(后面各算法都采用此定义)：

```
#define    MAXSIZE  100           /*顺序表的最大长度,假定顺序表的长度为 100 */
typedef    int   KeyType;          /*假定关键字类型为整数类型 */
typedef    struct {
        KeyType   key;             /*关键字项 */
        OtherType   other;         /*其他项 */
}DataType;                         /*数据元素类型 */
typedef    struct {
```

```
        DataType  R[MAXSIZE +1];    /* R[0]闲置或充当监哨站 */
        int   length;              /* 顺序表长度 */
} SqList;                           /* 顺序表类型 */
```

设 n 个整数存储在 R[1..n] 中,因为前 $n-2$ 个元素已有序,若采用直接插入算法,共要比较和移动约 $n-2$ 次,如果最后两个元素做一个"批处理"(同时处理)的话,比较次数和移动次数将大大减小。

算法如下:

(1) 求出大小　若 R[n]≥R[$n-1$],则 large=R[n], small=R[$n-1$];否则 large= R[$n-1$],small=R[n]。

(2) 寻找 large 的位置　从 $i=n-2$ 开始循环,若 large<R[i],则 R[i]后移两个单元,并且 i 减 1;否则,执行第 3 步。

(3) 插入 large　R[$i+2$]=large。

(4) 寻找 small 的位置　从 i 开始循环,若 small<R[i],则 R[i]后移一个单元,并且 i 减 1;否则,执行第 5 步。

(5) 插入 small　R[$i+1$]=small,结束。

算法描述如下:

```
void insert-two(SqList * S)
                      /* 已知顺序表 S 前 n-2 个元素的关键字已有序,排序使之有序 */
{  int n,i;
   DataType large,small;
   n=S->length;
   if(S->R[n].key>=S->R[n-1].key)              /* 求出大小 */
   {  large=S->R[n];
      small=S->R[n-1];
   }
   else
   {  large=S->R[n-1];
      small=S->R[n];
   }
   i=n-2 ;
   S->R[0]=large;                              /* 设置监哨站 */
   while(large.key<S->R[i].key)                /* 找到较大者的位置 */
   {  S->R[i+2]=S->R[i];
      i=i-1;
   }
   S->R[i+2]=large;
   S->R[0]=small;                              /* 设置监哨站 */
   while(small.key<S->R[i].key)                /* 找到较小者的位置 */
   {  S->R[i+1]=S->R[i];
      i=i-1;
   }
```

```
          S->R[i+1]=small;
     }
```

算法分析：因为对两个元素的插入是"同时"相继进行的，所以其比较次数的最大值为 n，最小值为 3；平均值约为 $n/2$；移动次数的最大值为 $n+2$，最小值为 4，平均约为 $n/2$。当然还可以改进一下程序，使移动次数的最小值降为 0。

可以看出，其平均比较次数和记录的平均移动次数约为直接插入排序的一半。该算法是稳定的。

2. 试修改冒泡排序算法，使正反两个方向交替进行扫描，即第一趟把关键字最大的记录放到序列的最后，第二趟把关键字最小的记录放到序列的最前面，如此反复进行，直到有序为止。

分析：设 R[0]～R[$n-1$]中存有 n 个记录的待排序列，对其进行双向冒泡排序。奇数趟对序列 R[]从前向后扫描，比较相邻的关键字，若逆序则交换，直到把关键字最大的记录移到序列尾部；偶数趟从后向前扫描，比较相邻的关键字，若逆序则交换，直到把关键字最小的记录移到序列前端，反复进行上述的过程，直到有序为止。因此需设变量 i，记录扫描的循环次数(奇数趟和偶数趟两趟作为一个循环)，以便对待排序列的上下界进行修正。

算法描述如下：

```
void Shuttlesort(DataType R[ ], int n)          /* 双向冒泡排序 */
{    int   i=1,j,exchange=1;
     while(exchange==1)
     {   exchange=0;
         for(j=i-1;j<=n-i-1;j++)                 /* 由前向后扫描 */
             if(R[j].key>R[j+1].key)
             {   R[j]<=>R[j+1];                   /* 交换 */
                 exchange=1;
             }
         for(j=n-i-1;j>=i;j--)                    /* 由后向前扫描 */
             if(R[j-1].key>R[j].key)
             {   R[j-1]<=>R[j];                    /* 交换 */
                 exchange=1;
             }
         i++;
     }
}
```

可以看出，循环次数最多为 $\lfloor n/2 \rfloor+1$ 次，最少为 1 次。记录的比较次数和移动次数等同于单向扫描时的冒泡排序。

3. 写出快速排序的非递归算法。

分析：快速排序就是将轴点的正确位置找到，使得顺序表被轴点一分为二，左边所有关键字小于轴点关键字，右边所有关键字大于轴点关键字，然后再分别对左右两边进行快速排序。仔细分析发现,这个过程非常类似于二叉树的先序遍历,利用二叉树先序遍历的非递归算法,很容易写出快速排序的非递归算法。栈结构定义如下:

```
#define MAXSIZE   100
typedef   struct {
    int   low, high;
}Elem;
typedef   struct {
    Elem   data[MAXSIZE];
    int   top;
}SeqStack, * PSeqStack;
```

快速排序算法的非递归描述:

```
void   QuickSort(SqList * s,int low,int high)          /* 非递归形式的快速排序 */
{                                                      /* 对顺序表 S 中的子序列 r[low..high]进行快速排序 */
    int m;
    PSeqStack   S;
    Elem   x;
    S=Init_SeqStack();                                 /* 栈初始化 */
    while (low<high ||!Empty_SeqStack(S))
    {   if (low<high)
        {   m=Quickpass(s, low, high);                 /* 求轴点的正确位置 */
            x.low=m+1;
            x.high=high;
            Push_SeqStack(S, x);                       /* 将右边的上下界压入栈中 */
            high=m-1;
        }
        else
        {   Pop_SeqStack(S,&x);
            low=x.low;
            high=x.high;
        }
    }
}
int   Quickpass(SqList * s, int low, int high)          /* 一趟快速排序 */
{   /* 交换顺序表 S 中子表 r[low..high]的记录,找轴点正确位置,并返回 */
    /* 此时,在它之前(后)的记录均不大(小)于它 */
    KeyType   pivotkey;
    S->r[0]=S->r[low];                                  /* 以子表的第一个记录作为轴值(支点)记录 */
    pivotkey=S->r[low].key;                             /* 取轴点记录关键字 */
    while(low<high)                                     /* 从表的两端交替地向中间扫描 */
    {   while(low<high && S->r[high].key>=pivotkey)
            high--;
        S->r[low]=S->r[high];                           /* 将比轴值(支点)记录小的交换到低端 */
```

```
        while (low<high && S->r[low].key<=pivotkey)
            low++;
        S->r[high]=S->r[low];              /*将比轴值(支点)记录大的交换到高端*/
    }
    S->r[low]=S->r[0];                     /*轴值(支点)记录到位*/
    return low;                            /*返回轴值(支点)记录所在位置*/
}
```

4. 计数排序：(采用非递减排序)设有 n 个关键字不同的记录,对每个记录 $R[i]$,求出在其他 $n-1$ 个记录中,小于该记录关键字的记录个数 c,则 $c+1$ 就是排序后该记录的位置。

(1) 用 C 语言实现,要求运行时间尽可能少。

(2) 分析该算法的比较次数和使用的辅助空间数。

分析：设在 $R[0..n-1]$ 中有 n 个关键字不同的记录。数组 $count[i]$ 存放小于 $R[i]$ 的记录个数。对于 $0 \leqslant j < i \leqslant n-1$,比较 $R[j].key$ 和 $R[i].key$,若 $R[j].key < R[i].key$,则 $count[i]+1$,否则 $count[j]+1$;算法结束时,$count[i]$ 就是 $R[i]$ 应处的位置。

算法：(1) 清 count　把 $count[0]$ 至 $count[n-1]$ 都置 0。

(2) 对 i 进行循环　对 $i=n-1,n-2,\cdots,1$,执行第 3 步。

(3) 对 j 进行循环　对 $j=i-1,i-2,\cdots,0$,执行第 4 步。

(4) 比较 $R[j].key$ 和 $R[i].key$　若 $R[j].key < R[i].key$,则 $count[i]+1$,否则 $count[j]+1$。

(5) 复制　对 $i=0,\cdots,n-1$,把 $R[i]$ 写到 $S[count[i]]$ 中。

```
void countsort1(DataType R[], int n)
{   int i,j,s[],count[n];
    for(i=0;i<=n-1;i++)  count[i] =0;
    for(i=n-1;i>=1;i--)
      for(j=i-1;j>=0;j--)
        if(R[j].key<R[i].key)  count[i]++;
        else  count[j]++;
    for(i=0;i<=n-1;i++)
        S[count[i]]=R[i];
}
```

由算法可以看出,对于 n 个元素,比较次数为：$(n-1)+(n-2)+\cdots+1= n(n-1)/2$,另外还需要 $2n$ 个辅助单元,当 n 很大时,这不是一个有效的算法。

思考题：

(1) 在上述讨论中,假设关键字互不相同,若存在相同关键字的记录时,该算法也能正确工作吗,此时是稳定的吗?

(2) 如果上题算法第 2 步中,把"i 从 $n-1$ 到 1"改成"i 从 1 到 $n-1$",算法是否仍然有效? 如果在第 3 步中,j 从 0 变到 $i-1$ 又将如何?

(3) 若允许存在相同关键字的记录,且在第 4 步中,把 $R[j].key < R[i].key$ 改成

R$[j]$. key$<$=R$[i]$. key,算法是否仍能正确工作?

参考答案:

(1) 算法也能正确工作,并且是稳定的。

(2) 算法仍然是正确的,i 和 j 可以以任何顺序跑遍 $0 \leqslant j < i \leqslant n-1$ 的值的集合。

(3) 算法也能正确工作,但不是稳定的。

5. 设 $r[1..n]$ 是一个堆,设计一个算法,把 $r[i]$ 从堆中删除,并把剩余的 $n-1$ 个元素调整成堆。

分析: 假设 $r[1..n]$ 是一个大根堆,从 $r[]$ 中删除第 i 个元素,使剩余的 $n-1$ 个元素仍是一个大根堆。首先把 $r[n]$ 放在 $r[i]$ 的位置上,再把 $r[1..n-1]$ 调整成堆即可。因为在 $r[1..n-1]$ 中,只有以 $r[i]$ 为根的子树不满足堆的性质,而 $r[i]$ 的左、右子树均是堆,所以只要从 $r[i]$ 开始向下调整成堆即可。算法如下:

```
void HeapDelete(SqList * s,int i)
{    int i,j,n,x; n=s->length;
     x=s->r[n]; j=i * 2;                    / * j为i的左孩子的下标 * /
     while(j<n)
     {    if((j<n-1) && (s->r[j].key<s->r[j+1].key)) j++;
                                            / * 求出两个孩子的较大者的下标j * /
          if(x.key<s->r[j].key)
          {    s->r[i]=s->r[j];             / * 左右孩子中的较大者上移 * /
               i=j;                         / * 指针下移 * /
               j=i * 2;
          }
          else break;                       / * x大于左右孩子,即找到了合适的位置i * /
     }
     s->r[i]=x;
     s->length--;
}
```

从算法可以看出:假设堆的深度为 h,比较次数最多为 $2(h-1)$,移动次数最多为 h。

9.3　课后习题解答

一、选择题

1. 下列排序算法中,其中_____是稳定的。

    A. 堆排序、冒泡排序　　　　　　　　B. 快速排序、堆排序

    C. 简单选择排序、归并排序　　　　　D. 归并排序、冒泡排序

2. 对 n 个元素进行快速排序,如果初始数据已经有序,则时间复杂度为_____。

    A. $O(1)$　　　　　B. $O(n)$　　　　　C. $O(n^2)$　　　　　D. $O(\log_2 n)$

3. 以下时间复杂度不是 $O(n\log_2 n)$ 的排序方法是_____。

　　A. 堆排序　　　　B. 直接插入排序　　C. 两路归并排序　　D. 快速排序

4. 若需在 $O(n\log_2 n)$ 的时间内完成对数组的排序,且要求排序是稳定的,则可选择的排序方法是_____。

　　A. 快速排序　　　B. 堆排序　　　　C. 直接插入排序　　D. 归并排序

5. 一组记录的关键字为{46,79,56,38,40,84},则利用快速排序方法,以第一个记录为轴,得到的一次划分结果为_____。

　　A. {38,40,46,56,79,84}　　　　　　B. {40,38,46,79,56,84}

　　C. {40,38,46,56,79,84}　　　　　　D. {40,38,46,84,56,79}

6. 一组记录的关键字为{45,80,55,40,42,85},则利用堆排序方法建立的初始大根堆为_____。

　　A. {80,45,50,40,42,85}　　　　　　B. {85,80,55,40,42,45}

　　C. {85,80,55,45,42,40}　　　　　　D. {85,55,80,42,45,40}

7. 在待排序的元素序列基本有序的前提下,效率最高的排序方法是_____。

　　A. 直接插入排序　　　　　　　　　B. 快速排序

　　C. 简单选择排序　　　　　　　　　D. 归并排序

8. 就排序算法所用的辅助空间而言,堆排序、快速排序、归并排序的关系是_____。

　　A. 堆排序<快速排序<归并排序　　B. 堆排序<归并排序<快速排序

　　C. 堆排序>归并排序>快速排序　　D. 堆排序>快速排序>归并排序

9. 一个序列有10 000个元素,若只想得到其中前10个最小元素,最好采用_____方法。

　　A. 两路归并排序　　　　　　　　　B. 直接选择排序

　　C. Shell 排序　　　　　　　　　　D. 堆排序

10. 设有字符序列{Q,H,C,Y,P,A,M,S,R,D,F,X},新序列{D,H,C,F,P,A,M,Q,R,S,Y,X}是_____排序算法一趟排序的结果。

　　A. 冒泡排序　　　　　　　　　　　B. 初始步长为4的 Shell 排序

　　C. 二路归并排序　　　　　　　　　D. 快速排序

参考答案：

1	2	3	4	5	6	7	8	9	10
D	C	B	D	C	B	A	A	D	D

二、填空题

1. 按排序过程中依据的不同原则,对内部排序方法进行分类,主要有_____、_____、_____、_____四类。

2. 排序算法所花费的时间,通常用在数据的比较和_____两大操作上。

3. 在堆排序、快速排序和归并排序中,若只从排序的稳定性考虑,则应选取_____方法;若只从平均情况下排序最快考虑,则应选取_____方法;若只从最坏情况下排序最快并且要节省内存考虑,则应选取_____方法。

4. 直接插入排序用监视哨的作用是_____。

5. 对 n 个记录进行快速排序时,递归调用使用的栈所能达到的最大深度为_____,平均深度为_____。

6. 设表中元素的初始状态是按关键字递增的,则_____排序最省时间,_____最费时间。

7. 归并排序除了在递归实现时所用的_____个栈空间外,还要用_____个辅助空间。

8. 对 n 个记录建立一个堆的方法是:首先将要排序的所有记录分别放到一棵_____的各个结点中,然后从 $i=$_____的结点 k_i 开始,逐步把以 $k_{n/2}$、$k_{n/2-1}$、$k_{n/2-2}$、… 为根的子树调整成堆,直到以 k_1 为根的树排成堆,就完成了初次建堆的过程。

9. 若用冒泡排序对关键字序列{50,45,35,19,9,3}进行从小到大排序,所进行的关键字比较总次数是_____。

10. 一组记录的关键字为{12,38,35,25,74,50,63,90},按二路归并排序对该序列进行一趟归并后的结果是_____。

参考答案:

1. 插入排序、交换排序、选择排序、归并排序

2. 移动(或者交换)

3. 归并排序、快速排序、堆排序

4. 保存当前要插入的记录,可以省去在查找插入位置时的对是否出界的判断

5. $O(n)$、$O(\log_2 n)$

6. 直接插入排序或者改进了的冒泡排序、快速排序

7. $\log_2 n$、n

8. 完全二叉树、$\lfloor n/2 \rfloor$

9. 15

10. {12,38,25,35,50,74,63,90}

三、判断题

1. 快速排序在所有排序方法中最快,而且所需附加空间也最少。

2. 在大根堆中,最大元素在根的位置,最小元素在某个叶结点处。

3. 用 Shell 方法排序时,若关键字的初始排序越杂乱无序,则排序效率就越低。

4. 对 n 个记录进行堆排序,在最坏情况下的时间复杂度是 $O(n^2)$。

5. 在任何情况下,快速排序方法的时间性能总是最优的。

6. 堆是满二叉树。

7. 快速排序和归并排序在最坏情况下的比较次数都是 $O(n\log_2 n)$。

8. 只有在初始数据表为逆序时,直接插入排序所执行的比较次数最多。

9. 简单选择排序算法的时间复杂性不受数据的初始状态影响,为 $O(n^2)$。

参考答案:

1	2	3	4	5	6	7	8	9
错误	正确	错误	错误	错误	错误	错误	正确	正确

四、应用题

1. 给出待排序的关键字序列为{26,31,75,41,87,15,41,10},请手工操作下列排序过程。

(1) 直接插入排序;(2) 冒泡排序;(3) 简单选择排序;(4) 堆排序

2. 给出待排序的关键字序列为{100,87,52,61,27,170,37,45,61,118,14,88,32},请手工操作下列排序过程。

(1) Shell 排序(步长为 5,3,1);(2) 快速排序;(3) 二路归并排序。

3. 指出在上两题中所涉及的排序方法中,哪些是稳定的?哪些是不稳定的?并为每一种不稳定的排序方法举出一个不稳定的实例。

4. 对于 n 个元素组成的线性表进行快速排序时,所需进行的比较次数与这 n 个元素的初始状态有关。问:

(1) 当 $n=7$ 时,给出一个最好情况的初始状态的实例,需进行多少次比较?

(2) 当 $n=7$ 时,在最坏情况下需进行多少次比较?给出一个实例。

5. 给定关键字序列{50,12,31,100,81,40,63,18,72,4,28,120,66,38},写出采用快速排序时第一趟排序过程中的数据移动情况。

6. 高度为 h 的堆中,最多有多少个元素?最少有多少个元素?在大根堆中,关键字最小的元素存放在堆的什么地方?

7. 判别以下序列是否为堆(小根堆或大根堆),如果不是,则把它调整成堆。

(1) {100,86,48,73,35,39,42,57,66,21}。

(2) {12,70,33,65,24,56,48,92,86,33}。

(3) {05,56,20,23,40,38,29,61,35,76,28,100}。

参考答案:

1. (1) 直接插入排序的排序过程如图 9.12 所示。

```
初始序列      [26]  31  75  41  87  15  41  10
第1趟排序     [26  31 ] 75  41  87  15  41  10
第2趟排序     [26  31  75]  41  87  15  41  10
第3趟排序     [26  31  41  75]  87  15  41  10
第4趟排序     [26  31  41  75  87 ] 15  41  10
第5趟排序     [15  26  31  41  75  87]  41  10
第6趟排序     [15  26  31  41  41  75  87]  10
第7趟排序     [10  15  26  31  41  41  75  87]
最后结果      [10  15  26  31  41  41  75  87]
```

图 9.12   直接插入排序示例

（2）冒泡排序的排序过程如图 9.13 所示。

```
初始序列      26   31   75   41   87   15   41   10
第1趟排序     26   31   41   75   15   41   10  [87]
第2趟排序     26   31   41   15   41   10  [75   87]
第3趟排序     26   31   15   41   10  [41   75   87]
第4趟排序     26   15   31   10  [41   41   75   87]
第5趟排序     15   26   10  [31   41   41   75   87]
第6趟排序     15   10  [26   31   41   41   75   87]
第7趟排序     10  [15   26   31   41   41   75   87]
最后结果     [10   15   26   31   41   41   75   87]
```

图 9.13 冒泡排序示例

（3）简单选择排序的排序过程如图 9.14 所示。

```
初始序列      26   31   75   41   87   15   41   10
第1趟排序    [10]  31   75   41   87   15   41   26
第2趟排序    [10   15]  75   41   87   31   41   26
第3趟排序    [10   15   26]  41   87   31   41   75
第4趟排序    [10   15   26   31]  87   41   41   75
第5趟排序    [10   15   26   31   41]  87   41   75
第6趟排序    [10   15   26   31   41   41]  87   75
第7趟排序    [10   15   26   31   41   41   75]  87
最后结果     [10   15   26   31   41   41   75   87]
```

图 9.14 简单选择排序示例

（4）堆排序的排序过程参见 9.2 节的第 7、8 题。

2.（1）Shell 排序（步长为 5,3,1）每趟的排序结果如图 9.15 所示。

```
初始序列       100  87   52   61   27  170   37   45   61  118   14   88   32
步长为5的排序结果   14   37   32   61   27  100   87   45   61  118  170   88   52
步长为3的排序结果   14   27   32   52   37   61   61   45   88   87  170  100  118
步长为1的排序结果   14   27   32   37   45   52   61   61   87   88  100  118  170
最后结果        14   27   32   37   45   52   61   61   87   88  100  118  170
```

图 9.15 步长序列为（5,3,1）的 Shell 排序示例

（2）快速排序每趟的排序结果如图 9.16 所示。

```
初始序列       100  87  52   61   27  170  37   45   61   118  14   88   32
第1趟排序     [32   87  52   61   27   88  37   45   61   14] 100 [118  170]
第2趟排序     [14   27] 32  [61   52   88  37   45   61]  87  100  118 [170]
第3趟排序      14  [27] 32  [45   52   37] 61  [88   61]  87  100  118 [170]
第4趟排序      14  [27] 32  [37]  45  [52] 61  [87   61]  88  100  118 [170]
第5趟排序      14  [27] 32  [37]  45  [52] 61  [61]  87   88  100  118 [170]
最后结果       14  [27] 32  [37]  45  [52] 61  [61]  87   88  100  118 [170]
```

图 9.16 快速排序示例

（3）二路归并排序每趟的排序结果如图 9.17 所示。

初始序列: [100] [87] [52] [61] [27] [170] [37] [45] [61] [118] [14] [88] [32]
第 1 趟归并   [87 100] [52 61] [27 170] [37 45] [61 118] [14 88] [32]
第 2 趟归并   [52 61 87 100] [27 37 45 170] [14 61 88 118] [32]
第 3 趟归并   [27 37 45 52 61 87 100 170] [14 32 61 88 118]
第 4 趟归并   [14 27 32 37 45 52 61 61 87 88 100 118 170]
最后结果   14 27 32 37 45 52 61 61 87 88 100 118 170

图 9.17 二路归并排序示例

3. 在以上两题的算法中,稳定的算法有直接插入排序、冒泡排序、二路归并排序;不稳定的算法有简单选择排序、堆排序、Shell 排序和快速排序。

关于不稳定的排序实例,见 9.2 节第 2 题的分析与解答。

4. (1) 设给定的初始文件的长度 $n=2^k-1$,若每次划分都能得到两个长度相同的子文件,那么第一次划分得到两个长度均为 $\lfloor n/2 \rfloor$ 的子文件,第二次划分得到四个长度均为 $\lfloor n/4 \rfloor$ 的子文件,以此类推,总共进行了 $k=\log_2(n+1)$ 次划分,各个子文件的长度均为 1。当 $n=7$ 时,$k=3$,在最好情况下,第一趟需比较 6 次,第二趟分别对两个子文件(长度均为 3)进行排序,各需比较两次,共 10 次。当初始文件为 4,1,3,2,6,5,7 时,比较次数最少。

(2) 若给定的初始文件已经有序时,快速排序就变成冒泡排序了,此时效率最差,其时间复杂度为 $O(n^2)$。所以,当 $n=7$ 时,其比较次数为 21。当初始序列为 1,2,3,4,5,6,7 时,比较次数最大。

5. 采用快速排序时,第一趟排序过程中的数据移动情况如图 9.18 所示。

6. 堆是一棵完全二叉树,因此对高度为 h 的堆,最多有 2^h-1 个元素,最少有 2^{h-1} 个元素。在大根堆中,关键字最小的元素一定存放在堆的末端结点上。

7. 第 1 个序列是大根堆。第 2 个序列不是堆,经调整(调整过程见 9.2 节第 8 题)成小根堆后的序列为：12,24,33,65,33,56,48,92,86,70 。第 3 个序列不是堆,经调整(调整过程见 9.2 节第 8 题)成小根堆后的序列为：05,23,20,35,28,38,29,61,56,76,40,100。

五、算法设计题

1. 以单链表作为存储结构实现直接插入排序算法。

2. 以单链表作为存储结构实现简单选择排序算法。

3. 利用快速排序找轴点的方法可以快速地将一个正整数线性表调整为奇数在左边偶数在右边的线性表,如将原表(1,4,6,3,7,9,12,23,2)调整为(1,23,3,7,9,6,12,4,2),试写出该算法。

4. 利用快速排序的思想,编写一个递归算法,求出给定的 n 个元素中的第 m 个最小的元素。

5. 有 n 个记录存储在带头结点的双向链表中,如图 9.19 所示。现用双向冒泡排序对其按升序进行排序,请写出这种排序算法(注:双向冒泡排序即相邻两趟排序相反方向冒泡)。

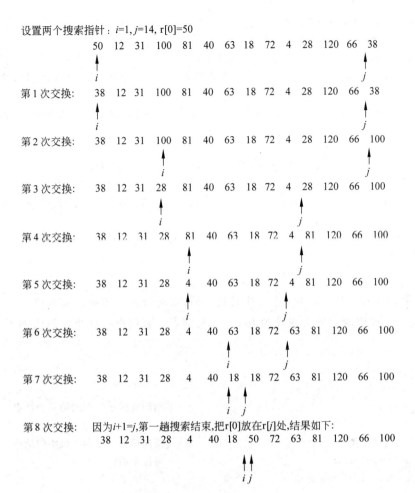

设置两个搜索指针：$i=1, j=14, r[0]=50$

图 9.18 一趟快速排序过程

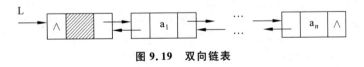

图 9.19 双向链表

6. 已知 $(k_1, k_2, \cdots, k_{n-1})$ 是堆，试写一个算法将 $(k_1, k_2, \cdots, k_{n-1}, k_n)$ 调整为堆。按此思想写一个从空堆开始一个一个填入元素的建堆算法（提示：增加一个 k_n 后，应从叶子向根的方向调整）。

提示与解答：

1. **分析**：设一头指针为 H，带有头结点的非空单向链表，结点的信息域为整型。对该链表进行非递减排序。设前 $i-1$ 个元素已经有序，用第 i 个元素和前 $i-1$ 个元素从前到后依次比较，找到第 i 个元素的适当位置，插入即可。数据结构见第 2 章，其算法描述如下：

```
void sort(LinkList H)
```

```
{   LinkList p,q,pre,L;
    p=H->next;
    H->next=NULL;
    H->data=Min;                    /*在表头结点设监哨站,假定Min是计算机允许的最小整数*/
    L=H;
    while(p!=NULL)                   /*依次将p结点插入到以H为表头的链表中*/
    {   q=p;
        p=p->next;
        while((L!=NULL) && (q->data>L->data)   /*寻找位置*/
        { pre=L;L=L->next; }
        q->next=pre->next;          /*将待插入结点插入到pre所指结点之后*/
        pre->next=q;
    L=H ;
    }
}
```

注意：该算法是不稳定的,可以改成稳定的,但要付出更多的时间代价。

2. **分析**：设单链表的头指针为head,无头结点。其简单选择排序算法如下：

```
void selectsort(LinkList head)
{   LinkList p,q,r;
    int temp;
    p=head;                              /*p指向待排子序列的第一个结点*/
    while(p!=NULL)
    {   q=p;                             /*q指向待排子序列中最小的结点*/
        r=p->next                        /*r是搜索指针*/
        while(r!=NULL)
        {   if(r->data<q->data)   q=r;   /*在待排子序列中寻找最小的结点*/
            r=r->next;
        }
        temp=q->data;                    /*把找到的最小结点与待排子序列的第一个结点交换*/
        q->data=p->data;
        p->data=temp;
        p=p->next;
    }
}
```

3. **分析**：利用快速排序的排序思想。设两个指示器low和high分别指向顺序表首尾,指示器low从前向后移动,直到遇偶数,再从指示器high从后向前移动,直到遇到奇数。然后将指示器low所指向的元素与指示器high所指向的元素交换,直到指示器low和high重合为止。本题算法的时间复杂度是$O(n)$。存储结构利用顺序表实现。

算法描述如下：

```
void divide(int R[ ], int n)
{   int x,low,high;
```

```
low=0; high=n-1;                /* low、high 是两个搜索指针 */
while(low<high)
{   while((low<high) && (odd(R[low]))  low++;
                        /* 搜索偶数,若 R[low]为奇数,则 odd(R[low])为真 */
    while((low<high) && (even(R[high])) high--;
                        /* 搜索奇数,若 R[high]为偶数,则 even(R[high])为真 */
    if(low<high)   R[low]⇔R[high];  /* 奇数和偶数交换 */
}
}
```

4. 设给定的 n 个自然数存储在 R[low..hig]中,且 $m\leq=$hig－low＋1,一趟快速排序的函数为 quickonepass(r[],low,hig),返回值为轴元素的下标 k。

提示:通过一趟快速排序,把轴元素(r[low])放到 r[k]的位置上。

若 $k=m$,则结束,r[k]就是第 m 个最小的元素。

若 $k<m$,则使用同样的方法,求右边子文件中的第($m-k$)个最小的元素。

若 $k>m$,则求左边的子文件中的第 m 个最小的元素。

算法描述如下:

```
void mthsmarller(r[ ],low,hig,m)
{ int k;
    if(low<hig)
    {   k=quickonepass(r,low,hig);          /* 调用一趟快速排序,返回值为 k */
        if(k-low+1==m) return(r[k]);
        if(k-low+1<m) mthsmarller(r,k+1,hig,m-k);
        else mthsmarller(r,low,k-1,m);
    }
}
```

5. 此题和 9.2 节算法设计题的第 2 题类似,所不同的是存储结构。前者是顺序表,这里是带头结点的双向链表(非循环)。用双向冒泡排序对其按升序进行排序,如果在一次(趟)冒泡排序中没有任何交换,表明数据已经有序,排序算法结束。其算法如下:

```
typedef struct node{
    DataType data;
    struct node * prior, * next;
}DuNode, * DLinkList;
void   TwoWayBubbleSort(DLinkList L)
                        /* 对带头结点的双向链表 L 中的元素进行双向冒泡排序 */
{   DLinkList head,tail, p;
    int exchange=1;                       /* exchange 为交换标记 */
    head=L; tail=NULL;                    /* head 和 tail 是排序区间的上下界 */
    while(exchange)
    {   p=head->next;                     /* p 是搜索指针 */
        exchange=0;
        while(p->next!=tail)              /* 向右搜索 */
```

```
      {   if(p->data>p->next->data)
          {   exchange=1;
              p->data<=>p->next->data;            /*相邻结点数据值交换*/
          }
          p=p->next;                              /*指针后移*/
      }
      if (exchange)
      {   exchange=0;tail=p;
          p=tail->prior;
          while(p->prior!=head)                   /*向左搜索*/
          {   if(p->data<p->prior->data)
              {   exchange=1;
                  p->data<=>p->prior->data;        /*相邻结点数据值交换*/
              }
              p=p->prior;                          /*指针前移*/
          }
          head=p;
      }
  }
}
```

6. 设 R[1..$n-1$]是一个大根堆,写一算法使 R[1..n]成为大根堆。

分析：首先以 R[n]作为比较对象,与其父结点比较,若逆序,则交换;比较对象上移至其父结点,即 R[$\lfloor n/2 \rfloor$],再与其父结点继续比较……直到调整成一个大根堆为止。为此,设一临时变量 R[0],存放 R[n],当在比较过程中发现逆序时,其父结点下移,当找到适当的位置时,插入 R[0]。

其算法如下：

```
void sift(SqList * S)
{   int n=s->length;
    int j=n;
    int i=j/2;
    s->R[0]=s->R[j];
    while((i>=1) && (s->R[0].key>s->R[i].key))     /*与其父结点比较*/
    {   s->R[j]=s->R[i];                            /*父结点下移*/
        j=i;                                        /*指针上移*/
        i=i/2;
    }
    s->R[j]=s->R[0];
}
```

第 10 章

课程设计指导

数据结构是一门理论与实践并重的课程,多数高校在教学计划中都安排有(除上机实验外)20 学时左右的课程设计环节。通过课程设计的锻炼使学生进一步加强对所学知识的理解和掌握,培养学生利用各种数据结构(如线性表、栈、队列、树和图)分析问题和解决问题的能力,以提高学生算法设计与分析的能力。

数据结构课程设计不同于一般上机实验,它强调设计性和综合性,难度和分量都比较大。本章给出课程设计的基本要求并通过几个范例详细说明课程设计各个步骤的具体实现。

10.1 课程设计基本要求

一般要求学生在后面的课题列表中选择 2～3 个设计课题(也可由教师指定),在规定的时间内设计完成并按一定格式以书面形式上交报告。列表中每个课题都有相应的要求或说明,并且各课题的难易度是有差异的。因此,学生应以得到锻炼为基本原则,选题时难易搭配,要仔细阅读各题的设计要求,了解设计的任务。

设计结束后要写出课程设计报告,以作为整个课程设计书面存档材料。设计报告一般要以固定规格的纸张(如 A4 纸)书写或打印并装订,字迹及图表要清楚、工整、规范。内容主要包括下面几个方面:

(1) 问题描述。

(2) 设计思路(数学模型的选择)。

(3) 数据结构定义。

(4) 系统功能模块介绍。

(5) 程序清单。

(6) 运行与调试分析等。

10.1.1 课程设计的步骤

数据结构课程设计就是综合运用本课程所学到的知识来解决实际问题。计算机解决一个具体问题一般需要经过下列几个步骤:首先要从该具体问题抽象出一个适当的数学模型,然后设计或选择一个解此数学模型的算法,最后编出程序进行调试、测试,直至得到最终的解答。课程设计也是按照这个步骤进行,下面介绍各阶段的内容。

1. 建立模型

建立模型通常包括所描述问题中的数据对象及其关系的描述、问题求解的要求及方法等方面。将一个具体的问题转换为所熟悉的模型,就可以很容易进行求解。要描述群体中个体之间的关系时,可以采用离散数学课程中所介绍的图结构。例如,要求解一个工程的最小代价或者关键路径时,可以采用图结构中的 AOV 网或 AOE 网等模型。数值计算问题中常用的数学模型为线性方程组(用于求解电路的电流强度或结构中的应力)或微分方程(用于预报人口增长情况或化学反应速度等)。离散数学及许多数学课程中就介绍了许多模型。数据结构课程中所介绍的各种结构也是数学模型。

数学模型的建立是求解实际问题的基础。一般情况下,实际应用问题可能会各式各样,但有共性的问题都是同一类数学模型,例如,我们所熟悉的工资表的处理问题、学生成绩管理问题、电话号码查询问题、图书管理系统等都属于"线性表"这种模型。只要掌握"线性表"的存储结构、操作算法我们就能解决如工资表的处理、学生成绩管理等一系列问题,学习数据结构这门课程的根本目的就在于此。再如:在有 n 个选手 $P_1, P_2,$ $P_3, \cdots, P_n$ 参加的单循环赛中,每对选手之间非胜即负。现要求求出一个选手序列 $P_1',$ $P_2', P_3', \cdots, P_n'$,使其满足 P_i' 胜 $P_{i+1}'(i=1, \cdots, N-1)$。这个问题看似复杂,由于仅涉及 n 个选手,并且这些选手之间的关系仅是胜负关系,因此可用图这种数学模型来表示:用顶点表示选手,用弧表示选手之间的胜负关系:当且仅当 P_i' 胜 P_j',有从 i 到 j 的一条弧,在这种表示下,本题问题变成了在有向图中求解出一条包含所有顶点的简单路径的问题。由此可见,正确选择数学模型是解决问题的关键,这就要求我们具有扎实的数学基础,同时熟练地掌握数据结构所介绍的线性表、队列与栈、广义表、树和图等各种结构(模型)的存储方法和操作算法。

2. 选择合适的存储结构

在构造出求解算法之后,就需要考虑如何在计算机上实现。从算法到程序还是有一定距离的。为此,需要做两方面的工作:其一是选择合适的存储结构,其二是用指定的计算机语言来描述算法。下面先讨论第一个方面,即选择存储结构的问题。

选择合适的存储结构首先是为了将问题所涉及的数据(包括数据中的基本对象及对象之间的关系)存储到计算机中。此外,还需要考虑所选择的结构是否便于问题的求解,时间和空间复杂度是否符合要求。数据结构课程中已经对此进行了许多讨论。在实际应用时,需根据问题的要求进行合理的选择及综合。不同的存储形式对问题的求解实现有较大的影响,所占用的存储空间也可能有较大的差异。例如,顺序存储结构一般来说便于直接存取,从而节省存取时间,但是在插入和删除元素时需要移动元素,从而浪费时间,而链式存储结构在插入和删除元素时无需移动元素,但需花费时间来搜索元素。线性表较多采用顺序存储结构,而非线性结构则不宜采用这种形式。

3. 构造求解算法

建立好模型之后,一个具体的问题就变成了一个用模型所描述的抽象的问题。借助于这一模型以及已有的知识(例如数据结构中有关图结构的基本知识),可以相对容易地描述出原问题的求解方法即算法。从某种意义上说,该算法不仅能实现原问题的求解,而且还能实现许多类似的具体问题的求解,尽管这些具体问题的背景及其描述形式可能存在较大的差异。

算法设计的核心是给出问题求解的基本算法。所给出的算法并非一定要用某种计算机语言来描述,但应能较方便地转换为某种计算机语言程序。

在建立了适当的数学模型后,某些问题就可以转换为一些经典问题或基于某些经典问题的综合或变异形式的求解。例如,如果所转换出的模型为图,则可能借助于图的深度遍历、广度遍历、求最小生成树、求最短路径、拓扑排序、关键路径、二分图的匹配、图的着色等问题的求解算法来实现。

在问题的求解没有可借助的方法时,需要自己构思求解方法。在构造求解方法时,需要注意对时间、空间以及其他有关性能的要求。

4. 编写程序

编程是用指定的计算机语言来描述算法和数据结构,并将其转换为完整的上机程序。这包括提供必要的辅助函数,如建立和输入一个结构、显示结构等。编写出的代码一定要注重程序设计风格,提高程序的可读性。

5. 测试

对设计者来说,很难保证所编写的程序没有错误,因此需要对原代码进行测试,以发现其中的错误和缺陷。按照软件工程的观点,测试是为了发现错误,而不是证明其正确,也就是说,即使没有发现错误,也不能证明是正确的。

6. 总结

在一个课题设计完成之后,需要写出设计报告,以对设计进行总结和讨论,包括课题的要求、模型建立和算法设计,系统组成及说明、使用说明、程序清单、总结和体会,以及本设计的优、缺点,时、空间性能分析,与其他可能存在的求解方法之间的比较等。通过总结,可以对问题及其求解有更全面、深入的认识,从而达到由典型到全面、由具体到一般的飞跃。

10.1.2　课程设计选题

为了方便读者进行课程设计,这里提供了部分设计题目(仅供参考)。读者可以在下列课题中挑选 3～4 个题目(具体数目由授课教师根据教学大纲的要求进行安排)作为课程设计选题,并按照课程设计基本要求完成,样式可参考课程设计范例。

1. 一元多项式计算

能够按照指数降序排列建立并输出多项式;能够完成两个多项式的相加、相减和相乘,并将结果输出。

2. 矩阵的运算

采用十字链表表示稀疏矩阵,并实现矩阵的加法运算,要求:要检查有关运算的条件,并对错误的条件产生报警。

3. 订票系统

设计航班信息,订票信息的存储结构,设计程序完成如下功能。

录入:可以录入航班情况(数据可以存储在一个数据文件中,数据结构、具体数据自定)。

查询:可以查询某个航线的情况(如,输入航班号、查询起降时间、起飞抵达城市、航班票价、票价折扣、确定航班是否满仓);可以输入起飞抵达城市,查询飞机航班情况。

订票:(订票情况可以存在一个数据文件中,结构自己设定)可以订票,如果该航班已经无票,可以提供相关可选择航班。

退票:可退票,退票后要修改相关数据文件;

客户资料有姓名、证件号、订票数量及航班情况,订单要有编号。

修改航班信息:当航班信息改变可以修改航班数据文件。

4. 迷宫求解

输入一个任意大小的迷宫数据,用递归和非递归两种方法求出一条走出迷宫的路径,并将路径输出。

5. 文本编辑器

编写一个简单的文本编辑软件,能基本实现文本的输入、修改、插入、删除等功能。

6. 宾馆订房和退房系统

假设一个宾馆有 n 个标准的客房,每个标准客房有 m 个标准间,利用链表、栈或者队列等数据结构设计出具有订房和退房等功能的管理系统。

7. 建立二叉树和线索二叉树

分别用以下方法建立二叉树并用图形显示出来:
(1) 用先序遍历的输入序列。
(2) 用层次遍历的输入序列。
(3) 用先序和中序遍历的结果。
最后对所建立的二叉树进行中序线索化,并对此线索树进行中序遍历(不使用栈)。

8. 学生成绩查询系统

试编写程序完成学生成绩记录的查询。

学生基本情况表

学　号	姓　名	成　绩
99070101	李　军	98.5
99070102	王颜霞	86
99070103	孙　涛	56
99070104	单晓宏	96
99070105	张　华	83
99070106	李小明	72
99070107	陈小婷	98

① 若按学号进行顺序查找,例如:输入 99070103,则输出 56。
② 按学号排序后对学号进行折半查找。
③ 随机输入以学号为关键字的学生信息并构建二叉排序树,对学号进行二叉排序树查找。

9. 马的遍历

设计程序完成如下要求:在中国象棋棋盘上,对任一位置上放置的一个马,均能选择一个合适的路线,使得该棋子能按象棋的规则不重复地走过棋盘上的每一位置。
要求:
(1) 依次输出所走过的各位置的坐标。
(2) 最好能画出棋盘的图形形式,并在其上动态地标注行走过程。

10. 教学计划编制

大学的每个专业都要编制教学计划。假设任何专业都有固定的学习年限,每学年含两学期,每学期的时间长度和学分上限都相等。每个专业开设的课程都是确定的,而且课程的开设时间的安排必须满足先修关系。每个课程的先修关系都是确定的,可以有任意多门,也可以没有。每一门课程恰好一个学期。试在这样的情况下设置一个教学计划编制程序。
设计要求:针对计算机类本科课程,根据课程之间的依赖关系(如高级语言、离散数学应在数据结构之前开设)制定课程安排计划,并满足各学期课程数目大致相同。

11. 大数相乘

例如:输入第一个数为 13 286 754 398 172 586,输入第二个数为 2 397 567 453 241 147 则程序运行后输出 13 286 754 398 172 586×2 397 567 453 241 147 的正确答案。

12. 模拟计算器

要求对包含加、减、乘、除、括号运算符的任意整型表达式进行求解。

13. 八皇后

设计程序完成如下要求：在 8×8 的国际象棋盘上，放置 8 个皇后，使得这 8 个棋子不能互相被对方吃掉。

要求：(1) 依次输出各种成功的放置方法。

(2) 最好能画出棋盘的图形形式，并在其上动态地演示试探过程。

14. 九宫格

在一个 3×3 的九宫中有 1～8 这 8 个数及一个空格随机地摆放在其中的格子里。如图 10.1(a)所示。现在要求实现这样的问题：将该九宫格调整为如图 10.1(b)所示的形式。调整的规则是：每次只能将与空格（上、下或左、右）相邻的一个数字平移到空格中。试编程实现这一问题的求解。

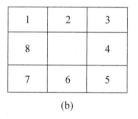

(a)　　　　　　　　(b)

图 10.1　九宫格

15. 图的遍历过程演示

设计程序完成如下功能：对给定的图结构和起点，产生深度优先遍历和广度优先遍历序列，并给出求解过程的动态演示。

16. 运动会分数统计

参加运动会有 n 个学校，学校编号为 $1,\cdots,n$。比赛分成 m 个男子项目和 w 个女子项目。项目编号为男子 $1,\cdots,m$，女子 $m+1,\cdots,m+w$。不同的项目取前五名或前三名积分；取前五名的积分分别为 7、5、3、2、1，前三名的积分分别为 5、3、2；哪些取前五名或前三名由学生自己设定（$m \leqslant 20, n \leqslant 20$）。功能要求：

(1) 可以输入各个项目的前三名或前五名的成绩。

(2) 能统计各学校总分。

(3) 可以按学校编号、学校总分、男女团体总分排序输出。

(4) 可以按学校编号查询学校某个项目的情况；可以按项目编号查询取得前三或前五名的学校。

规定：输入数据形式和范围为 20 以内的整数（如果做得更好可以输入学校的名称，运动项目的名称）。

输出形式：有中文提示，各学校分数为整型。

界面要求：有合理提示，每个功能可以设立菜单，根据提示可以完成相关的功能要求。

17. 构造 n 个城市连接的最小生成树

一个地区的 n 个城市间的距离网，用 Prim 算法或 Kruskal 算法建立最小生成树，并计算得到的最小生成树的代价。基本要求：

（1）城市间的距离网采用邻接矩阵表示，邻接矩阵的存储结构定义采用课本中给出的定义，若两个城市之间不存在道路，则将相应边的权值设为自己定义的无穷大值。要求在屏幕上显示得到的最小生成树中包括了哪些城市间的道路，并显示得到的最小生成树的代价。

（2）表示城市间距离网的邻接矩阵（要求至少 6 个城市，10 条边）。

18. 输入带排序序列生成二叉排序树，并调整使其变为平衡二叉树

要求能将平衡化过程动态地演示出来。

10.2 课程设计范例

10.2.1 停车场管理系统

1. 问题描述

设停车场只有一个可停放几辆汽车的狭长通道，且只有一个大门可供汽车进出，汽车在停车场内按车辆的先后顺序依次排列，若车站内已停满汽车，则后来的汽车只能在门外的通道上等停，一旦停车场内有车开走，则排在通道上的第一辆车即可进入；当停车场内某辆车要离开时，由于停车场是狭长的通道，在它之后开入的车辆必须先退出车站为它让路，待该车辆开出大门，为它让路的车辆再按原次序进入车场。在这里假设汽车不能从便道上开走，试设计这样一个停车场模拟管理程序。

2. 设计思路

这个程序的关键是车辆的进站和出站操作，以及车场和通道之间的相互关系。由于车场是一个很窄的、一边开口的车道，先进后出，类似数据结构中的栈结构，故车场用栈这种数据结构来描述。外面的狭长的通道，先进先出，故可用队列结构来描述。考虑到车场和通道在整个程序中都要用到，故把这两个变量定义为全局变量。本程序中的数据对象是汽车，可以认为车牌号是每个元素的关键项，不能重复，和现实中一样。另外加了车主姓名这一数据项，为使表简洁，其他相关信息如入场时间、车的类型、收取费率等，都

不再考虑,具体应用的时候可以方便地修改得到。

3. 数据结构设计

前面提到,要用到栈和队列的操作。这里,由于一个车场的最大容量是一定的,且车场最多执行的操作是插入和删除操作,所以用顺序存储结构可以带来更大益处。为了防止队列中出现"假溢出"现象,这里采用了循环队列。在模拟汽车这个对象时,进行了简化处理,只取最核心的两个数据项:车牌号和车主姓名。具体数据结构定义如下:

```
#define MAX_SIZE 20
typedef struct car {
    char num[10];
    char name[10];
}Car;                              /*汽车的数据结构*/
typedef struct {
    Car data[MAX_SIZE];
    int n;                         /*栈容量设定*/
    int top;
}Stack ;                           /*顺序栈*/
typedef struct {
    Car data[MAX_SIZE];
    int n;                         /*队列容量设定*/
    int num;                       /*当前通道上的车辆数*/
    int front, rear;
}Queue;                            /*循环队列*/
```

4. 功能函数设计

(1) 停车场初始化函数 InitCarpark()

此函数也可以作为车辆成批入站函数,因为一个车场刚开始投入运行的时候会有很多车进来,这也是设计此函数最重要的一个原因。每行输入一个汽车信息,最后结束的时候输入"＃ ＃"即可。前面表示汽车的车牌号,后面表示车主姓名,中间用空格隔开。当输入汽车的数目超过规定的最大容量的时候(如果开始不设置最大容量,默认值为系统申请空间的最大值 MAX_SIZE 为 20),自动检测条件,给出相关提示信息。

(2) 单个车辆入站 InsertCar()

当系统正常投入运行后,会有零散的车辆进进出出,如还用成批输入方式的话,将会带来一定的麻烦。此函数具有函数 InitCarpark()几乎所有的功能,实现较简单。

(3) 车站内信息显示函数 ShowCar()

如果车场本身就是空的,没有汽车,那么也就不存在查看汽车信息了。故本函数一开始进行合理性检查,如果条件不成立,拒绝执行显示信息操作,给出出错信息后返回主界面。前面提到,车站内信息包括两部分:车场内停放的车辆和在外面通道上等停的车辆。因为通道上也不一定会有车,程序输出车场内的所有车信息后,自动进行判断通道上是否有车辆。如果有车辆的话,继续输出停在通道上的车信息。

(4) 车辆出站函数 ExitCar()

同上,首先进行合理性检查。这里的检查包括两部分:车场非空且输入的车牌号在车场中。如果一切条件满足,则执行退车操作。最后,检查通道上是否有车等待。如果通道不为空,程序会自动把排在最前面的车调入车场内。

其中,退车的算法过程如下:

① 前面检测条件满足时,执行如下操作:由于车场很窄,当一辆车要出场时,排在它后面的车需先出场,等要退出的车开走后,刚才为它让道的那些车再按原次序进入车场。不难看出,这里需要创建一个临时栈,用于保存让道车辆信息。

② 在前面的合理性检查中,已经定位到出场车辆所在位置,从栈顶开始,到所在位置前一个结束,车场内执行出栈操作,临时栈结构执行入栈操作。

③ 在当前位置执行出栈操作,既可实现指定的车辆出场。

④ 当临时栈不空时,依次执行:临时栈退栈,车场内入栈。

(5) 车站模拟系统相关功能设定函数 SetCar()

首先用一个 do-while 循环,得到一个合理值,修改相关参数即可。这里有一个防错设计:当输入的最大容量小于车场内当前车辆数时,拒绝执行修改。

(6) 车站管理系统主菜单函数 carmenu()

此函数是用户与系统之间的一个接口,用户通过它来选择相关操作。用 printf 语句打印出供选择项目后,用不回显的 getch() 得到一个字符,用开关语句 switch 进行分类,判断用户想要执行的操作,然后执行相关功能函数即可。

(7) 主函数 main()

为分别表示车场和通道的两个指针变量申请空间,分别调用相应的初始化函数,得到一个合理解,然后程序流向主供选菜单,供用户选择执行。

5. 编码实现

```c
#include<stdio.h>
#include<string.h>
#define MAX_SIZE 20
typedef struct car {
    char num[10];
    char name[10];
}Car;
typedef struct {
    Car data[MAX_SIZE];
    int n;                          /*栈容量设定*/
    int top;
}Stack ;                            /*顺序栈*/
typedef struct {
    Car data[MAX_SIZE];
    int n;                          /*队列容量设定*/
```

```
    int num;                                    /* 当前通道上的车辆数 */
    int front,rear;
}Queue;                                          /* 循环队列 */
Stack *SCar;                                      /* 全局变量：车站内车辆信息 */
Queue *QCar;                                      /* 全局变量：通道内车辆信息 */
void carmenu(void);
void InitStack(Stack *S)
{    S->top=-1;
     S->n=MAX_SIZE;
}
void InitQueue(Queue *Q)
{    Q->front=Q->rear=Q->num=0;
     Q->n=MAX_SIZE;
}
int Push(Stack *S,Car x)                          /* 入栈操作 */
{    if(S->top==S->n-1)
     return(-1);
     S->top++;
     S->data[S->top]=x;
     return(0);
}
int Pop(Stack *S,Car *px)                         /* 出栈操作 */
{    if(S->top==-1)
     return(-1);
     S->top--;
      *px=S->data[S->top+1];
     return(0);
}
int InsertQueue(Queue * Q, Car x)                 /* 入队 */
{    if(((Q->rear+1)%Q->n)==Q->rear)
     return(-1);
     Q->num++;
     Q->data[Q->rear]=x;
     Q->rear=(Q->rear+1)%Q->n;
     return(0);
}
int DeleteQueue(Queue *Q,Car *x)                  /* 出队 */
{    if(Q->front==Q->rear)    return(-1);
     Q->num--;
      *x=Q->data[Q->front];
     Q->front=(Q->front+1)%Q->n;
     return(0);
}
void ShowCar(void)                                /* 车站内信息显示 */
```

```
{   int i,front,rear;
    if(SCar->top==-1)
    {   printf("\n\nThe carpark is empty!\n");
        getch();
        carmenu();
    }
    printf("\n\nThe Current Car Are:\n---car's number--------driver's name\n");
    for(i=0;i<SCar->top+1; i++)
    {   printf("        %-13s",SCar->data[i].num);
        printf("%18s\n",SCar->data[i].name);
    }
    if(QCar->rear!=QCar->front)                 /*通道内有车辆*/
    {   front=QCar->front;
        rear=QCar->rear;
        printf("\nTong Dao Information:\n---car's number------driver's name\n");
        while(front!=rear)
        {   printf("        %-13s",QCar->data[front].num);
            printf("%18s\n",QCar->data[front].name);
            front=(front+1)%QCar->n;
        }
    }
    getch();
    carmenu();
}
void InitCarpark(void)                          /*车辆成批入站*/
{   char num[8],*pnum,name[10],*pname;
    Car pcar;
    pnum=num;
    pname=name;
    printf("\n\ninput car's information(end of'##'):\n");
    scanf("%s%s",pnum,pname);
    while(strcmp(pnum,"#")!=0)
    {   strcpy(pcar.num,pnum);
        strcpy(pcar.name,pname);
        if(Push(SCar,pcar)==-1)
        {   printf("\nche zhan yi man!che liang yi jin ru tong dao!\n");
            getch();
            if(InsertQueue(QCar,pcar)==-1) printf("\nInsert Tong Dao Failed!\n");
            break;
        }
        scanf("%s%s",pnum,pname);
    }
    carmenu();
}
```

```c
void InsertCar(void)                                        /*单个车辆入站*/
{   char num[10],* pnum,name[10],* pname;
    Car pcar;
    pnum=num;  pname=name;
    printf("\n\nPlease input car's inforation:\n");
    scanf("%s%s",pnum,pname);
    strcpy(pcar.num,pnum);
    strcpy(pcar.name,pname);
    if(Push(SCar,pcar)==-1)
    {   printf("\nche zhan yi man!che liang yi jin ru tong dao!\n");
        if(InsertQueue(QCar,pcar)==-1)
            printf("\nInsert Tong Dao Failed!\n");
    }
    carmenu();
}
void ExitCar(void)                                          /*车辆出站*/
{   int i,position,flag=0;
    Car x;
    Stack *S;
    char num[10],* pnum;
    pnum=num;
    if(SCar->top==-1)                                       /*车站不能为空*/
    {   printf("\n\nThe carpark is empty!\n");
        getch();
        carmenu();
    }
    printf("\n\nPlease input car's number:\n");             /*输入出站车辆车牌号*/
    scanf("%s",pnum);
    for(i=0; i<SCar->top+1; i++)
    if(strcmp(SCar->data[i].num,pnum)==0)
    {   position=i;
        flag=1;
    }
    if(!flag)
    {   printf("car not found!");
        getch();
        carmenu();
    }
    if((S=(Stack * )malloc(sizeof(Stack)))==NULL)
    {   printf("Failed!");
        exit(1);
    }
    InitStack(S);
    for(i=SCar->top;i>position;i--)
```

```
    {   Pop(SCar,&x);                               /* 车场出车 */
        Push(S,x);                                  /* 通道入车 */
    }
    Pop(SCar,&x);                                   /* 所指定的车辆出站 */
    while(S->top!=-1)
    {   Pop(S,&x);                                  /* 通道出车 */
        Push(SCar,x);                               /* 车场入车 */
    }
    if(QCar->rear!=QCar->front)                     /* 通道内有车辆 */
    {   DeleteQueue(QCar,&x);
        Push(SCar,x);}
        printf("\nExit Success!\n");
        getch();
        carmenu();
    }
}
void SetCar(void)                                   /* 车站模拟系统相关功能设定 */
{   int n,flag=1;
    printf("\n\nThe current paramenter of carpark's maxnum is:%d\n",SCar->n);
    printf("\nPlease input the carpark's maxisize car number:(<=%d)\n",MAX_SIZE);
    do{
        scanf("%d",&n);
        if(n<SCar->top+1)
        {   flag=0;
            n=SCar->n;
            break;
        }
    }while(n<0||n>MAX_SIZE);
    SCar->n=n;
    if(flag!=0)   printf("\nModify Success!\n");
    else    printf("\nError!che zhan che liang yi chao guo ci shu!\n");
    getch();
    carmenu();
}
void carmenu(void)                                  /* 车站管理系统主菜单 */
    {   char ch;
        printf("\n----------------menu----------------\n");
        printf("1.init carpark\n2.car enter\n3.car exit\n4.show information\n 5.
        set\n0.exit\n ");
        printf("----------------menu----------------\n");
        printf("Please Choose:(1-5)   ");   ch=getch();
        switch(ch-'0')
        {   case 0: exit(0); break;
            case 1: InitCarpark(); break;
```

```
        case 2: InsertCar(); break;
        case 3: ExitCar(); break;
        case 4: ShowCar(); break;
        case 5: SetCar(); break;
        default: ShowCar();
        }
    }
    int main(void)
    {    if((SCar=(Stack*)malloc(sizeof(Stack)))==NULL)
        {    printf("Failed!");
            exit(1);
        }
    if((QCar=(Queue*)malloc(sizeof(Queue)))==NULL)
    {    printf("Failed!");
        exit(1);
    }
    InitStack(SCar);
    InitQueue(QCar);
    carmenu();
    exit(0);
    }
```

6. 运行与测试

程序运行时,出现主选择菜单后,应测试以下功能。

首先选择 1:车辆成批入站,给出一行提示信息"input car's information(end of'##):",输入以下测试数据:AH-E001 name1(✓),AH-E002 name2(✓),AH-E003 name3(✓),##(✓)。这时,屏幕给出提示信息:"Cars Enter Success!",按任意键返回主选择菜单。可以选择 4:查看车场信息,可以看到刚才输入的车辆相关信息。

再选择 5:设置停车场的最大容量,提示用户当前车场的容量和可以输入的最大容量:

```
The current paramenter of carpark's maxnum is:20
Please input the carpark's maxisize car number:(<=20)
```

这里,我们输入 3(✓),得到一个合法值,给出提示信息:"Modify Success!"。

如果输入的值不合法,如大于 20、小于 1、小于当前车场内的车辆数,程序都将进行判断错误,拒绝修改,给出修改错误的提示信息:"Error! che zhan che liang yi chao guo ci shu!"。

选择 2:单辆车入站,输入车辆的相关信息后(AH-E004 name4(✓)),由于刚才设置车场的最大容量为 3,现插入的车不能进入车场,但由于车场外有通道,可以暂时停在通道上,所以程序给出提示信息:"che zhan yi man! che liang yi jin ru tong dao!"。

按任意键返回主选择菜单,这时,可以选择 4 查看刚才的输入情况,如图 10.2 所示。

选择 3:车辆出站,给出提示信息:"Please input car's number:"(要求输入出站车辆车牌号)。

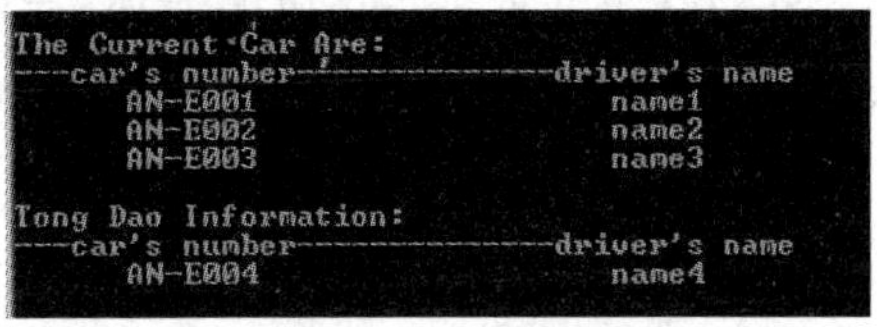

图 10.2 输入的车辆相关信息

这里假定车牌号为 AH-E001 车辆出站,输入车牌号后,给出提示信息:"Exit Success!"。

由于车站已有空位,通道上等待的车辆 (AH-E004)便可以进入车场,这是程序自动完成的,无需人工干预。返回主界面选择 4,查看车辆退站后车站内的车辆信息,如图 1.4 所示。

在这里,程序中也加了一些防错措施,以提高程序的健壮性。比如,输入的车牌号不在车场内,程序将自动检验出错后,就拒绝继续操作,给出出错信息:"car not found!"。

另外,一开始运行程序的时候,由于此时车场内信息没有输入,认为是空的,而当用户选择了退出车站的时候,程序将给出出错信息:"The carpark is empty!"。

10.2.2 简单 Huffman 编码/译码的设计与实现

1. 问题描述

Huffman 编码是最优变长码,请设计一个 Huffman 编码程序,实现以下功能:

(1) 接收原始数据:从终端读入字符集大小 n,以及 n 个字符和权值,建立 Huffman 树,并将它存入文件 hfmtree. dat 中。

(2) 编码:利用已建立的 Huffman 树,对文件中的正文进行编码,将结果存入文件 codefile. dat 中。

(3) 译码:利用已建立好的 Huffman 树将 codefile. dat 中的代码进行译码,结果存入文件 textfile. dat 中。

(4) 打印编码规则:即字符与编码之间的一一对应关系。

(5) 打印 Huffman 树:将已存入内存中的 Huffman 树以直观的方式显示在终端上。

2. 设计思路

Huffman 编码是一种最有变长码,即带权路径最小。这种编码有着很强的应用背景,是数据压缩中的一个重要理论依据,很多压缩算法也都用到了 Huffman 编码。本程序实现了最简单的一种 Huffman 编码,可以实现把一个文件中的字符集合进行编码,转换为相应的 0/1 代码;同时可以把 0/1 代码进行译码,还原原始文件等功能。

经过分析后可以发现,此问题需多次用到文件的存取。再由要求中的最后一条:将已存入内存中的 Huffman 树以直观的方式显示在终端上,此问题还用到了图形系统,所以在程序运行的一开始须初始化图形系统。

要进行 Huffman 编码首先要知道字符集合,包括字符本身和它在电文中出现的频率,以构造 Huffman 树。本程序提供了两种输入方式:从文件中读取并手工一个个输入。得到 Huffman 编码后,可以把编码结果打印在屏幕上。当对文件进行编码时,不失一般性,可以只提供文件读取形式,对文件中的正文进行编码后,把结果存入另一个文件中。在对结果文件进行译码的时候,直接从文件中读取 0/1 代码,把译码结果一方面显示在屏幕上,另一方面存入另一个文件中。

关于画 Huffman 树,我们用到了一些数学知识,比如分层画树,考虑到屏幕显示大小,在画树的时候最好不要超过五层。

3. 数据结构设计

对得到的每个字符,在进行 Huffman 编码操作时,必须区分叶子结点与中间结点的区别。在构造 Huffman 树后,输入的 n 个字符,肯定是叶子结点,它们是有效结点,除了定义结点类型外,还要定义其编码类型。由 Huffman 树的结构可知,对于由 n 个叶子的 Huffman 树共有 $2 \times n - 1$ 个结点。大小已知,故树的结点类型可以使用静态存储结构。同理,编码类型也使用静态存储结构,大小为 n。

每个结点有三个指针域(lchild、rchild、parent),本身字符信息以及相应的权值。在编码类型设计中,为了实现字符与编码的一一对应关系,定义了存放字符域 letter 和存放二进制代码域 bit。具体数据结构类型定义如下:

```
#define MAXLEAF 50                              /* 叶子最多个数 */
typedef struct hnode{                           /* 结点类型定义 */
    char letter;
    int weight, parent, lchild, rchild;
}HuffmanNode;
typedef struct{                                 /* 编码类型定义 */
    char letter,bit[MAXLEAF];
    int start;
}HCode;
```

4. 功能函数设计

(1) Huffman 树的初始化函数 InitHuffman()

提供两种建立 Huffman 树的方法:Computer Loading 和 Man Create。

当用户选择从文件中读取时,程序调用函数 WriteHuffman() 以得到树的初始化。进入函数后,提示用户输入文件名(如不在当前文件夹中,还应当包括其地址)。这里文件的格式是:letter1,weight1 letter2,weight2 letter3,weight3 letter4,weight4 …

当用户选择手工输入时,首先提示用户输入一个字符串,然后对其长度检查,如果大于程序中规定的最大字符个数 MAXLEAF,出现错误信息后返回主选择界面。如果检查通过,则继续输入对应字符的权值,每行输入一个,共需 n 行。

(2) 建立 Huffman 树函数 HuffmanTree()

此算法的基本思想为:

1) 有给定的 n 个权值 $\{w_1, w_2, w_3, \cdots, w_m\}$,构造 m 棵由空二叉树扩充得到的扩充二叉树,每一个扩充二叉树只有一个外部结点,它的权值为 w_i。

2）在已经构造的所有扩充二叉树中，选取根结点的权值最小和次小的两个，将它们作为左、右子树，构造成一棵新的扩充二叉树，它的根结点的权值为两子树的权值之和。

3）重复执行步骤 2），每次都使扩充二叉树的个数减一，当只剩下一棵扩充二叉树时，它便是所要构造的 Huffman 树。

（3）编码函数 HuffmanCode()

从根结点开始，寻找每一个叶子结点，在寻找的过程中，经过左子树时，编码增加"0"，经过右子树时，编码增加"1"，当每一个叶子结点都访问过时，便得到相应的编码。

（4）译码函数 HEncode()

开始时，读入所有的 0/1 代码入内存，遇到"0"转向左孩子结点，遇到"1"转向右孩子结点，直到遇到到叶子结点时，访问该结点，继续下一组代码转换，直到所有的代码读完结束。

（5）查看编码规则函数 HShowCode()

对已经建立好的 Huffman 编码，通过此函数以较为直观的方式显示给用户。

首先进行合理性检查，如果树还没有建好，则拒绝显示编码规则。当通过检测后，把以前建立好的编码打印出来即可。

（6）对一些字母进行编码函数 CharCode()

如同上面的查看函数，这里也设计了防错。当条件满足时，把文件中的所有字符读入内存，用上面建立的编码规则进行编码，并把转换后的 0/1 代码存入文件 codefile. dat 中。

（7）查看已建立的 Huffman 树函数 HuffmanShowTree()

当树不为空时，运用相关数学知识，借用 C 函数库中的图形功能画出树的图形。

（8）Huffman 树的主选择函数 HuffmanMenu()

打印所有可供选择的操作供选择。用户可根据需要选择相应的操作，程序再执行相应的功能函数即可。若选择不在此供选范围之内，系统认为是选择了查看编码规则这一函数。

（9）关于文件操作的函数

如保存 Huffman 树的函数 SaveHfmTree()、调入 Huffman 树进入内存的函数 LoadHuffmanTree()、从文件中读入字符串进行编码的函数 CharCodeFile（char s [MAXCHARNUM]）等，由于较为简单，这里不再赘述。

5. 编码实现

```
#include<string.h>
#include<stdio.h>
#include<math.h>
#include<graphics.h>
#define MAXVALUE 10000              /* 权值最大值 */
#define MAXLEAF 50                  /* 叶子最多个数 */
#define MAXCHARNUM 100              /* 读入字符的最大个数 */
#define MAXCODENUM 400             /* 读入 0/1 代码的最大个数 */
```

```c
#define r 7                                    /*圆的半径*/
typedef struct hnode                           /*结点类型定义*/
{   char letter;
    int weight, parent, lchild, rchild;
}HuffmanNode;
typedef struct                                 /*编码类型定义*/
{   char letter, bit[MAXLEAF];
    int start;
}HCode;
HuffmanNode HuffNode[2*MAXLEAF-1];              /*全局变量定义*/
HCode HuffCode[MAXLEAF];
int HuffmanLeaf=0;
void SaveHfmTree(void)                          /*保存 Huffman 树*/
{   FILE *fp;
    int i;
    if((fp=fopen("hfmtree.dat","wb"))==NULL)
    {
        printf("Create file error!\n");
        getch();
        clrscr();
        HuffmanMenu();
    }
    fwrite(HuffNode,sizeof(struct hnode),2*HuffmanLeaf-1,fp);
    printf("\nSave to hfmtree.dat Success!\n");
    getch();
    clrscr();
    fclose(fp);
}
void LoadHuffmanTree(void)                      /*调入 Huffman 树进入内存*/
{   FILE *fp;
    int i=0;
    if((fp=fopen("hfmtree.dat","rb"))==NULL)
    {   printf("\nLoad file error!(File hfmtree.dat Not Exist!\n");
        getch();
        clrscr();
        HuffmanMenu();
    }
    for(i=0;i<MAXLEAF;i++)                       /*得到总的结点数 i*/
    if(fread(&HuffNode[i],sizeof(HuffmanNode),1,fp)!=1)  break;
    fclose(fp);
    HuffmanLeaf=(i+1)/2;                         /*因为 i=2*HuffmanLeaf-1*/
    printf("\nLoad Huffman Tree Success!\n");
    getch();
    HuffmanCode();
```

```
        clrscr();
        HuffmanMenu();
}
void LoadCode(char s[MAXCODENUM])              /*调入 0/1 代码进内存*/
{   FILE *fp;
    char ch[2];
    int i;
    for(i=0;i<MAXCODENUM;i++)
        s[i]=NULL;
    if((fp=fopen("codefile.dat","rb"))==NULL)
    {   printf("Load codefile error!\n");
        getch();
        clrscr();
        HuffmanMenu();
    }
    ch[1]='\0';
    while((ch[0]=fgetc(fp))!=EOF)
        strcat(s,ch);
}
void CharCodeFile(char s[MAXCHARNUM])          /*从文件中读入字符串进行编码*/
{   FILE *fp;
    char ch[2],filename[15];
    int i;
    for(i=0;i<MAXCHARNUM;i++)
    s[i]=NULL;
    printf("\nPlease input filename to code:(For Example: 'test.txt')\n");
    scanf("%s",filename);
    if((fp=fopen(filename,"r"))==NULL)
    {   printf("Load %s error!\n",filename);
        getch();
        clrscr();
        HuffmanMenu();
    }
    printf("\nLoad File %s Success!\n",filename);
    ch[1]='\0';
    ch[0]=fgetc(fp);
    while(ch[0]!=EOF)
    {   strcat(s,ch);
        ch[0]=fgetc(fp);
    }
    fclose(fp);
    printf("\nFile %s's Informaion is: \n%s\n",filename,s);
}
int WriteHuffman(HuffmanNode HuffNode[ ])      /*读入文件中的字符及其权值*/
```

```c
{   FILE *fp;   c
    har ch,filename[10];
    int weight,i=0;
    printf("\nPlease input load file name:(For Example: 'test.dat')\n");
    scanf("%s",filename);
    if((fp=fopen(filename,"rb"))==NULL)
    {   printf("Can Not Open file %s!\n",filename);
        getch();
        clrscr();
        HuffmanMenu();
    }
    printf("\nLoad File %s Success!\n",filename);
    while(!feof(fp))
    {   fscanf(fp,"%c,%d ",&ch,&weight);
        HuffNode[i].letter=ch;
        HuffNode[i].weight=weight;
        i++;
    }
    fclose(fp);
  return(i);
}
void InitHuffman(void)                        /* Huffman 树的初始化 */
{   char s[MAXLEAF],ch;
    int i;
    printf("\n\n1.Computer Loading.\n2.Man Create.");
    ch=getch();
    if(ch=='2')
    {   printf("\nPlease input some char:(<=%d)\n",MAXCHARNUM);
        scanf("%s",s);
        HuffmanLeaf=strlen(s);
        for(i=0;s[i]!='\0';i++)   HuffNode[i].letter=s[i];
        printf("\nPlease input some weight:\n");
        for(i=0;i<HuffmanLeaf;i++)
            scanf("%d",&HuffNode[i].weight);
    }
    else   HuffmanLeaf=WriteHuffman(HuffNode);
    HuffmanTree();
    HuffmanCode();
    clrscr();
    HuffmanMenu();
}
void HuffmanTree(void)                        /* 建立 Huffman 树 */
{   int i,j,m1,m2,x1,x2,temp1;
    char temp2;
```

```
    for(i=0;i<2*HuffmanLeaf-1;i++)                        /*结点初始化*/
    HuffNode[i].parent=HuffNode[i].lchild=HuffNode[i].rchild=-1;
    for(i=HuffmanLeaf;i<2*HuffmanLeaf-1;i++)        /*结点初始化*/
    {   HuffNode[i].letter=NULL;
        HuffNode[i].weight=0;
    }
    for(i=0;i<HuffmanLeaf-1;i++)
    for(j=i+1;j<HuffmanLeaf-1;j++)                         /*对输入字符按权值大小进行排序*/
        if(HuffNode[j].weight>HuffNode[i].weight)
        {   temp1=HuffNode[i].weight;
            HuffNode[i].weight=HuffNode[j].weight;
            HuffNode[j].weight=temp1;
            temp2=HuffNode[i].letter;
            HuffNode[i].letter=HuffNode[j].letter;
            HuffNode[j].letter=temp2;
        }
    for(i=0;i<HuffmanLeaf-1;i++)                          /*构造 Huffman 树*/
    {   m1=m2=MAXVALUE;
        x1=x2=0;
        for(j=0;j<HuffmanLeaf+i;j++)                      /*寻找权值最小与次小的结点*/
        {   if(HuffNode[j].parent==-1&&HuffNode[j].weight<m1)
            {   m2=m1;x2=x1;
                m1=HuffNode[j].weight;
                x1=j;
            }
            else if(HuffNode[j].parent==-1&&HuffNode[j].weight<m2)
            {   m2=HuffNode[j].weight;
                x2=j;
            }
        }
        HuffNode[x1].parent=HuffmanLeaf+i;
        HuffNode[x2].parent=HuffmanLeaf+i;              /*权值最小与次小的结点进行组合*/
        HuffNode[HuffmanLeaf+i].weight=HuffNode[x1].weight+HuffNode[x2].weight;
        HuffNode[HuffmanLeaf+i].lchild=x1;
        HuffNode[HuffmanLeaf+i].rchild=x2;
    }
    printf("\nCreate Huffman Tree Success!Save it? (Y/N)\n");
                                                          /*保存文件 hfmtree.dat*/
    temp2=getch();
    if(temp2=='y'||temp2=='Y')   SaveHfmTree();
}
void HuffmanCode(void)                                    /*生成编码*/
{   HCode cd;
    int i,j,c,p,*q;
```

```
        char code[30], * m;
        for(i=0;i<HuffmanLeaf;i++)                      /* 按结点位置进行编码 */
        {
            cd.start=HuffmanLeaf-1;
            c=i;
            p=HuffNode[c].parent;
            while(p!=-1)
            {   if(HuffNode[p].lchild==c)
                    cd.bit[cd.start]='0';
                else
                    cd.bit[cd.start]='1';
                cd.start--;
                c=p;
                p=HuffNode[c].parent;
            }
            for(j=cd.start+1;j<HuffmanLeaf;j++)          /* 储存编码 */
            HuffCode[i].bit[j]=cd.bit[j];
            HuffCode[i].start=cd.start;
        }
        for(i=0;i<HuffmanLeaf;i++)                       /* 字符复制 */
            HuffCode[i].letter=HuffNode[i].letter;
            printf("\nCode Create Success!");
    }
void HShowCode(void)                                     /* 查看编码规则 */
{   int i,j;
    if(HuffmanLeaf==0)
    {   printf("\nHuffman Tree Not Be Init Yet!\n");
        getch();
        clrscr();
        HuffmanMenu();
    }
    printf("\n\nThe Huffman code are:\n");
    for(i=0;i<HuffmanLeaf;i++)
    {   printf("  %c:   ",HuffCode[i].letter);
        printf("%s\n",HuffCode[i].bit+HuffCode[i].start+1);
    }
    getch();
    clrscr();
    HuffmanMenu();
}
void CharCode(void)                                      /* 对一些字母进行编码 */
{   FILE *fp;
    char s[MAXCHARNUM];
    int i,j,n;
```

```
    if(HuffmanLeaf==0)
    {   printf("\nHuffman Tree Not Be Init Yet!\n");
        getch();
        clrscr();
        HuffmanMenu();
    }
    if((fp=fopen("codefile.dat","wb"))==NULL)
    {   printf("Create file error!\n");
        getch();
        clrscr();
        HuffmanMenu();
    }
    CharCodeFile(s);
    n=strlen(s);
    for(i=0;i<n;i++)
    {   for(j=0;j<HuffmanLeaf;j++)
            if(s[i]==HuffCode[j].letter)  break;
        fprintf(fp,"%s",HuffCode[j].bit+HuffCode[j].start+1);
    }
    fclose(fp);
    printf("\nSave CodeFile Success!\n");
    getch();
    clrscr();
    HuffmanMenu();
}
void HEncode(void)                              /* 译码 */
{   int i,c;
    char code[MAXCODENUM], * m;
    FILE *fp;
    if((fp=fopen("textfile.dat","wb"))==NULL)
    {   printf("Create file error!\n");
        getch();
        clrscr();
        HuffmanMenu();
    }
    if(HuffmanLeaf==0)
    {   printf("\nHuffman Tree Not Be Init Yet!\n");
        getch();
        clrscr();
        HuffmanMenu();
    }
    LoadCode(code);
    printf("\nAfter Encoding, The String is:\n");
    m=code;
```

```
        c=2*HuffmanLeaf-2;                              /*c指向根结点*/
        while(*m!=NULL)                    /*按路径寻找进行译码(树的左孩子为0,右孩子为1)*/
        {    if(*m=='0')
            {    c=HuffNode[c].lchild;
                if(HuffNode[c].lchild==-1&&HuffNode[c].rchild==-1)
                {    printf("%c",HuffNode[c].letter);
                    fprintf(fp,"%c",HuffNode[c].letter);
                    c=2*HuffmanLeaf-2;
                }
            }/*译码成功,继续下一组*/
            else if(*m=='1')
            {    c=HuffNode[c].rchild;
                if(HuffNode[c].lchild==-1&&HuffNode[c].rchild==-1)
                {    printf("%c",HuffNode[c].letter);
                    fprintf(fp,"%c",HuffNode[c].letter);
                    c=2*HuffmanLeaf-2;
                }
            } /*译码成功,继续下一组*/
            m++;
        }
        printf("\n\n");
        fclose(fp);
        printf("\nSave to textfile.dat Success!\n");
        getch();
        clrscr();
        HuffmanMenu();
    }
    void draw(float x,float y,float alph,float beta,float l,float derta,int c)
    {    float x1,x2,y1,y2;
        int left,right;
        char t[2]="",*p=&t[0];
        beta-=0.0773;
        alph-=beta;
        setcolor(RED);                               /*设置背景色*/
        *p=HuffNode[c].letter;
        circle(x,y,r);                               /*以x,y为圆心画圆结点*/
        if(*p=='')
            outtextxy(x-2,y-3,"^");
        else
            outtextxy(x-2,y-3,p);
        if(HuffNode[c].lchild!=-1&&HuffNode[c].rchild!=-1)
        {    x1=x-l*sin(alph);
            y1=y+l*cos(alph);
            x2=x+l*sin(alph);
```

```
        y2=y+1*cos(alph);
        line(x-r*sin(alph),y+r*cos(alph),x1+r*sin(alph),y1-r*cos(alph));
        line(x+r*sin(alph),y+r*cos(alph),x2-r*sin(alph),y2-r*cos(alph));
        left=HuffNode[c].lchild;
        right=HuffNode[c].rchild;
        l-=derta;
        derta-=11.5;
        draw(x1,y1,alph,beta,l,derta,left);
        draw(x2,y2,alph,beta,l,derta,right);
    }
}
void HuffmanShowTree(void)                            /*查看已建立的 Huffman 树*/
{   float x=321,y=70,alph=90,beta=6.95,l=120,derta=33;
    int c;
    clrscr();
    c=2*HuffmanLeaf-2;
    if(HuffmanLeaf==0)
    {   printf("\nHuffman Tree Not Be Init Yet!\n");
        getch();
        clrscr();
        HuffmanMenu();
    }
    printf("\nThe Huffman Tree :\n");
    draw(x,y,alph,beta,l,derta,c);
    getch();
    clrscr();
    HuffmanMenu();
}
void HuffmanMenu(void)                                /*Huffman 树的主选择函数*/
{   char ch;
    printf("\n1.Create Huffman Tree.\n2.Load Huffman Tree From File...\n ");
    printf("3.View Code Rule\n4.Coding....\n 5.Encoding....\n ");
    printf("6.Show Huffman Tree.\n0.Exit...\n ");
    printf("Please Choose:  ");
    ch=getch();
    switch(ch-'0')
    {   case 0: closegraph(); exit(); break;
        case 1: InitHuffman(); break;
        case 2: LoadHuffmanTree(); break;
        case 3: HShowCode(); break;
        case 4: CharCode(); break;
        case 5: HEncode(); break;
        case 6: HuffmanShowTree(); break;
```

```
        default: HShowCode();
    }
}
int main(void)
{   int gdriver,gmode;
    gdriver=DETECT;
    initgraph(&gdriver,&gmode,"");
    textbackground(BLACK);
    textcolor(BLACK);
    clrscr();
    HuffmanMenu();
    closegraph();
}
```

6. 运行与测试

程序运行时,出现主选择菜单后,应测试以下功能。

选择 1:建立 Huffman 树,程序继续提示用户选择。

(1) Computer Loading;(2) Man Create。

其中:选项(1)表示从文件中读取一些字符以及对应的权值。文件格式要求是 letter1,weight1 letter2,weight2 letter3,weight3 letter4,weight4 …

选项(2)表示用户自己输入一些字符和权值,字符集大小应当小于预先给定的大小。

首先选择选项 1:以文件读取方式读入字符集合。给出提示:"Please input load file name:(For Example:′test.dat′)"。

这里给出的文件名 test.dat 是预先写好的一些字符集合,与程序放在同一目录下。输入测试文件名 test.dat 后,如果当前目录找不到此文件,则提示用户出错:"Can Not Open file test.dat"。

按任意键返回主选择菜单进行其他操作。

如果读取文件成功,则给出成功读入文件的提示:"Load File test.dat Success!"、"Create Huffman Tree Success! Save it?(Y/N)"。

系统询问是否把建立好的 Huffman 保存在文件 hfmtree.dat 中。选择"Y"(保存),如存储介质有剩余空间,还能成功创建新文件,则给出成功信息:"Save to hfmtree.dat Success!"。

按任意键返回主选择菜单。这个时候选择(3):查看编码规则,如图 10.3 所示。

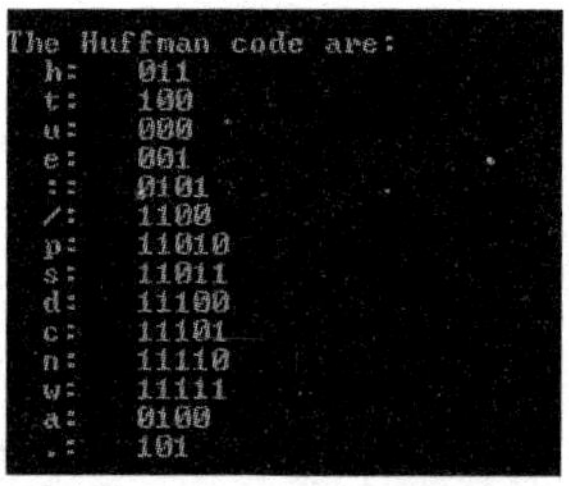

再测试选项(2):人工输入形式。给出提示用户输入一些字符以及权值的信息:"Please input some char:(<=100)"。

输入一个测试字符串:"test",按下 Enter 键后出现提示:"Please input some weight:"。

图 10.3　查看编码规则后的结果

输入测试权值：10（✓），8（✓），16（✓），4（✓），给出成功创建成功的提示："Create Huffman Tree Success! Save it?（Y/N）"。

系统询问是否把建立好的 Huffman 保存在文件 hfmtree.dat 中。选择"Y"（保存），如存储介质有剩余空间，还能成功创建新文件，则给出成功信息："Save to hfmtree.dat Success!"。

返回主菜单后，选择 4：对文件中的正文进行编码。如果 Huffman 树没有进行初始化就选择了此项，显然是不对的，这里设计了一个防错设置。如果用户选择出错，则给出出错信息："Huffman Tree Not Be Init Yet!"。如正确选择后，提示用户输入要编码的文件名："Please input filename to code：(For Example：'test.txt')"。

输入测试文件 test.txt，按下 Enter 键后给出提示信息：

```
"Load File test.txt Success!"
"File test.txt 's Informaion is: http://www.ahut.edu.cn"
"Save CodeFile Success!"
```

程序自动把编码后的 0/1 代码存入文件 coefile.dat 中。

返回主菜单选择 5：对 0/1 代码文件进行译码。程序默认读文件 coefile.dat 进行译码：

```
"After Encoding, The String is: http://www.ahut.edu.cn"
"Save to textfile.dat Success!"
```

把译码后的结果存到文件 textfile.dat 中。找到该文件，打开后可以发现，内容与原文件 test.txt 中的内容完全相同，如图 10.4 所示。

如果选择不当，coefile.dat 还没有建立，则找不到该文件，给出出错提示。

只要树建好后，就可以在主菜单中选择 3 查看编码规则，选择 6 可看建立好的 Huffman 树。上面已有说明，这里不再赘述。

图 10.4　textfile.dat 文件
中的内容

10.2.3　各种排序算法性能比较

1. 问题描述

对于直接插入排序、直接选择排序、起泡排序、Shell 排序、快速排序和堆排序等六种算法进行上机实习。

要求：(1) 被排序的对象由计算机随机生成，数据长度分别取 20、100、500 三种。

(2) 算法中增加比较次数和移动次数的统计功能。

(3) 对实习的结果做比较分析。

2. 设计思路

这是一个算法性能评价程序,重点在于算法性能的评价上。实现某一功能可以有多种方法,判断一个算法性能好坏的标准主要有时间复杂度和空间复杂度。在当今系统资源相对充足的计算机系统中,时间复杂度便成为最主要的评价标准。

对于每一个排序算法,都应当有两个返回值:比较次数和移动次数。但在 C 语言中,一个函数的返回值只能有一个,故这里采用了指针传递地址的方式通过修改形参的地址从而可以修改实参的值。这样一来,在每个排序算法的参数列表中,除了包含被排序对象指针外,另加两个整形变量指针,用于传递算法执行过程中的比较次数和移动次数。

取定一种排序对象的长度,由计算机产生一定量的伪随机数后,主函数调用各个排序子函数,但由于排序对象也是指向一维数组的指针,在调用一次一种排序算法后,通过形式参数对指针的改变,被排序对象已经是有序的了。当再次调用其他排序算法后,有可能比较和移动次数达到最小或最大。无论哪种情况都是不好的,这样一来,就失去了算法时间复杂度比较的意义了。为了避免这种情况出现,本程序中采用了子函数另开辟空间,参数只起到一个复制值的作用。这样,不仅可以得到正确的比较次数和移动次数,又不会改变排序对象的原始随机性。但要注意的是,在每个子函数结束前,要用 free() 来释放申请排序对象的副本指针,避免程序出现内存耗尽现象。

3. 数据结构设计

本程序中,考虑的内容就是待排序对象,排序的依据是关键字之间的大小比较。故在每个结点的类型定义中,至少得包含关键字 key 这一项。不失一般性,这里就使用关键字这一项,其他都省略,具体应用加上其他数据项即可。被排序对象是由一个个结点构成的,一个排序对象包含一系列指向一串结点的头指针,排序对象的长度。本程序功能较简单,无须定义复杂的数据结构,具体说明如下:

```
typedef struct{
    int key;                                /* 关键字 */
}RecordNode;                                 /* 排序结点类型 */
typedef struct{
    int n;                                  /* 排序对象的大小 */
    RecordNode * record;
}SortObject;                                 /* 排序对象类型 */
```

4. 功能函数设计

(1) 直接插入排序函数 InsertSort()

假设待排序的 n 个记录 $\langle R_0, R_1, \cdots, R_n \rangle$ 顺序存放在数组中,直接插入法在插入记录 $R_i (i=1,2,\cdots,n-1)$ 时,记录集合被划分为两个区间 $[R_0, R_{i-1}]$ 和 $[R_{i+1}, R_{n-1}]$,其中,前一个子区间已经排好序,后一个子区间是当前未排序的部分,将关键码 K_i 与 K_{i-1},

$K_{i-2}, \cdots, K_0$ 依次比较,找出应该插入的位置,将记录 R_i 插入。

(2) 直接选择排序函数 SelectSort()

首先在所有记录中选出关键码最小的纪录,与第一个记录交换,然后在其余的记录中再选出关键码最小的记录与第二个记录交换,以此类推,直到所有记录排好序。

(3) 冒泡排序函数 BubbleSort()

在每一趟冒泡排序中,依次比较相邻两个关键字大小,若为反序则交换。经过一趟起泡后,关键字大的记录已到最后了。按照这种方法进行 $n-1$ 趟即可完成排序。

(4) Shell 排序函数 ShellSort()

先取一个整数 $d_1 < n$,把全部记录分成 d_1 个组,所有距离为 d_1 倍数的记录放在一组中,先在各组内排序;然后取 $d_2 < d_1$ 重复上述分组和排序工作;直到 $d_i = 1$,即所有记录放在一组中为止。

(5) 堆排序函数 HeapSort()

堆排序的思想很简单,就是每次把关键字调整为堆,取出堆顶元素与堆中最后一个元素交换,同时令堆的大小减一,把剩下的一些元素重新调整为堆,重复此过程,直到堆中只剩一个元素为止。

(6) 快速排序函数 QuickSort()

在待排序的个记录中任意取一个记录(通常取第一个记录)为分区标准,把所有小于该排序码的记录移到左边,把所有大于该排序码的记录移到右边,中间放所选记录,为一趟快速排序。然后,对前后两个子序列分别重复上述过程,直到所有记录都排好序。

(7) 排序主调用函数 SortMethod()

上面说明的各种排序函数都是在这里调用的。排序对象长度分别取 20、100、500 这三种,每种都有六种算法,每种算法都有两个返回值:比较和移动次数。故这里定义了一个二维数组 **number**[3][12],类型为 unsigned long 型(由于比较次数和移动次数最多可超过一百万)。要产生一些不同的随机数,必须开始时调用函数 randomize() 初始化随机数种子,不然每次得到的随机数都是一样的。循环执行三次,每次都得到一种长度的比较移动次数。这里把快速排序放在最后调用,这样,虽然调用此函数后排序对象是有序的,但不影响程序比较算法性能这一目的。最后,再用一个 for 循环把运行得到的比较结果输出。用一个判断语句,实现前面几个在显示后再出现一个提示信息:"Press any key to continue...",最后一个没有提示,按任意键退出程序。

5. 编码实现

```c
#include<stdio.h>
#include<stdlib.h>
typedef struct {
    int key;
}RecordNode;
typedef struct {
    RecordNode *record;
    int n;
```

```
}SortObject;
int MAXSORTNUM[3]={20,100,500};
void InsertSort(SortObject * p,unsigned long * compare,unsigned long * exchange)
{                                                    /*直接插入排序函数*/
    int i,j;
    RecordNode temp;
    SortObject * pvector;
    if((pvector=(SortObject * )malloc(sizeof(SortObject)))==NULL)
    {
        printf("OverFollow!");
        getch();
        exit(1);
    }
    for(i=0;i<p->n; i++)                              /*复制数组*/
        pvector->record[i]=p->record[i];
    pvector->n=p->n;
    * compare=0;
    * exchange=0;
    for(i=1;i<pvector->n;i++)
    {   temp=pvector->record[i];
        (* exchange)++;
        j=i-1;
        while((temp.key<pvector->record[j].key)&&(j>=0))
        {   (* compare)++;
            (* exchange)++;
            pvector->record[j+1]=pvector->record[j];
            j--;
        }
        if(j!=(i-1))
        {   pvector->record[j+1]=temp;
            (* exchange)++;
        }
    }
    free(pvector);
}
void SelectSort(SortObject * p,unsigned long * compare,unsigned long * exchange)
{   int i,j,k;                                       /*直接选择排序函数*/
    RecordNode temp;
    SortObject * pvector;
    if((pvector=(SortObject * )malloc(sizeof(SortObject)))==NULL)
    {
        printf("OverFollow!");
        getch();
        exit(1);
```

```
        }
        for(i=0;i<p->n; i++)                              /*复制数组*/
            pvector->record[i]=p->record[i];
        pvector->n=p->n;
        *compare=0;
        *exchange=0;
        for(i=0;i<pvector->n-1;i++)
        {   k=i;
            for(j=i+1;j<pvector->n;j++)
            {   (*compare)++;
                if(pvector->record[j].key<pvector->record[k].key)
                    k=j;
            }
            if(k!=i)
            {   temp=pvector->record[i];
                pvector->record[i]=pvector->record[k];
                pvector->record[k]=temp;
                (*exchange)+=3;
            }
        }
        free(pvector);
}
void BubbleSort(SortObject *p,unsigned long *compare,unsigned long *exchange)
{   int i,j,noswap;                                       /*冒泡排序函数*/
    RecordNode temp;
    SortObject *pvector;
    if((pvector=(SortObject *)malloc(sizeof(SortObject)))==NULL)
    {   printf("OverFollow!");
        getch();
        exit(1);
    }
    for(i=0;i<p->n; i++)                                   /*复制数组*/
    pvector->record[i]=p->record[i];
    pvector->n=p->n;
    *compare=0;
    *exchange=0;
    for(i=0;i<pvector->n-1;i++)
    {   noswap=1;
        for(j=0;j<pvector->n-i-1;j++)
        {   (*compare)++;
            if(pvector->record[j+1].key<pvector->record[j].key)
            {   temp=pvector->record[j];
                pvector->record[j]=pvector->record[j+1];
                pvector->record[j+1]=temp;
```

```
                    (* exchange)+=3;
                    noswap=0;
                }
            }
            if(noswap)   break;
        }
        free(pvector);
}
void ShellSort ( SortObject * p , int d , unsigned long * compare , unsigned long
* exchange)                                        /* Shell 排序函数 */
{   int i,j,increment;
    RecordNode temp;
    SortObject * pvector;
    if((pvector= (SortObject * )malloc(sizeof(SortObject)))==NULL)
    {
        printf("OverFollow!");
        getch();
        exit(1);
    }
    for(i=0;i<p->n; i++)                            /* 复制数组 */
    pvector->record[i]=p->record[i];
    pvector->n=p->n;
     * compare=0;
     * exchange=0;
    for(increment=d;increment>0;increment/=2)
    {
        for(i=increment;i<pvector->n;i++)
        {   temp=pvector->record[i];
            (* exchange)++;
            j=i-increment;
            while(j>=0&&temp.key<pvector->record[j].key)
            {   (* compare)++;
                pvector->record[j+increment]=pvector->record[j];
                (* exchange)++;
                j-=increment;
            }
            pvector->record[j+increment]=temp;
            (* exchange)++;
        }
    }
    free(pvector);
}
void SiftHeap(SortObject *pvector,int size,int p,unsigned long *compare,unsigned
long * exchange)                                   /* 调整为堆 */
```

```
{   RecordNode temp;
    int i, child;
    temp=pvector->record[p];
    (*exchange)++;
    i=p;
    child=2*i+1;
    while(child<size)
    {   if(child<size-1&&pvector->record[child].key<pvector->record[child+1].key)
        {   (*compare)++;
            child++;
        }
        if(temp.key<pvector->record[child].key)
        {   (*compare)++;
            pvector->record[i]=pvector->record[child];
            (*exchange)++;
            i=child;
            child=2*i+1;
        }
        else  break;
    }
    pvector->record[i]=temp;
    (*exchange)++;
}
void HeapSort(SortObject *p,unsigned long *compare,unsigned long *exchange)
/*堆排序函数*/
{   int i,n;
    RecordNode temp;
    SortObject *pvector;
    if((pvector=(SortObject *)malloc(sizeof(SortObject)))==NULL)
    {   printf("OverFollow!");
        getch();
        exit(1);
    }
    for(i=0;i<p->n; i++)                            /*复制数组*/
        pvector->record[i]=p->record[i];
    pvector->n=p->n;
    *compare=0;
    *exchange=0;
    n=pvector->n;
    for(i=n/2-1;i>=0;i--)
        SiftHeap(pvector,n,i,compare,exchange);    /*首先构造第一个堆*/
    for(i=n-1;i>0;i--)
    {   temp=pvector->record[0];
        pvector->record[0]=pvector->record[i];
```

```c
            pvector->record[i]=temp;
            (*exchange)+=3;
            SiftHeap(pvector,i,0,compare,exchange);
        }                                           /*重建新堆*/
        free(pvector);
    }
void QuickSort(SortObject *pvector,int left,int right,int *compare,int *exchange)
                                                    /*快速排序函数*/
    {   int i,j;
        RecordNode temp;
        if(left>=right)
        return;
        i=left;
        j=right;
        temp=pvector->record[i];
        (*exchange)++;
        while(i!=j)
        {   while((pvector->record[j].key>=temp.key)&&(j>i))
            {   (*compare)++;
                j--;
            }
            if(i<j)
            {   pvector->record[i++]=pvector->record[j];
                (*exchange)++;
            }
            while((pvector->record[i].key<=temp.key)&&(j>i))
            {   (*compare)++;
                i++;
            }
            if(i<j)
            {   pvector->record[j--]=pvector->record[i];
                (*exchange)++;
            }
        }
        pvector->record[i]=temp;
        (*exchange)++;
        QuickSort(pvector,left,i-1,compare,exchange);
        QuickSort(pvector,i+1,right,compare,exchange);
    }
void SortMethod(void)
    {   int i,j;
        unsigned long num[3][12]={0};
        SortObject *pvector=(SortObject *)malloc(sizeof(SortObject));
        randomize();
```

```
    for(j=0; j<3; j++)
    {   for(i=0;i<MAXSORTNUM[j];i++)
            pvector->record[i].key=random(5000);      /*随机生成数据*/
            pvector->n=MAXSORTNUM[j];
            InsertSort(pvector,&num[j][0],&num[j][1]);
            SelectSort(pvector,&num[j][2],&num[j][3]);
            BubbleSort(pvector,&num[j][4],&num[j][5]);
            ShellSort(pvector,4,&num[j][6],&num[j][7]);
            HeapSort(pvector,&num[j][8],&num[j][9]);
            QuickSort(pvector,0,MAXSORTNUM[j]-1,&num[j][10],&num[j][11]);
    }
    printf("\nSort Method Compare As Follows:");
    for(j=0; j<3; j++)
    {
        printf("\n\nWhen The max num is %d ,the result is:\n",MAXSORTNUM[j]);
        printf("1.InsertSortMethod: Compared-->%-7ld  Exchanged-->%-7ld\n",num
        [j][0],num[j][1]);
        printf("2.SelectSort Method: Compared-->%-7ld  Exchanged-->%-7ld\n",
        num[j][2],num[j][3]);
        printf("3.BubbleSortMethod: Compared-->%-7ld  Exchanged-->%-7ld\n",num
        [j][4],num[j][5]);
        printf("4.ShellSortMethod: Compared-->%-7ld  Exchanged-->%-7ld\n",num
        [j][6],num[j][7]);
        printf("5.HeapSort Method: Compared-->%-7ld  Exchanged-->%-7ld\n",num
        [j][8],num[j][9]);
        printf("6.QuickSortMethod: Compared-->%-7ld  Exchanged-->%-7ld\n",num
        [j][10],num[j][11]);
        if(j!=2)
            printf("Press any key to continue...\n");
        getch();
    }
}
int main(void)
{
    SortMethod();
}
```

6. 运行与测试

此程序功能是比较各种排序算法的优劣,长度取固定的三种,对象由随机数生成,无需人工中间干预来选择或者输入数据。程序运行界面如图 10.5 所示。

数据长度为 20 的六种排序算法的比较次数和移动次数统计,中间用逗号隔开。最下面一行提示用户下面还有待输出的数据"Press any key to continue...",按任意键后,

图 10.5　数据长度为 20 时算法运行界面

其中若用冒泡排序,则要比较次数为 175,交换次数为 273 次,这和冒泡排序比较次数 $\sum_{i=1}^{n-1}(n-i)=\frac{1}{2}(n^2-n)=190$,交换次数为 $3\sum_{i=1}^{n}(n-i)=\frac{3}{2}(n^2-n)=270$ 平均情形相近;而这种排序的改进方法快速排序的比较次数为 31,交换次数为 51,显然快速排序性能优于冒泡排序。类似可分析数据长度为 100 和数据长度为 500 时各个算法的执行情况,分别如图 10.6 和图 10.7 所示。

图 10.6　数据长度为 100 时算法运行界面

图 10.7　数据长度为 500 时算法运行界面

可以看到,当规模不断增加时,各种算法之间的差别是很大的。这六种算法中,快速排序的比较和移动次数是最少的,也就是最快的一种排序方法。堆排序和快速排序差不多,属于同一个数量级。直接选择排序虽然交换次数很少,但比较次数太多。

10.2.4　拓扑排序和关键路径

1. 问题描述

采用两种不同的图的表示方法,实现拓扑排序和关键路径的求解过程。使用实现的算法对于如图 10.8 所示的 AOE 网,求出各活动的最早开始时间和最晚开始时间。输出整个工程的最短完成时间是多少? 哪些是关键活动? 说明哪些活动提高速度后能导致整个工程提前完成? 分析不同存储结构对于算法效率的影响。

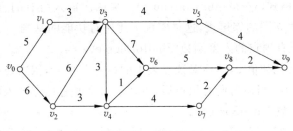

图 10.8　设计思路

2. 设计思路

本程序是实现 AOV 网的拓扑排序和 AOE 网的关键路径求法,而在求关键路径过程中又用到了拓扑排序来判断图中是否存在回路。为了保持图的初始化一致性,虽然在拓扑排序算法中不要求边的权值,但关键路径需要。所以在输入图的时候都规定了一种格式 (v_1,v_2,w_1),表示边 (v_1,v_2) 上的权值为 w_1,如图 10.8 所示。

3. 数据结构设计

在用邻接表当作图的存储结构时,它包括两部分:顺序存储的顶点表和愚昧个顶点相关联的链式存储的边表。顶点表包括:顶点字段(vertex)存放顶点 v_i 信息,指针字段(edgelist)存放与 v_i 相关联的边表的第一个结点位置。边表中每个边结点表示的都是与 v_i 关联的边。包括位置字段(endvex)、权字段(weight)、链字段(nextdege)。具体说明如下所示。

```
typedef struct edgenode{
int endvex;                         /* 相邻顶点在顶点表中的下标 */
    int weight;                     /* 边的权值 */
    struct edgenode *nextedge;      /* 链字段 */
}EdgeNode, * EdgeList;              /* 边表中的结点 */
typedef struct{
    int vertex;                     /* 顶点 */
    EdgeList edgelist;              /* 边表头指针 */
} VexNode;                          /* 顶点表中的结点 */
typedef struct{
    int vexnum;                     /* 图的顶点数 */
    int arcnum;                     /* 图的边的个数 */
    VexNode *vexs;                  /* 顶点表 */
} GraphList;                        /* 图的邻接表表示法 */
```

4. 功能函数设计

(1)初始化图函数 InitGraph()

这是图转化为计算机可以识别的方式,数据结构用的是邻接表。首先提示输入此图的顶点个数和边数,格式(vertexnum,arcnum)。再依次输入所有的边信息(起点,终点,权值),程序将自动建立图的邻接表,这是实现下述所有功能的基础。

(2) 求出图中所有顶点的入度函数 FindInDegree()

首先给入度向量赋初值 0,然后对顶点表中的每一个顶点,依次访问与此顶点相关联的边,并令入度自增 1。当遍历所有顶点后,也就求出了所有顶点的入度。

(3) 拓扑排序函数 TopoSort()

拓扑排序前,先调用 FindInDegree() 得到所有结点的入度,然后将所有入度为 0 的顶点压栈。从栈顶取出一个顶点将其输出,由它的出边表可以得到以该顶点为起点的出边,将这些边的入度减 1,即删除这些边。如果某条边终点的入度为 0,则将该顶点压栈。反复进行上述操作,直到栈空,如果这时输出的顶点个数小于图的边数,则说明该 AOV 网中存在回路,否则,拓扑排序正常结束。拓扑序列放在向量 ptopo 中。

(4) 求关键路径函数 CriticalPath()

ee(j):事件 v_j 可能的最早发生时间;le(i):事件 v_i 允许最迟发生时间。

e(k):活动 $<v_i,v_j>$ 的最早开始时间;l(k):活动 $<v_i,v_j>$ 的最晚开始时间。

ee(0)=0;ee(j)=max{ee(i)+weight($<v_i,v_j>$)},1<=j<=$n-1$。

le($n-1$)=ee($n-1$);le(i)=min{le(j)-weight($<v_i,v_j>$)},0<=i<=$n-2$。

e(k)=ee(i);l(k)=le(j)-weight($<v_i,v_j>$)。

计算 ee(j) 必须在顶点 v_j 所有前驱顶点的最早发生时间都已经求出的前提下进行,而计算 le(i) 必须在顶点 v_i 所有后继顶点的最迟发生时间都已经求出的前提下进行的。因此,顶点序列必须是一个拓扑序列。故这里调用了 TopoSort() 来判断图中是否存在回路。

5. 编码实现

```c
#include<stdio.h>
typedef struct edgenode
{    int endvex;                                    /* 相邻顶点在顶点表中的下标 */
     int weight;                                    /* 边的权值 */
     struct edgenode *nextedge;                     /* 链字段 */
} EdgeNode, *EdgeList;                              /* 边表中的结点 */
typedef struct
{    int vertex;                                    /* 顶点 */
     EdgeList edgelist;                             /* 边表头指针 */
} VexNode;                                          /* 顶点表中的结点 */
void FindInDegree(GraphList *G,int *indegree);
int CriticalPath(GraphList *G)
{    int i,j,k,sum=0;    EdgeList p;
     int *ee= (int *)malloc(sizeof(int) *G->vexnum);
     int *le= (int *)malloc(sizeof(int) *G->vexnum);
     int *l= (int *)malloc(sizeof(int) *G->vexnum);
     int *e= (int *)malloc(sizeof(int) *G->vexnum);
```

```
    int *topo= (int *)malloc(sizeof(int) *G->vexnum);
    if(TopoSort(G,topo)==0)
    {   printf("The AOE network has a cycle!\n");
        getch();
        return(0);
    }
    /*求事件可能的最早发生时间*/
    for(i=0; i<G->vexnum; i++)
        ee[i]=0;
    for(k=0; k<G->vexnum; k++)
    {   i=topo[k];
        p=G->vexs[i].edgelist;
        while(p!=NULL)
        {   j=p->endvex;
            if(ee[i]+p->weight>ee[j])
                ee[j]=ee[i]+p->weight;
            p=p->nextedge;
        }
    }
    sum=ee[G->vexnum-1];                        /*工程的最短完成时间*/
    for(i=0; i<G->vexnum; i++)                  /*求事件允许的最迟发生时间*/
        e[i]=ee[G->vexnum-1];
    for(k=G->vexnum-2; k>=0; k--)
    {   i=topo[k];
        p=G->vexs[i].edgelist;
        while(p!=NULL)
        {   j=p->endvex;
            if((le[j]-p->weight)<le[i])
                le[i]=le[j]-p->weight;
            p=p->nextedge;
        }
    }
    k=0;
    printf("\nThe Critical Path:\n");
/*求活动 a_k 的最早开始时间 e(k)和最晚开始时间 l(k)*/
    printf("\n| Active | Early | Late | L-E | IsCritical \n");
    for(i=0;i<G->vexnum;i++)
    {   p=G->vexs[i].edgelist;
        while(p!=NULL)
        {   j=p->endvex;
            e[k]=ee[i];
            l[k]=le[j]-p->weight;
            printf("| <%d,%d> | %4d | %4d |%4d | ",i,j,e[k],l[k],l[k]-e[k]);
            if(e[k]==l[k])
```

```
                printf("Critical");
            printf("\n");
            k++;
            p=p->nextedge;
        }
    }
    printf("\nThe shortest time is: %d\n",sum);
    getch();
    return(1);
}
void InitGraph(GraphList *G)                        /*初始化图*/
{   int i,vexnum,arcnum,weight=0;
    int v1,v2;
    EdgeList p;
    printf("Please input the vertexnum and the arcnum-->Form:(x,y)\n");
    scanf("%d,%d",&vexnum,&arcnum);
    G->vexnum=vexnum;
    G->arcnum=arcnum;
    for(i=0;i<vexnum;i++)
    {
        G->vexs[i].vertex=i+1;
        G->vexs[i].edgelist=NULL;
    }
    for(i=0;i<arcnum;i++)
    {   printf("Please input The %d Edge(For Example: 1,2,10)\n",i+1);
        scanf("%d,%d,%d",&v1,&v2,&weight);
        if(v1>G->vexnum||v2>G->vexnum)
        {
            printf("The Node You Hava Just Input Is Not In The Vexs!!");
            getch();
            exit(0);
        }
        p=(EdgeList)malloc(sizeof(EdgeNode));
        p->endvex=v2;
        p->weight=weight;
        p->nextedge=G->vexs[v1].edgelist;
        G->vexs[v1].edgelist=p;
    }
}
int TopoSort(GraphList *G,int *ptopo)                /*拓扑排序*/
{   EdgeList p;
    int i,j,k,nodeno=0,top=-1;
    int *indegree=(int *)malloc(sizeof(int) * G->vexnum);
    FindInDegree(G,indegree);                        /* indegree 数组赋初值*/
```

```
    for(i=0; i<G->vexnum; i++)                  /*将入度为零的顶点入栈*/
        if(indegree[i]==0)
        {   /*静态链式栈*/
            indegree[i]=top;
            top=i;
        }
    while(top!=-1)
    {   j=top;
        top=indegree[top];                      /*取当前栈顶元素并退栈*/
        ptopo[nodeno++]=j;                      /*将该顶点输出到拓扑序列中*/
        p=G->vexs[j].edgelist;                  /*取该元素边表中的第一个边结点*/
        while(p)
        {   k=p->endvex;
            indegree[k]--;                      /*删除以该顶点为起点的边*/
            if(indegree[k]==0)
            {   indegree[k]=top;                /*将新的入度为零的顶点入栈*/
                top=k;
            }
            p=p->nextedge;
        }
    }
    free(indegree);
    if(nodeno<G->vexnum)
        return (0);                             /*AOV网中存在回路*/
    else
        return (1);
}
void FindInDegree(GraphList *G,int *indegree)   /*求出图中所有顶点的入度*/
{   int i;
    EdgeList p;
    for(i=0; i<G->vexnum; i++)
        indegree[i]=0;
    for(i=0; i<G->vexnum; i++)
    {   p=G->vexs[i].edgelist;
        while(p)
        {
            ++indegree[p->endvex];
            p=p->nextedge;
        }
    }
}
void TopoSortMenu(void)
{   int *ptopo;
    int i;
```

```
        GraphList *Graph= (GraphList * )malloc(sizeof(GraphList));
        clrscr();
        InitGraph(Graph);
        ptopo= (int * )malloc(sizeof(int) * Graph->vexnum);
        if(TopoSort(Graph,ptopo)!=0)
        {   printf("\nTopSort Result:\n");
            for(i=0;i<Graph->vexnum-1;i++)
                printf("v%d-->",ptopo[i]);            /* 打印前 n-1 个 (有-->) * /
            printf("v%d",ptopo[i]);                   /* 打印最后一个 (没有-->) * /
        }
        else
            printf("The AOV network has a cycle!\n");
        getch();
        free(ptopo);
        free(Graph);
}
void CriticalMenu(void)
{   GraphList *Graph= (GraphList * )malloc(sizeof(GraphList));
    clrscr();
    InitGraph(Graph);
    CriticalPath(Graph);
    free(Graph);
}
void TopoCriticalMenu(void)
{   char ch;
    while(1)
    {   clrscr();
        printf("1.Topo Sort\n2.Critical Path\n0.Exit\n");
        ch=getch();
        switch(ch-'0')
        {   case 0: exit(0);
            case 1: TopoSortMenu(); break;
            case 2: CriticalMenu(); break;
            default: clrscr(); continue;
        }
    }
}
int main(void)
{
    TopoCriticalMenu();
}
```

6. 运行与测试

运行程序,在主选择菜单中选择 1：拓扑排序。提示输入图的顶点数和边数"Please

input the vertexnum and the arcnum－－＞Form:(x,y)”。现测试问题提出中的图，输入 10,14(↙)，给出输入边的信息："Please input The Edge(For Example: 1,2,10)"。虽然拓扑排序中不需要各边的权值，但为了保持一致性，还是设计了输入权值，可以随便输入。现依次输入下面测试数据：

0,1,5 (↙), 0,2,6(↙), 1,3,3(↙), 2,3,6(↙), 2,4,3(↙), 3,4,3(↙), 4,6,1(↙), 3,6,7(↙), 3,5,4(↙), 4,7,4(↙), 7,8,2(↙), 6,8,5(↙), 5,9,4(↙), 8,9,2(↙)

可以得到该图的拓扑序列为：v0→v1→v2→v3→v4→v6→v7→v8→v5→v9。

返回主界面，选择 2：关键活动。输入上述测试数据，可以得到如图 10.9 所示的结果。

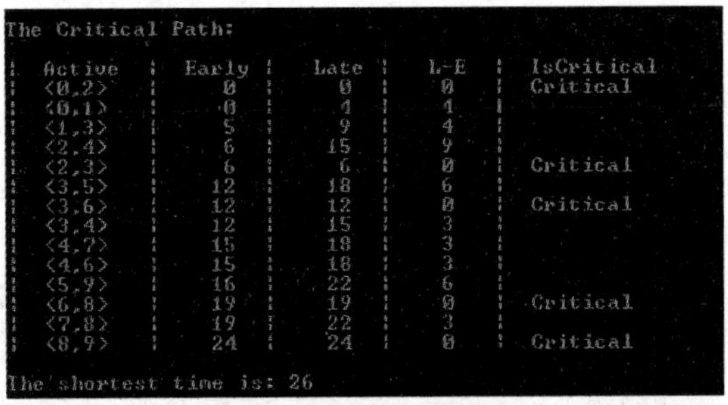

```
The Critical Path:

|  Active  |  Early |  Late  |  L-E  |  IsCritical
|  <0,2>   |    0   |    0   |   0   |  Critical
|  <0,1>   |    0   |    4   |   4   |
|  <1,3>   |    5   |    9   |   4   |
|  <2,4>   |    6   |   15   |   9   |
|  <2,3>   |    6   |    6   |   0   |  Critical
|  <3,5>   |   12   |   18   |   6   |
|  <3,6>   |   12   |   12   |   0   |  Critical
|  <3,4>   |   12   |   15   |   3   |
|  <4,7>   |   15   |   18   |   3   |
|  <4,6>   |   15   |   18   |   3   |
|  <5,9>   |   16   |   22   |   6   |
|  <6,8>   |   19   |   19   |   0   |  Critical
|  <7,8>   |   19   |   22   |   3   |
|  <8,9>   |   24   |   24   |   0   |  Critical

The shortest time is: 26
```

图 10.9 执行结果

10.2.5 航空订票系统

1. 问题描述

航空订票的业务活动一般包括查询航线、客票预订、办理退票等。每条航线所涉及的信息有：终点站名、航班号、飞机号、飞行日、乘员数额、余票量、已订票的客户名单(包括姓名、订票量、舱位等级 1、2 或 3)。

2. 设计思路

主要有三个方面的内容，查询航线信息、订票和退票业务。程序的基本功能有：

(1) 查询航线。根据旅客提出的终点站名输出下列信息：航班号、飞机号、星期几飞行，最近一天航班的日期和余票数。

(2) 承办订票业务。根据客户提出的要求(航班号、订票数额)查询该航班票额情况，若尚有余票，则为客户办理订票手续，输出座位号；若已满员或余票额少于订票额，则需重新询问客户要求。若需要，可登记排队候补。

(3) 退票业务。根据客户提供的情况(日期、航班)，为客户办理退票手续，然后查询该航班是否有人排队候补，首先询问排在第一的客户，若所退票额能满足他的要求，则为他办理订票手续，否则依次询问其他排队候补的客户。

3. 数据结构设计

```
typedef struct wat_ros
{    char name[10];                      /* 姓名 */
     int req_amt;                        /* 订票量 */
     struct wat_ros * next;
}qnode, * qptr;

typedef struct pqueue
{    qptr front;                         /* 等候替补客户名单域的头指针 */
     qptr rear ;                         /* 等候替补客户名单域的属指针 */
}linkqueue;

typedef struct ord_ros
{    char name[10];                      /* 客户姓名 */
     int ord_amt;                        /* 订票量 */
     int grade;                          /* 舱位等级 */
     struct ord_ros * next;
}linklist;

struct airline
{    char ter_name[10];                  /* 终点站名 */
     char air_num[10];                   /* 航班号 */
     char plane_num[10];                 /* 飞机号 */
     char day[7];                        /* 飞行周日(星期几) */
     int tkt_amt;                        /* 乘员定额 */
     int tkt_sur;                        /* 余票量 */
     linklist * order;                   /* 乘员名单域,指向乘员名单链表的头指针 */
     linkqueue wait;        /* 等候替补的客户名单域,分别指向排队等候名单队头队尾的指针 */
}lineinfo;
struct airline * start;
```

4. 主要功能函数设计

(1) 显示已初始化的航线信息

void display(struct airline * info)：打印每条航线的基本信息。

(2) 航班查询业务

void search()：根据客户提出的终点站名输出航线信息。

struct airline * find()：根据系统提出的航班号查询并以指针形式返回。

(3) 航班订票业务

void order()：办理订票业务,根据客户提供的航班号进行查询,如为空,退出该模

块;若客户订票数量超过乘员订票总数量,则退出;若客户订票数量未超过余票数量,则
订票成功并登记信息。

（4）航班退票业务

void return_tkt():办理退票业务,调用查询函数,根据客户提供的航线进行搜索,在
根据客户提供的姓名到订票客户名单域进行查询,若信息查询成功,删除订票客户名单
域中的信息,若未找到,则退出本模块。

5. 编码实现

```
#include<stdio.h>
#include<stdio.h>
#include<stdlib.h>
#include<string.h>
#define MAXSIZE 3                    /*定义航线量的最大值*/
typedef struct wat_ros
{    char name[10];                  /*姓名*/
     int req_amt;                    /*订票量*/
     struct wat_ros *next;
}qnode, * qptr;


typedef struct pqueue
{    qptr front;                     /*等候替补客户名单域的头指针*/
     qptr rear;                      /*等候替补客户名单域的属指针*/
}linkqueue;


typedef struct ord_ros
{    char name[10];                  /*客户姓名*/
     int ord_amt;                    /*订票量*/
     int grade;                      /*舱位等级*/
     struct ord_ros  *next;
}linklist;


struct airline
{    char ter_name[10];              /*终点站名*/
     char air_num[10];               /*航班号*/
     char plane_num[10];             /*飞机号*/
     char day[7];                    /*飞行周日(星期几)*/
     int tkt_amt;                    /*乘员定额*/
     int tkt_sur;                    /*余票数量*/
     linklist *order;                /*乘员名单域,指向乘员名单链表的头指针*/
     linkqueue wait;      /*等候替补的客户名单域,分别指向排队等候名单队头队尾的指针*/
}lineinfo;
struct airline *start;
```

```
void display(struct airline *info)
/*打印航线的基本信息*/
{printf("%8s\t%3s\t%s\t%4s\t\t%3d\t%10d\n",info->ter_name,info->air_num,info->
plane_num,info->day,info->tkt_amt,info->tkt_sur);
}


void list()
/*打印全部航线信息*/
{    struct airline *info;
     int i=0;
     info=start;
     printf("finish line  flightID airplaneID  Time  flight person  Rest ticket\n");
     while(i<MAXSIZE){
          display(info);
          info++;
          i++;
     }
     printf("\n\n");
}


void search()
/*根据客户提出的终点站名输出航线信息*/
{    struct airline *info,* find();
     char name[10];
     int i=0;
     info=start;
     printf("Please enter the name of the Termina:");
     scanf("%s",name);
     while(i<MAXSIZE) {
          if(!strcmp(name,info->ter_name)) break;
          info++;
          i++;
     }
     if(i>=MAXSIZE)
          printf("sorry no found\n");
     else{
          printf("finish line   flightID airplaneID   Time   flight person   Rest
          ticket\n");     display(info);
     }
}


struct airline * find()
/*根据系统提出的航班号查询并以指针形式返回*/
{    struct airline *info;
```

```
        char number[10];
        int i=0;
        info=start;
        printf("Please enter your flight number:");
        scanf("%s",number);
        while(i<MAXSIZE) {
            if(!strcmp(number,info->air_num)) return info;
            info++;
            i++;
        }
        printf("sorry no found \n");
        return NULL;
    }


void prtlink()
/*打印订票乘员名单域的客户名单信息*/
{   linklist *p;
    struct airline *info;
    info=find();
    p=info->order;
    if(p!=NULL){
    printf("clientname  buyticket number   cabin seat class\n");
        while(p){
            printf("%s\t\t%d\t%d\n",p->name,p->ord_amt,p->grade);
            p=p->next;
        }
    }
    else
        printf(The route is no customer information!!\n");
}


linklist * insertlink(linklist * head,int amount,char name[ ],int grade)
/*增加订票乘员名单域的客户信息*/
{   linklist * p1, * new;
    p1=head;
    new=(linklist * )malloc(sizeof(linklist));
    if(!new) {printf("\nOut of memory!!\n");return NULL;}
    strcpy(new->name,name);
    new->ord_amt=amount;
    new->grade=grade;
    new->next=NULL;
    if(head==NULL)                          /*若原无订票客户信息*/
        {head=new;new->next=NULL;}
    else
```

```
        head=new;
        new->next=p1;
    return head;
}


linkqueue appendqueue(linkqueue q,char name[ ],int amount)
                                    /*增加排队等候的客户名单域*/
{   qptr new;
    new=(qptr)malloc(sizeof(qnode));
    strcpy(new->name,name);
    new->req_amt=amount;
    new->next=NULL;
    if(q.front==NULL)                   /*若原排队等候客户名单域为空*/
        q.front=new;
    else
        q.rear->next=new;
    q.rear=new;
    return q;
}


void order()
/*办理订票业务*/
{   struct airline * info;
    int amount,grade;
    char name[10];
    info=start;
    if(!(info=find())) return;
                    /*根据客户提供的航班号进行查询,如为空,则退出该模块*/
    printf("Please enter your booking number required:");
    scanf("%d",&amount);
    if(amount>info->tkt_amt)            /*若客户订票额超过乘员订票总额,退出*/
    {   printf("\n 对不起,您输入的票的数量已经超过乘员定额!");
        return;
    }
    if(amount<=info->tkt_sur)
                        /*若客户订票额未超过余票数量,订票成功并登记信息*/
    {
        int i;
    printf("Please enter your name (booking):");
        scanf("%s",name);
    printf("Please enter a ticket class ");
        scanf("%d",&grade);
        info->order=insertlink(info->order,amount,name,grade);
                            /*在订票乘员名单域中添加客户信息*/
```

```
        for(i=0;i<amount;i++)                /* 依次输出该订票客户的座位号 */
            printf("%s 的座位号是:%d\n",name,info->tkt_amt-info->tkt_sur+i+1);
        info->tkt_sur-=amount;           /* 该航线的余票数量应减掉该客户的订票数量 */
    printf("\n I wish you a pleasant ride!\n");
    }
    else            /* 若满员或余票数量少于订票数量,则询问客户是否需要进行排队等候 */
    {   char r;
        printf("\n There are no more tickets, you will need to wait in a queue? (Y/N)");
        r=getch();
        printf("%c",r);
        if(r=='Y'||r=='y')
        {   printf("\n Please enter your name (line booking customers):");
            scanf("%s",name);
        info->wait=appendqueue(info->wait,name,amount);
                                    /* 在排队等候乘员名单域中添加客户信息 */
        printf("\n 注册成功!\n");
        }
        else printf("\n You are welcome to order again next time!  \n");
    }
}


void return_tkt()
/* 退票模块 */
{   struct airline *info;
    qnode *t, * back, * f, * r;
    int grade;
    linklist *p1, * p2, * head;
    char cusname[10];
    if(!(info=find())) return;            /* 调用查询函数,根据客户提供的航线进行搜索 */
    head=info->order;
    p1=head;
    printf("Please enter your name (refund customer) ");
    scanf("%s",cusname);
    while(p1!=NULL)
/* 根据客户提供的姓名到订票客户名单域进行查询 */
    {   if(!strcmp(cusname,p1->name))
            break;
        p2=p1;p1=p1->next;
    }
    if(p1==NULL)
        { printf(Sorry, you do not have any tickets!\n");
        return;
        }                    /* 若未找到,则退出本模块 */
    else{                    /* 若信息查询成功,则删除订票客户名单域中的信息 */
```

```
        if(p1==head)
            head=p1->next;
        else p2->next=p1->next;
    info->tkt_sur+=p1->ord_amt;
    grade=p1->grade;
    printf("%s refund success! \n",p1->name);
    free(p1);
    }
    info->order=head;                    /* 重新将航线名单域指向订票单链表的头指针 */
    f=(info->wait).front;                /* f指向排队等候名单队列的头结点 */
    r=(info->wait).rear;                 /* r指向排队等候名单队列的尾结点 */
    t=f;                                 /* t为当前满点条件的排队候补名单域 */
    while(t)
    {
    if(info->tkt_sur>=info->wait.front->req_amt){
                                         /* 若满足条件者为头结点 */
    int i;
    info->wait.front=t->next;
    printf("%s buying ticket success! \n",t->name);
    for(i=0;i<t->req_amt;i++)            /* 输出座位号 */
        printf("%s 的座位号是:%d\n",t->name,(info->tkt_sur)-i);
    info->tkt_sur-=t->req_amt;
    info->order=insertlink(info->order,t->req_amt,t->name,grade);
                                         /* 插入到订票客户名单链表中 */
    free(t);
    break;
    }

    back=t;t=t->next;
    if((info->tkt_sur)>=(t->req_amt)&&t!=NULL)    /* 若满足条件者不为头结点 */
    {   int i;
        back->next=t->next;
        printf("%s 订票成功! \n",t->name);
        for(i=0;i<t->req_amt;i++)       /* 输出座位号 */
            printf("<%s>'s seat number is:%d\n",t->name,(info->tkt_sur)-i);
        info->tkt_sur-=t->req_amt;
        info->order=insertlink(info->order,t->req_amt,t->name,grade);
                                        /* 插入到订票客户名单链表中 */
      free(t);
      break;
    }
    if(f==r)
      break;
    }
}
```

```
int menu_select()
/*菜单界面*/
{   int c;
    char s[20];
    printf("\n\t\tAir passenger reservation system \n");
    printf("*****************************************\n");
    printf("1.display flight infomation \n");
    printf("2.Browse booking customer information \n");
    printf("3.Inquire air line\n");
    printf("4.For booking: \n");
    printf("5.return a ticket\n");
    printf("6.Exit\n");
    printf("*****************************************\n");
    do{
        printf("please select:");
        scanf("%s",s);
        c=atoi(s);
    }while(c<0||c>7);
    return c;
}

void main()
{   struct airline air[MAXSIZE]=
    {{"beijing","1","B8571","SUN",3,3},
    {"shanghai","2","S1002","MON",2,2},
    {"london","3","L1003","FRI",1,1}};      /*初始化航线信息*/
    clrscr();
    start=air;
    for(;;){
    switch(menu_select()){
        case 1:system("cls");list();break;
        case 2:system("cls");prtlink();break;
        case 3:system("cls");search();break;
        case 4:system("cls");order();break;
        case 5:system("cls");return_tkt();break;
        case 6: printf("\nWelcome to this system, goodbye!\n");exit(0);
    }
    }
    printf("\nPress any key to continue!\n");
    getch();
}
```

6. 运行与测试

运行该程序,结果如图 10.10 所示界面。

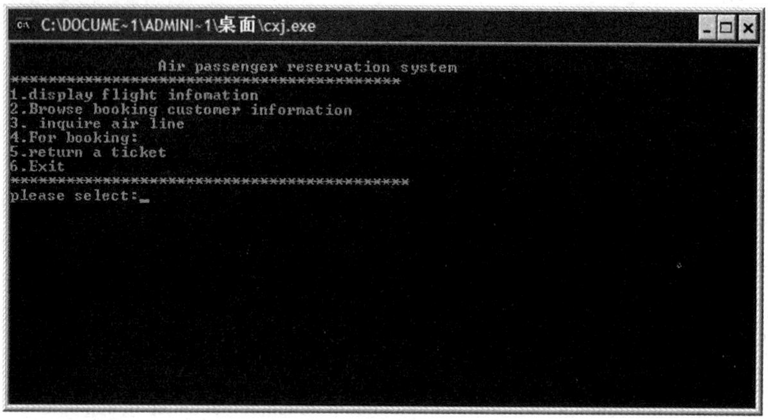

图 10.10　程序运行主界面

选择 1,可以显示航班信息,如图 10.11 所示。

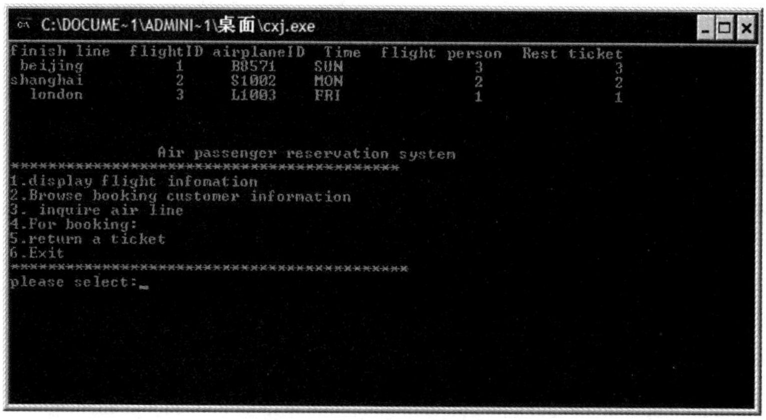

图 10.11　航班信息显示

同样方法分别选择 2、3、4、5,以测试系统的其他功能。

参 考 文 献

[1] 秦锋. 数据结构(C语言版). 合肥：中国科学技术大学出版社,2008.

[2] 陈守孔等. 算法与数据结构考研试题精析. 北京：机械工业出版社,2004.

[3] 曹翊旺. 数据结构习题与真题解析. 北京：中国水利水电出版社,2004.

[4] 胡学钢,王浩. 计算机科学与技术专业软件系列课程实践教程. 合肥：合肥工业出版社,2003.

[5] 赵仲孟,张蓓. 数据结构典型题解析及自测试题. 西安：西北工业大学出版社,2002.

[6] 刘大有,杨博,刘亚波等. 数据结构学习指导与习题解析. 北京：高等教育出版社,2004.

[7] 何军,胡元义. 数据结构500题. 北京：人民邮电出版社,2003.

[8] 李春葆. 数据结构考研指导. 北京：清华大学出版社,2003.

[9] 徐孝凯. 数据结构辅导与提高. 北京：清华大学出版社,2003.

[10] 陈亦望. 数据结构知识点与典型例题解析. 北京：清华大学出版社,2005.

[11] 梁作娟,胡伟,唐瑞春. 数据结构习题解答与考试指导. 北京：清华大学出版社,2004.

[12] 罗文劼,王苗,石强. 数据结构习题解答与实验指导. 北京：中国铁道出版社,2004.

[13] 王世民,杨学军. 数据结构学习指导与题典(高等教育自学考试). 北京：科学出版社,2003.

《高等院校信息技术规划教材》系列书目